内容简介

本书是作者多年来在北京大学为硕士研究生开设抽象代数课程的讲义，书中系统讲述了抽象代数的基本理论和方法. 它反映了新时期硕士研究生抽象代数课程的教学理念，凝聚了作者及同事们所积累的丰富教学经验. 全书共分为六章，内容包括：预备知识，模，群的进一步知识，Galois 理论，结合代数和有限群的表示论，典型群的初步知识等. 每章配备适量习题，书末附有习题的解答或提示，供读者参考.

本书作为研究生教材，既注意内容的基础性又兼顾先进性. 考虑到硕士生来自不同学校，而在本科阶段所学的抽象代数内容不尽相同，为了使读者有一个共同的基础，本书在前三章都加了第 0 节，分别介绍在本科低年级抽象代数 I 中已学过的环论、群论和域论知识. 本书在叙述上由浅入深、循序渐进、语言精练、清晰易懂，并注意各章节之间的内在联系与呼应，便于教学与自学.

本书可作为综合大学、高等师范院校数学系高年级本科生、研究生的教材或教学参考书，也可供数学工作者阅读.

北京大学数学教学系列丛书

抽象代数 II

徐明曜　赵春来　编著

图书在版编目 (CIP) 数据

抽象代数 II / 徐明曜，赵春来编著．— 北京：北京大学出版社，2007.3

(北京大学数学教学系列丛书)

ISBN 978-7-301-08528-8

I. 抽 ··· II. ①徐 ··· ②赵 ··· III. 抽象代数 – 高等学校 – 教材 IV. O211

中国版本图书馆 CIP 数据核字 (2006) 第 148161 号

书　　名：**抽象代数 II**
著作责任者：徐明曜　赵春来　编著
责 任 编 辑：刘　勇　潘丽娜
标 准 书 号：ISBN 978-7-301-08528-8/O · 0633
出　版　者：北京大学出版社
地　　　址：北京市海淀区成府路 205 号　100871
网　　　址：http://www.pup.cn
电　　　话：邮购部 62752015　发行部 62750672　理科编辑部 62752021
出版部 62754962
电 子 信 箱：zpup@pup.pku.edu.cn
印　刷　者：河北滦县鑫华书刊印刷厂
发　行　者：北京大学出版社
经　销　者：新华书店
890 mm × 1240 mm　A5　9 印张　270 千字
2007 年 3 月第 1 版　2024 年 9 月第 9 次印刷
定　　　价：32.00 元

《北京大学数学教学系列丛书》编委会

作 者 简 介

徐明曜　1941 年 9 月生, 1965 年毕业于北京大学数学力学系数学专业, 1980 年在北京大学数学系研究生毕业, 获硕士学位, 并留校任教. 1985 年晋升为副教授, 1988 年破格晋升为教授, 博士生导师.

徐明曜长期从事本科生及研究生代数课程的教学以及有限群论的研究工作, 讲授过多门本科生和研究生课程, 著有《有限群导引》(下册与他人合作); 科研方面自 20 世纪 60 年代起进行有限 p 群的研究工作, 80 年代中期又开创了我国"群与图"的研究领域, 至今已发表论文 80 多篇, 多数发表在国外的重要杂志上. 曾获得国家教委优秀科技成果奖 (1985), 国家教委科技进步二等奖 (1995), 周培源基金会数理基金成果奖 (1995).

赵春来　1945 年 2 月生, 1967 年毕业于北京大学数学力学系数学专业, 1984 年在北京大学数学系研究生毕业, 获博士学位. 1987 年晋升为副教授, 1992 年晋升为教授, 博士生导师.

赵春来长期从事本科生及研究生代数课程的教学以及代数数论的研究工作, 讲授过多门本科生和研究生课程, 与他人合著了《代数学》、《线性代数引论》、《模曲线导引》、《代数群引论》等著作. 他的研究工作主要集中于椭圆曲线的算术理论以及信息安全方面, 在国内外重要学术刊物上发表论文十余篇. 曾获教育部科技进步二等奖 (2004), 北京市优秀教学成果一等奖 (2005), 国家级优秀教学成果二等奖 (2005).

序　言

自 1995 年以来，在姜伯驹院士的主持下，北京大学数学科学学院根据国际数学发展的要求和北京大学数学教育的实际，创造性地贯彻教育部“加强基础，淡化专业，因材施教，分流培养”的办学方针，全面发挥我院学科门类齐全和师资力量雄厚的综合优势，在培养模式的转变、教学计划的修订、教学内容与方法的革新，以及教材建设等方面进行了全方位、大力度的改革，取得了显著的成效. 2001 年，北京大学数学科学学院的这项改革成果荣获全国教学成果特等奖，在国内外产生很大反响.

在本科教育改革方面，我们按照加强基础、淡化专业的要求，对教学各主要环节进行了调整，使数学科学学院的全体学生在数学分析、高等代数、几何学、计算机等主干基础课程上，接受学时充分、强度足够的严格训练；在对学生分流培养阶段，我们在课程内容上坚决贯彻“少而精”的原则，大力压缩后续课程中多年逐步形成的过窄、过深和过繁的教学内容，为新的培养方向、实践性教学环节，以及为培养学生的创新能力所进行的基础科研训练争取到了必要的学时和空间. 这样既使学生打下宽广、坚实的基础，又充分照顾到每个人的不同特长、爱好和发展取向. 与上述改革相适应，积极而慎重地进行教学计划的修订，适当压缩常微、复变、偏微、实变、微分几何、抽象代数、泛函分析等后续课程的周学时. 并增加了数学模型和计算机的相关课程，使学生有更大的选课余地.

在研究生教育中，在注重专题课程的同时，我们制定了 30 多门研究生普选基础课程 (其中数学系 18 门)，重点拓宽学生的专业基础和加强学生对数学整体发展及最新进展的了解.

教材建设是教学成果的一个重要体现. 与修订的教学计划相配合，我们进行了有组织的教材建设. 计划自 1999 年起用 8 年的时间修订、编写和出版 40 余种教材. 这就是将陆续呈现在大家面前的《北京大学数学教学系列丛书》. 这套丛书凝聚了我们近十年在人才培养方面的思考, 记录了我们教学实践的足迹, 体现了我们教学改革的成果, 反映了我们对新世纪人才培养的理念, 代表了我们新时期的数学教学水平.

经过 20 世纪的空前发展, 数学的基本理论更加深入和完善, 而计算机技术的发展使得数学的应用更加直接和广泛, 而且活跃于生产第一线, 促进着技术和经济的发展, 所有这些都正在改变着人们对数学的传统认识. 同时也促使数学研究的方式发生巨大变化. 作为整个科学技术基础的数学, 正突破传统的范围而向人类一切知识领域渗透. 作为一种文化, 数学科学已成为推动人类文明进化、知识创新的重要因素, 将更深刻地改变着客观现实的面貌和人们对世界的认识. 数学素质已成为今天培养高层次创新人才的重要基础. 数学的理论和应用的巨大发展必然引起数学教育的深刻变革. 我们现在的改革还是初步的. 教学改革无禁区, 但要十分稳重和积极; 人才培养无止境, 既要遵循基本规律, 更要不断创新. 我们现在推出这套丛书, 目的是向大家学习. 让我们大家携起手来, 为提高中国数学教育水平和建设世界一流数学强国而共同努力.

张 继 平

2002 年 5 月 18 日

于北京大学蓝旗营

前　言

代数学是数学专业最基本和最重要的基础课程之一. 它对学好数学本身以及数学在现代科学技术很多方面的应用来说都有重要的意义. 因此我们在数学学习的各个阶段都开设了代数课程. 比如在本科低年级开设的高等代数或线性代数, 以及抽象代数或近世代数 (简称抽象代数 I) 等. 本课程是为数学硕士生阶段设计的抽象代数 II 课程.

由于现代代数学有很多分支, 而每个分支又都有众多抽象的概念, 因此在本科开设的抽象代数中只能讲解代数的基本概念以及概念之间的联系, 而不能讲解代数各个分支丰富的内容和深刻的结果. 于是给学生造成了这样一种印象, 似乎抽象代数就是若干概念的堆积, 看不出代数学有什么深刻的结果. 这种印象和代数学的实际发展是大相径庭的. 事实上, 即使是在 19 世纪末和 20 世纪初的代数学就已经有着十分丰富而深刻的结果, 更不用说今天的代数学了. 基于此, 我们想在本课程中讲解代数学的较为深刻而又有着广泛应用的内容. 为了这样的目的, 在内容上就有很多可能的选择. 譬如, 群表示论、典型群、有限群、复单 Lie 代数的分类、环论、交换代数、模论、 Galois 理论、代数数论、代数几何、格论、同调代数初步, 等等. 根据教学实际和师资情况, 我们最后选择了模论、群论的进一步知识、 Galois 理论、结合代数和群的表示论、典型群初步等五块内容. 而其他的也是很好的内容就只能割爱了. 另外, 在实际的教学过程中, 任课教师还可对这五部分内容有所取舍. 因为我们只有 45 课时的课堂教学时间, 而目前已经写的部分差不多可供 60 课时使用.

还有几点是需要向读者说明的.

1. 本书是作为教材而编写的, 它不仅要介绍代数学的基本知识同时也要介绍方法，而且还要突出方法. 因此从知识上并不追求完全，相当多的内容是为了介绍方法而写入的.

2. 学习本书之前应该学过本科抽象代数 I 课程. 由于我校的硕士生来自全国各个学校，而各校所学的内容不尽相同，为了使大家有个共同的基础，我们在第一至第三章前都加了第 0 节，分别介绍在本科抽象代数 I 课程中已经学过的环论、群论和域论知识. 应当指出的是：本书中的映射和群作用 (以及环在模上作用) 的写法与《抽象代数 I》中不同，除特别声明外，都写在元素或集合的右方 (常写成“指数”的形式). 这种写法出现在相当数量的文献中，读者应当习惯这种表达方式.

3. 由于读者在本科阶段都受过较充分的抽象代数的训练，在本书中定理的证明写得比较简短，常给读者留有思考的余地. 这样读起来可能会感到吃力，但对训练推理能力以及将来阅读文献、学做研究都会有一定的帮助.

4. 本书中的习题是不可不做的，它们是本书重要的组成部分. 这些习题难易程度不等，对于稍难一些的题目都标了星号“*”.

最后，我们要感谢我学院代数组各位同仁，他们参与了本书教学大纲的讨论，并提出了很多有价值的建议.

作　者

2006 年 8 月于北京大学

数学科学学院

目 录

第 0 章　预 备 知 识

在本章中，我们介绍 Zorn 引理和范畴论的一些最基本的知识.

§0.1　Zorn 引 理

Zorn 引理是集合论中一个基本的公理，与之等价的有*选择公理*和*良序定理*等. 我们在这里仅叙述 Zorn 引理. 有关这方面的较详细的论述可以参见 B.L. 范德瓦尔登的《代数学 (I)》(丁石孙、曾肯成、郝钢新译，科学出版社，1978).

定义 1.1　设 S 是一个集合. 所谓 S 上的一个**偏序**(记为"$\leqslant$")是指满足下述三个条件的二元关系：

(1) 反身性：$a \leqslant a$ $(\forall\, a \in S)$;

(2) 反对称性：若 $a \leqslant b$, $b \leqslant a$, 则 $a = b$ $(\forall\, a, b \in S)$;

(3) 传递性：若 $a \leqslant b$, $b \leqslant c$, 则 $a \leqslant c$ $(\forall\, a, b, c \in S)$.

具有偏序的集合称为**偏序集**. 偏序集的两个元素 a 和 b 称为**可比较的**, 如果 $a \leqslant b$ 或 $b \leqslant a$.

定义 1.2　设 S 是偏序集. 如果存在 $m \in S$, 满足

$$m \leqslant a \text{ 蕴含着 } m = a \quad (\forall\, a \in S),$$

则称 m 为 S 的一个**极大元**. 设 $T \subseteq S$. 如果存在 $s \in S$, 满足

$$t \leqslant s \quad (\forall\, t \in T),$$

则称 s 为 T 在 S 中的一个**上界**.

定义 1.3　设 S 是偏序集. 称 S 的一个子集 T 为**链**(或**全序链**), 如果 T 的任意两个元素都是可比较的.

Zorn 引理 设 S 是一个偏序集. 如果 S 中的任意一个链在 S 中都有上界，则 S 有极大元.

§0.2　范畴与函子

定义 2.1 一个**范畴** $\mathfrak{C}$ 由下述三个内容组成:

(1) 一类对象的全体 (记为 $\mathrm{Obj}\ \mathfrak{C}$);

(2) 对于任意两个对象 $A, B \in \mathrm{Obj}\ \mathfrak{C}$, 有一个态射集合 (记为 $\mathrm{Hom}_{\mathfrak{C}}(A, B)$, 或在不致引起混淆时记为 $\mathrm{Hom}\,(A, B)$);

(3) 对于任意三个对象 A, B, C, 有态射集合的合成映射:

$$\begin{aligned} \mathrm{Hom}_{\mathfrak{C}}(A, B) \times \mathrm{Hom}_{\mathfrak{C}}(B, C) &\to \mathrm{Hom}_{\mathfrak{C}}(A, C), \\ (f, g) &\mapsto f \circ g. \end{aligned}$$

其中的 (2), (3) 两条满足以下三个条件:

(i) $\mathrm{Hom}_{\mathfrak{C}}(A, B) \cap \mathrm{Hom}_{\mathfrak{C}}(C, D) = \varnothing$, 如果 $A \neq C$ 或 $B \neq D$;

(ii) 态射的合成有结合律: 对于任意的 $f \in \mathrm{Hom}_{\mathfrak{C}}(A, B)$, $g \in \mathrm{Hom}_{\mathfrak{C}}(B, C)$ 以及 $h \in \mathrm{Hom}_{\mathfrak{C}}(C, D)$, 有

$$(f \circ g) \circ h = f \circ (g \circ h);$$

(iii) $\mathrm{Hom}_{\mathfrak{C}}(A, A)$ 中存在态射 id_A, 具有如下性质: 对于任意的 $f \in \mathrm{Hom}_{\mathfrak{C}}(A, B)$, $g \in \mathrm{Hom}_{\mathfrak{C}}(B, A)$ (B 为 $\mathfrak{C}$ 的任一对象), 有

$$\mathrm{id}_A \circ f = f, \quad g \circ \mathrm{id}_A = g.$$

态射的合成 $f \circ g$ 常简记为 fg.

定义 2.2 设 $\mathfrak{C}$ 和 $\mathfrak{D}$ 是两个范畴. 如果 $\mathrm{Obj}\ \mathfrak{D}$ 是 $\mathrm{Obj}\ \mathfrak{C}$ 的一部分, 并且对于 $\mathrm{Obj}\ \mathfrak{D}$ 的任意二对象 X 和 Y, 都有

$$\mathrm{Hom}_{\mathfrak{D}}(X, Y) \subseteq \mathrm{Hom}_{\mathfrak{C}}(X, Y), \tag{0.1}$$

则称 $\mathfrak{D}$ 为 $\mathfrak{C}$ 的**子范畴**. 若 (0.1) 式中的 “ $\subseteq$ ” 是 “ $=$ ”, 则称 $\mathfrak{D}$ 为 $\mathfrak{C}$ 的**全子范畴**.

定义 2.3 设 X 和 Y 为 $\mathfrak{C}$ 的二对象. 如果存在 $f\in \mathrm{Hom}_{\mathfrak{C}}(X,Y)$ 和 $g\in \mathrm{Hom}_{\mathfrak{C}}(Y,X)$, 使得 $fg=\mathrm{id}_X$, $gf=\mathrm{id}_Y$, 则称对象 X 和 Y **同构**.

例 2.4 设 $\mathfrak{G}$ 的对象 Obj $\mathfrak{G}$ 为所有的群, 对于两个群 G_1 和 G_2, 令 $\mathrm{Hom}_{\mathfrak{G}}(G_1,G_2)$ 为 G_1 到 G_2 的所有群同态组成的集合, 对于三个群 G_1,G_2,G_3, 规定

$$\begin{aligned}\mathrm{Hom}_{\mathfrak{G}}(G_1,G_2)\times \mathrm{Hom}_{\mathfrak{G}}(G_2,G_3) &\to \mathrm{Hom}_{\mathfrak{G}}(G_1,G_3),\\ (\sigma,\tau) &\mapsto \sigma\tau.\end{aligned}$$

这样就定义了一个范畴 $\mathfrak{G}$, 称为群范畴 (注意: Obj $\mathfrak{G}$ 不是集合). 群范畴 $\mathfrak{G}$ 中二对象的同构就是群同构. 完全平行地可以定义交换群范畴 **Ab**, 即 Obj **Ab** 为所有的交换群; 对于 $A,B\in$ Obj **Ab**, $\mathrm{Hom}_{\mathbf{Ab}}(A,B)$ 为 A 到 B 的所有群同态组成的集合, **Ab** 是 $\mathfrak{G}$ 全子范畴. 环范畴 $\mathfrak{R}$ 的对象 Obj $\mathfrak{R}$ 为所有的环; 对于 $R,S\in$ Obj $\mathfrak{R}$, $\mathrm{Hom}_{\mathfrak{R}}(R,S)$ 为 R 到 S 的所有环同态组成的集合, $\mathfrak{R}$ 是 **Ab** 的子范畴, 但不是全子范畴 (例如, 有理数域 $\mathbb{Q}\in\mathfrak{R}$, 易见 $\mathrm{Hom}_{\mathfrak{R}}(\mathbb{Q},\mathbb{Q})$ 只含有零同态和恒同映射, 而 $\mathrm{Hom}_{\mathfrak{G}}(\mathbb{Q},\mathbb{Q})$ 是无穷集合).

类似地, 我们可以定义域范畴、一个域 F 上的线性空间范畴、拓扑空间范畴、集合范畴, 等等.

两个范畴的联系可以用所谓的“函子”给出.

定义 2.5 设 $\mathfrak{C}$ 和 $\mathfrak{D}$ 是两个范畴、由 $\mathfrak{C}$ 到 $\mathfrak{D}$ 的一个**共变函子** (或**协变函子**)F 是指:

(1) 对于 $\mathfrak{C}$ 的任一对象 X, F 规定了 $\mathfrak{D}$ 中的相应的对象 $F(X)$;

(2) 设 X 和 Y 为 $\mathfrak{C}$ 的任意二对象. 对于任一 $f\in \mathrm{Hom}_{\mathfrak{C}}(X,Y)$, F 规定了 $\mathrm{Hom}_{\mathfrak{D}}(F(X),F(Y))$ 中的一个元素 (态射)$F(f)$, 满足:

$$F(f\circ g)=F(f)\circ F(g)\quad (\forall\ f\in \mathrm{Hom}_{\mathfrak{C}}(X,Y), g\in \mathrm{Hom}_{\mathfrak{C}}(Y,Z))\tag{0.2}$$

(其中 Z 为 $\mathfrak{C}$ 的对象) 以及

$$F(\mathrm{id}_X)=\mathrm{id}_{F(X)}.$$

若对于上述的 f, F 规定了 $\mathrm{Hom}_{\mathfrak{D}}(F(Y),F(X))$ 的元素 $F(f)$, 满足:

$$F(f\circ g)=F(g)\circ F(f)\quad (\forall\ f\in \mathrm{Hom}_{\mathfrak{C}}(X,Y),\ g\in \mathrm{Hom}_{\mathfrak{C}}(Y,Z)),$$

(仍要求 $F(\mathrm{id}_X)=\mathrm{id}_{F(X)}$.) 则称 F 为由 $\mathfrak{C}$ 到 $\mathfrak{D}$ 的一个**反变函子**. 共变函子和反变函子统称为**函子**.

相应于一个范畴 $\mathfrak{C}$, 有它的**反范畴**(记为 $\mathfrak{C}^0$). $\mathfrak{C}^0$ 的对象与 $\mathfrak{C}$ 的对象相同, 但是对于 $\mathfrak{C}^0$ 中二对象 X,Y 之间的态射集合规定为 $\mathrm{Hom}_{\mathfrak{C}^0}(X,Y)=\mathrm{Hom}_{\mathfrak{C}}(Y,X)$. 于是, 由范畴 $\mathfrak{C}$ 到范畴 $\mathfrak{D}$ 的反变函子可以视为由 $\mathfrak{C}^0$ 到 $\mathfrak{D}$ 的共变函子.

用函子可以定义两个范畴的同构.

定义 2.6 设 $\mathfrak{C}$ 和 $\mathfrak{D}$ 是两个范畴. 如果存在函子 $F:\mathfrak{C}\to\mathfrak{D}$ 和函子 $G:\mathfrak{D}\to\mathfrak{C}$, 满足:

(1) 对于 $\mathfrak{C}$ 的任一对象 X, $\mathfrak{D}$ 的任一对象 Y, 都有

$$G(F(X))=X,\quad F(G(Y))=Y;$$

(2) 对于 $\mathfrak{C}$ 的任二对象 X 和 X', $\mathfrak{D}$ 的任二对象 Y 和 Y', 都有

$$G(F(f))=f\quad(\forall\ f\in\mathrm{Hom}_{\mathfrak{C}}(X,X')),$$
$$F(G(g))=g\quad(\forall\ g\in\mathrm{Hom}_{\mathfrak{D}}(Y,Y')),$$

则称 F 是由 $\mathfrak{C}$ 到 $\mathfrak{D}$ 的一个**同构**, 同时也称 $\mathfrak{C}$ 与 $\mathfrak{D}$ 是**同构的**或**等价的**.

对于给定的两个范畴, 联系它们之间的函子的概念是"函子态射"(或"自然变换").

定义 2.7 设 $\mathfrak{C}$ 和 $\mathfrak{D}$ 是两个范畴, F 和 G 为由 $\mathfrak{C}$ 到 $\mathfrak{D}$ 的两个函子. 由 F 到 G 的一个**函子态射** Φ 是指: 对于 $\mathfrak{C}$ 的任一对象 X, 给定一个态射 $\Phi_X: F(X)\to G(X)$, 使得下面的图表交换:

$$\begin{array}{ccc} F(X) & \xrightarrow{\Phi_X} & G(X) \\ \downarrow{\scriptstyle F(f)} & & \downarrow{\scriptstyle G(f)} \\ F(Y) & \xrightarrow{\Phi_Y} & G(Y) \end{array}$$

其中 X, Y 为 $\mathfrak{C}$ 的任意两个对象， f 为 X 到 Y 的任一态射. 由 F 到 G 的函子态射的全体记为 $\mathrm{Hom}_{(\mathfrak{C},\mathfrak{D})}(F, G)$. 进一步，如果上述的 Φ_X $(\forall X \in \mathrm{Orb}(\mathfrak{C}))$ 都是同构，则称 Φ 是一个**函子同构**, 并称同构 Φ_X 是**自然的**.

在很多范畴中存在具有特殊重要性的下述对象.

定义 2.8 设 $\mathfrak{C}$ 是一个范畴. $\mathfrak{C}$ 的一个对象 U 称为**始对象**, 如果对于 $\mathfrak{C}$ 的任一对象 X, $\mathrm{Hom}_{\mathfrak{C}}(U, X)$ 都只含有一个元素；类似地， $\mathfrak{C}$ 的一个对象 Z 称为**终对象**, 如果对于 $\mathfrak{C}$ 的任一对象 X, $\mathrm{Hom}_{\mathfrak{C}}(X, Z)$ 都只含有一个元素.

容易看出，如果一个范畴中存在始对象，则所有的始对象都是同构的. 对于终对象也是如此.

第 1 章　模

在代数学中，除了研究某种代数结构 (如群、环、域、体等) 自身的内部结构之外，考虑代数结构之间的联系也具有重要的意义．这种联系通常以一种代数结构在另一种代数结构上的 “作用”, 即在两个代数结构的元素之间定义某种适当的运算 (请回想 “群在集合上的作用”) 的方式实现．这种考虑使得我们有可能对于各种代数结构的研究更加深入．本章所讨论的**模**就是具有环作用的交换群．许多在表面上看来差异很大的代数结构 (如交换群、环、理想、线性空间等) 在模的语言下都统一了起来．

我们首先回顾一下有关环的基本知识．

§1.0　环论知识的复习

本节主要简述在抽象代数 I 课程中读者已经学过的环论知识，可供读者自己检查是否已经熟知它们．除了定理 0.25 之外，教师不一定要讲解．

1.0.1　基本知识

定义 0.1　非空集合 R 称为一个**环**, 如果在 R 中定义了两个二元运算 (叫做加法和乘法), 满足以下六个条件：

(1) 加法结合律：　$(a+b)+c=a+(b+c)$, $\forall\, a,b,c\in R$;

(2) 加法交换律：　$a+b=b+a$, $\forall\, a,b\in R$;

(3) 存在零元素：存在 $0\in R$, 使对任意的 $a\in R$, 恒有 $0+a=a$;

(4) 存在负元素：对任意的 $a\in R$, 存在 $-a\in R$, 使得 $a+(-a)=0$;

(5) 乘法结合律：　$(ab)c=a(bc)$, $\forall\, a,b,c\in R$;

(6) 左、右分配律：

$$a(b+c)=ab+ac,\quad (b+c)a=ba+ca,\quad \forall\, a,b,c\in R.$$

若环 R 的乘法还满足

(7) 乘法交换律： $ab=ba,\ \forall\, a,b\in R,$

则称 R 为**交换环**.

至少含有两个元素的环 R 若有乘法幺元，即存在 $1\in R$, 使得

$$1a=a1=a,\quad \forall\, a\in R,$$

则称 R 为**有幺元的环**, 或**有 1 的环**, 或**幺环**. 如果有幺元的环 R 的任一非零元素皆有乘法逆元，即对任意的 $a\in R$, $a\neq 0$, 存在 $a^{-1}\in R$, 使得

$$aa^{-1}=a^{-1}a=1,$$

则称 R 为**体**. 乘法满足交换律的体称为**域**.

定义 0.2 设 R 是环， $a\in R$. 如果存在 $b\in R$, $b\neq 0$, 使得 $ab=0$, 则称 a 为 R 的一个**左零因子**.

类似地可定义 R 的**右零因子**.

显然，在交换环中左、右零因子是同一概念 (称为**零因子**).

定义 0.3 设 R 是环， $a\in R$. 若存在正整数 n, 使得 $a^n(=\underbrace{a\cdots a}_{n\text{个}})=0$, 则称 a 为一个**幂零元**.

显然幂零元都是左、右零因子.

定义 0.4 无非零零因子的交换幺环称为**整环**.

下面叙述商域的概念. 设 R 是整环. 令

$$S=\{(a,b)\mid a,b\in R, b\neq 0\}.$$

在 S 上定义一个关系 "$\sim$":

$$(a,b)\sim(a',b')\ \text{当且仅当}\ ab'=a'b.$$

易验证 $\sim$ 是 S 上的等价关系. 以 $S/\sim$ 记等价类的集合，以 $\overline{(a,b)}$ 记 (a,b) 所在的等价类. 在 $S/\sim$ 上定义加法和乘法如下：

$$\overline{(a,b)}+\overline{(c,d)}:=\overline{(ad+bc,bd)},$$

$$\overline{(a,b)}\ \overline{(c,d)} := \overline{(ac,bd)}.$$

易验证此二运算是良定义的，并且 $S/\sim$ 在此二运算下构成一个域．此时 R 与 $S/\sim$ 的子集 $\{\overline{(a,1)} | a \in R\}$ 之间有双射： $a \leftrightarrow \{\overline{(a,1)}\}$. 在此双射下 R 可视为 $S/\sim$ 的 子环(见定义 0.8).

定义 0.5　上面定义的域 $S/\sim$ 称为整环 R 的**商域**.

定义 0.6　设 R 是幺环， $a, b \in R$. 如果 $ab = 1$, 则称 a 为 b 的**左逆元**, b 为 a 的**右逆元**. 如果 $ab = ba = 1$, 则称 a 为 R 的**可逆元** 或**单位**. R 的可逆元的全体构成 (乘法) 群， 称为 R 的**单位群**.

定义 0.7　设 S 和 T 为环 R 的非空子集， S 和 T 的**和** 、**差** 与**积** 分别定义为

$$S + T : = \{a + b \mid a \in S, b \in T\},$$

$$S - T : = \{a - b \mid a \in S, b \in T\},$$

$$ST : = \{ab \mid a \in S, b \in T\}.$$

定义 0.8　若环 R 的非空子集 S 关于 R 的加法、乘法构成环，则称 S 为 R 的**子环**. 此时亦称 R 是 S 的**扩环**.

易见 S 是 R 的子环当且仅当 $S - S \subseteq S$ 且 $SS \subseteq S$.

定义 0.9　设 S 是交换幺环 R 的扩环， T 是 S 的一个子集. 所谓 R 上 **由 T 生成的环** (或**由 T 生成的 R- 代数**) 是指 S 中包含 T 的最小的 R 的扩环，记为 $R[T]$. 若 $S = R[T]$, 则称 T 是 S 的**R- 生成元集**, 亦称 S **在 R 上由 T 生成**. 可以由有限集合生成的 R 的扩环称为 R 上 **有限生成的环** (或 有限生成代数 、 有限型代数).

定义 0.10　若环 R 的子环 I 还满足 $IR \subseteq I$(或 $RI \subseteq I$), 则称 I 为 R 的**右** (或**左**) **理想**. 若 I 同时是 R 的左、右理想，则称 I 为 R 的**双边理想**, 简称为**理想**.

定义 0.11　设 R 是环， $T \subseteq R$. 所谓 R 中 **由 T 生成的右理想**是指 R 中包含 T 的最小的右理想. 可以由有限集合生成的 R 的右理想称为 R 的 **有限生成的右理想**. 对于左理想和双边理想有类似概念. 特别地，由一个元素 (构成的集合) 生成的理想称为**主理想**.

设 I 为环 R 的一个理想， $a \in R$. 称 $a+I(=\{a\}+I)$ 为 a 所代表的 I 的 (加法)**陪集**. 对于给定的环 R 的理想 I, R 等于 I 的所有陪集的无交并. 在这些陪集组成的集合上定义加法、乘法：

$$(a+I)+(b+I):=(a+b)+I; \quad (a+I)(b+I):=(ab)+I.$$

可以验证这样定义的加法、乘法是良定义的 (即与陪集代表的选取无关). 进而言之，陪集集合关于此加法、乘法构成环.

定义 0.12 设 R 是环, I 是 R 的理想，则称上面构造的环为 R 关于 I 的**商环**.

定义 0.13 设 R 和 R' 是环， $\varphi\colon R \to R'$ 是映射. 如果对于所有的 $a, b \in R$ 都有

$$(a+b)^{\varphi}=a^{\varphi}+b^{\varphi}, \quad (ab)^{\varphi}=a^{\varphi}b^{\varphi},$$

则称 φ 为 (由 R 到 R' 的) **环同态**. 如果同态 φ 又是单 (满) 射，则称 φ 为**单 (满) 同态**. 既单又满的同态称为**同构**.

若将定义 0.13 中的条件 $(ab)^{\varphi}=a^{\varphi}b^{\varphi}$ 改为 $(ab)^{\varphi}=b^{\varphi}a^{\varphi}$, 则称 φ 为 (由 R 到 R' 的) **环反同态**. 相应地有**单 (满) 反同态**和**反同构**.

定义 0.14 设 $\varphi\colon R \to R'$ 是环同态. φ 的**核**定义为

$$\ker\varphi:=\{a \in R \mid a^{\varphi}=0\};$$

φ 的**像** 定义为

$$\operatorname{im}\varphi:=\{a' \in R' \mid \text{存在 } a \in R, \text{ 使得 } a^{\varphi}=a'\}.$$

定理 0.15 (同态基本定理) 设 $\varphi\colon R \to R'$ 是环同态，则

(1) $\ker\varphi$ 是 R 的理想;

(2) $\operatorname{im}\varphi$ 是 R' 的子环;

(3) $\overline{\varphi}\colon R/\ker\varphi \to \operatorname{im}\varphi$, $(a+\ker\varphi)^{\overline{\varphi}}=a^{\varphi}$ $(a \in R)$ 是环同构.

推论 0.16 设 $\varphi\colon R \to R'$ 是环同态，则

(1) φ 是单同态当且仅当 $\ker\varphi=\{0\}$;

(2) φ 是满同态当且仅当 $\operatorname{im}\varphi=R'$.

定理 0.17 (第一同构定理) 设 φ: $R \to R'$ 是环的满同态，则

(1) R 中包含 $\ker\varphi$ 的子环与 R' 的子环在 φ 下一一对应；

(2) R 中包含 $\ker\varphi$ 的理想与 R' 的理想在 φ 下一一对应；

(3) 设 I 为 R 中包含 $\ker\varphi$ 的理想，在 φ 下对应于 R' 的理想 I'，则

$$\begin{aligned} R/I &\to R'/I', \\ a+I &\mapsto a^{\varphi}+I' \quad (a \in R) \end{aligned}$$

是环同构.

推论 0.18 设 $J \subseteq I$ 都是环 R 的理想，则 I/J 是 R/J 的理想，且有环同构

$$(R/J)/(I/J) \cong R/I.$$

定理 0.19 (第二同构定理) 设 S 是环 R 的子环，I 是 R 的理想，则

(1) I 是子环 $S+I$ 的理想；

(2) $S \cap I$ 是 S 的理想；

(3) 映射

$$\begin{aligned} (S+I)/I &\to S/(S \cap I), \\ (s+i)+I &\mapsto s+(S \cap I) \quad (s \in S,\ i \in I) \end{aligned}$$

是环同构.

定义 0.20 设 $R_1, \cdots, R_n$ 都是环. 令

$$R_1 \oplus \cdots \oplus R_n = \{(a_1, \cdots, a_n) \mid a_i \in R_i (1 \leqslant i \leqslant n)\}.$$

在 $R_1 \oplus \cdots \oplus R_n$ 中规定二元素的加法、乘法为按分量进行运算，则 $R_1 \oplus \cdots \oplus R_n$ (构成环) 称为 $R_1, \cdots, R_n$ 的**直和**(或外直和).

命题 0.21 设 $I_1, \cdots, I_n$ 都是环 R 的理想，$R = I_1 + \cdots + I_n$，则下述四条等价：

(1) 映射

$$I_1 \oplus \cdots \oplus I_n \to R,$$

$$(a_1, \cdots, a_n) \mapsto a_1 + \cdots + a_n$$

是环同构;

(2) R 中任一元素表示为 $I_1, \cdots, I_n$ 的元素之和的表示法唯一;

(3) 0 表示为 $I_1, \cdots, I_n$ 的元素之和的表示法唯一;

(4) 对于任一 i $(1 \leqslant i \leqslant n)$, 有

$$(I_1 + \cdots + I_{i-1} + I_{i+1} + \cdots + I_n) \cap I_i = \{0\}.$$

(此时我们称 R 等于 $I_1, \cdots, I_n$ 的**内直和**, 亦记为 $R = I_1 \oplus \cdots \oplus I_n$.)

1.0.2 素理想与极大理想

本小节中的环都设定为交换幺环.

定义 0.22 设 P 为交换幺环 R 的理想, $P \neq R$. 如果对于任意的 $a, b \in R$, $ab \in P$ 蕴含 $a \in P$ 或 $b \in P$, 则称 P 为 R 的**素理想**. 如果对于任意理想 I, $I \supsetneqq P$ 蕴含 $I = R$, 则称 P 为 R 的**极大理想**.

定理 0.23 设 R 是交换幺环, 则

(1) P 是素理想当且仅当商环 R/P 是整环;

(2) P 是极大理想当且仅当商环 R/P 是域.

推论 0.24 交换幺环的极大理想必是素理想.

下面我们证明极大理想的存在性.

定理 0.25 交换幺环中必存在极大理想.

证明 以 S 记 R 的不等于 R 的所有理想的集合. 则 $\{0\} \in S$, 故 S 非空. 在 S 上定义偏序 "$\leqslant$":

$$I_1 \leqslant I_2 \text{ 当且仅当 } I_1 \subseteq I_2.$$

(易验证 "$\leqslant$" 确实是偏序关系). 我们断言 S 中存在极大元. 事实上, 对于 S 中的任一全序链

$$I_1 \leqslant I_2 \leqslant \cdots, \tag{0.1}$$

令 $I = \bigcup\limits_i I_i$. 易验证 I 是 R 的理想, 且 $I \neq R$(因为 $1 \notin I$), 故 $I \in S$. 显然 $I_i \leqslant I(\forall\ I)$, 所以 I 是链 (0.1) 的一个上界. 由 Zorn 引理即知

我们的断言为真. 现在设 M 是 S 的一个极大元. 易见 M 是极大理想. 事实上, 若有 R 的理想 J, $J \supsetneqq M$, 则 $J \notin S$(否则矛盾于 M 是 S 的极大元). 这意味着 $J = R$. 这就证明了 M 是 R 的极大理想. □

说明　定理 0.25 的证明适用于一般的幺环 (不一定交换). 但是, 对于没有 1 的环这个定理一般讲来并不成立.

1.0.3　多项式环

本小节中的环仍然都假定为交换幺环.

定义 0.26　设 R 为交换幺环. 令

$$S = \{(a_0, a_1, \cdots, a_n, \cdots) \mid a_i \in R(\forall\ i), \text{有限多个 } a_i \text{ 不为零}\}.$$

在 S 上定义加法、乘法:

$$\begin{aligned}(a_0, a_1, \cdots, a_n, \cdots) &+ (b_0, b_1, \cdots, b_n, \cdots) \\ &:= (a_0 + b_0, a_1 + b_1, \cdots, a_n + b_n, \cdots), \\ (a_0, a_1, \cdots, a_n, \cdots) &\cdot (b_0, b_1, \cdots, b_n, \cdots) := (c_0, c_1, \cdots, c_n, \cdots),\end{aligned}$$

其中

$$c_n = \sum_{i=0}^{n} a_i b_{n-i}.$$

则 S 在此加法、乘法下构成环, 称为 R 上的**一元多项式环**.

若将 $(0, 1, 0, \cdots)$ 记为 x, 则 R 上的一元多项式环等同于

$$\{a_0 + a_1 x + \cdots + a_m x^m \mid m \text{为非负整数}, a_i \in R\}$$

(其上的运算与通常多项式的运算相同). 因此我们称此多项式环为 R 上的**变元为 x 的一元多项式环**, 记为 $R[x]$.

归纳地可以定义环 R 上的多元多项式环

$$R[x_1, x_2] := R[x_1][x_2],$$

$$\cdots\cdots\cdots\cdots$$

$$R[x_1, \cdots, x_t] := R[x_1, \cdots, x_{t-1}][x_t].$$

下面的定理是多项式环的刻画性质.

定理 0.27 R 上有限生成的环是 R 上的 (多元) 多项式环的同态像.

若 $f(x)=a_0+a_1x+\cdots+a_nx^n\in R[x]$, $a_n\neq 0$, 则称 n 为 $f(x)$ 的**次数**, 记为 $n=\deg f(x)$.

命题 0.28 设 R 为整环, $f(x),g(x)\in R[x]$, $f(x)g(x)\neq 0$, 则

$$\deg(f(x)g(x))=\deg f(x)+\deg g(x).$$

推论 0.29 整环上的多项式环仍是整环.

定理 0.30 (带余除法) 设 K 为域, $f(x),g(x)\in K[x]$, $g(x)\neq 0$, 则存在唯一的 $q(x),r(x)\in K[x]$, 满足

$$f(x)=q(x)g(x)+r(x),\qquad \deg r(x)<\deg g(x)\ 或\ r(x)=0.$$

1.0.4 整除性理论

本小节中的环都是指整环.

定义 0.31 设 R 为整环, $a,b\in R$. 如果存在 $c\in R$ 使得 $b=ac$, 则称 a 是 b 的**因子**, b 是 a 的**倍式**, 同时称a **整除** b, 记为 $a|b$. 如果 $a,b\neq 0$, $a|b$ 且 $b|a$, 则称 a 与 b **相伴**, 记为 $a\sim b$.

显然, 如果 $a=bc$, 则 $a\sim b$ 当且仅当 c 为 R 的可逆元.

定义 0.32 设 R 为整环, $a_1,\cdots,a_n,b\in R$. 如果 $b|a_i$ $(\forall 1\leqslant i\leqslant n)$, 则称 b 为 $a_1,\cdots,a_n$ 的**公因子**. 如果 d 是 $a_1,\cdots,a_n$ 的公因子, 且 $a_1,\cdots,a_n$ 的任一公因子都整除 d, 则称 d 为 $a_1,\cdots,a_n$ 的**最大公因子**, 记为 $d=\gcd(a_1,\cdots,a_n)$ 或 $d=(a_1,\cdots,a_n)$. 相反地, 如果 $a_i|b$ $(\forall 1\leqslant i\leqslant n)$, 则称 b 为 $a_1,\cdots,a_n$ 的**公倍式**. 如果 c 是 $a_1,\cdots,a_n$ 的公倍式, 且 c 整除 $a_1,\cdots,a_n$ 的任一公倍式, 则称 c 为 $a_1,\cdots,a_n$ 的**最小公倍**, 记为 $c=\mathrm{lcm}\,(a_1,\cdots,a_n)$ 或 $c=[a_1,\cdots,a_n]$.

一般而言, 整环中的一些元素的最大公因子和最小公倍不一定存在.

定义 0.33　设 R 为整环，$a \in R, a \neq 0$ 且 a 不是可逆元. 如果 $a = bc(b, c \in R)$ 蕴含 b 为可逆元或 c 为可逆元，则称 a 为 R 的**不可约元**; 如果 $a|bc(b, c \in R)$ 蕴含 $a|b$ 或 $a|c$, 则称 a 为 R 的**素元**.

不难证明素元必是不可约元，但反之则未必.

定义 0.34　设 R 为整环. 如果 R 的任一非零元素都可以表示为有限多个不可约元的乘积，并且这种表达式是唯一的，即：对于任一 $a \in R, a \neq 0$, 如果

$$a = p_1 p_2 \cdots p_n = q_1 q_2 \cdots q_m$$

(其中 $p_i (1 \leqslant i \leqslant n)$，$q_j (1 \leqslant j \leqslant m)$ 都是不可约元), 则必有 $n = m$, 且适当调换 q_j 的顺序可以使得 $p_i \sim q_i$ $(\forall\, 1 \leqslant i \leqslant n)$, 则称 R 是**唯一分解整环**.

定理 0.35　*设 R 是整环，且 R 的任一非零不可逆元都可以表示为有限多个不可约元的乘积，则下述六条结论等价：*

(1) R 是唯一分解整环;

(2) R 中不可约元都是素元;

(3) R 中任意两个元素都有最大公因子;

(4) R 中任意有限多个元素都有最大公因子;

(5) R 中任意两个元素都有最小公倍;

(6) R 中任意有限多个元素都有最小公倍.

定义 0.36　设 R 为整环. 如果 R 的任一理想都是主理想，则称 R 是**主理想整环**.

设 R 是交换幺环，$a_1, \cdots, a_n \in R$. 我们以 $(a_1, \cdots, a_n)$ 记 (R 的) 由 $\{a_1, \cdots, a_n\}$ 生成的理想. 对于主理想整环 R 以及 $a, b \in R$, 容易验证

$$(a, b) = (c) \text{ 当且仅当 } c \text{ 是 } a, b \text{ 的最大公因子.}$$

因此有

定理 0.37　*主理想整环是唯一分解整环.*

定义 0.38　设 R 为整环. 如果存在 $R \setminus \{0\}$ 到自然数集 $\mathbb{N}$ 的映射 d, 满足：对于任意的 $a, b \in R (b \neq 0)$, 存在 $q, r \in R$, 使得

$$a = qb + r, \qquad r = 0 \text{ 或 } d(r) < d(b),$$

则称 R 为**欧几里得环**.

不难证明

定理 0.39 欧几里得环是主理想整环，因而是唯一分解整环.

关于多项式环，一个重要的结果是

定理 0.40 唯一分解整环上的一元多项式环仍是唯一分解整环.

推论 0.41 唯一分解整环上的多元多项式环仍是唯一分解整环.

定理 0.40 的基础是所谓 "Gauss 引理" 以及域上的一元多项式环是欧几里得环. Gauss 引理是关于 "本原多项式" 的一个结果.

定义 0.42 设 R 是唯一分解整环，$f(x) \in R[x]$. 如果 $f(x)$ 的各项系数的最大公因子为 1, 则称 $f(x)$ 为 $R[x]$ 中的**本原多项式**.

引理 0.43 (Gauss 引理) 设 R 是唯一分解整环，则 $R[x]$ 中二本原多项式的乘积仍为 $R[x]$ 中的本原多项式.

关于多项式的不可约性，有

命题 0.44 (Eisenstein 判别法) 设 R 是唯一分解整环，K 为 R 的商域，$f(x) = a_0x^n + a_1x^{n-1} + \cdots + a_n \in R[x]$. 如果存在 R 的素元 p, 满足

$$p \nmid a_0, \quad p | a_i \ (\forall\ 1 \leqslant i \leqslant n), \quad p^2 \nmid a_n,$$

则 $f(x)$ 在 $K[x]$ 中不可约.

§1.1 模的定义及例

定义 1.1 设 R 是有 1 的环，M 是一个交换群. 如果给定一个映射

$$\begin{aligned} M \times R &\to M, \\ (x, a) &\mapsto xa \end{aligned}$$

满足下述条件:

(1) $(x+y)a = xa + ya,\ \forall\, x, y \in M,\ a \in R$;

(2) $x(a+b) = xa + xb,\ \forall\, x \in M,\ a, b \in R$;

(3) $x(ab) = (xa)b,\ \forall\, x \in M,\ a, b \in R$;

(4) $x1 = x$,

则称 M 为环 R 上的一个**右模**, 或**右 R 模**.

右模还有另一种常见的写法: 将交换群 M 中的运算记为乘法, 而将环 R 在 M 上的作用写成方幂的形式, 即: 将定义 1.1 中的 xa 改写为 x^a.

如果将此定义中的条件 (3) 改为

(3′) $x(ab) = (xb)a,\ \forall\, x \in M,\ a, b \in R$,

其余条件不变, 则称 M 为环 R 上的一个**左模**, 或**左 R 模**. 此时, 将环作用中的环元素写在模元素的左边较为方便, 即: 将上述定义中的映射改为

$$\begin{aligned} R \times M &\to M, \\ (a, x) &\mapsto ax. \end{aligned}$$

应当指出, 从理论上讲, 左模和右模没有本质上的区别. 如果 M 为环 R 上的一个右模, 令 R' 为与 R 反同构的环 (具体地说, R' 作为加法群与 R 一样, R' 中的乘法 xy 定义为 R 中的 yx), 则 M 构成 R' 上的左模. 当然, 若 R 是交换环, 则 R 上的左模和右模没有差别.

以下, 除非特别声明, 我们所说的模都是右模.

只含有一个元素 "0" 的模称为**零模**.

例 1.2 交换群与 $\mathbb{Z}$ 模是等同的. 事实上, 设 M 是一个交换群 (其运算记为加法), 则整数环 $\mathbb{Z}$ 在 M 上有自然的作用:

$$\begin{aligned} M \times \mathbb{Z} &\to M, \\ (x, n) &\mapsto nx. \end{aligned}$$

此作用显然满足定义 1.1 中的四个条件, 所以 M 是 $\mathbb{Z}$ 模. 反之, 任一 $\mathbb{Z}$ 模当然是交换群.

例 1.3 设 M 是一个交换群，则 M 是其自同态环 $\mathrm{End}(M)$ 上的模. 结合例 1.2, 可以认为 $\mathbb{Z} \subseteq \mathrm{End}(M)$.

例 1.4 设 R 是一个环. 规定 R 在加法群 $(R,+)$ 上的作用为右 (左) 乘，则 $(R,+)$ 是右 (左) R 模.

例 1.5 域 F 上的线性空间与 F 模是同一回事 (F 在线性空间上的作用规定为数乘).

§1.2 子模与商模，模的同态与同构

定义 2.1 设 M 是 R 模， $N \subseteq M$. 如果将 R 在 M 上的作用限制在 N 上使得 N 成为 R 模, 则称 N 为 M 的一个**子模**.

不难看出，为了验证 R 模 M 的子集 N 是一个子模，只需验证 N 是 M 的子群，并且 N 在 R 作用下封闭.

在上节的例 1.2 中模的子模与子群是同一概念；例 1.3 的子模是子群，但是子群不一定是子模；例 1.5 的子模就是线性子空间；而例 1.4 所述的 $(R,+)$ 作为右 (左)R 模的子模就是环 R 的右 (左) 理想.

设 $M_i(i \in I)$(这里 I 是一个指标集) 为 R 模 M 的一族子模. 定义 $M_i(i \in I)$ 的**交** 为通常集合的交，即 $\bigcap\limits_{i\in I} M_i$; 定义 $M_i(i \in I)$ 的**和** 为

$$\sum_{i\in I} M_i = \{x_{i_1} + \cdots + x_{i_n} \mid n \in \mathbb{N}, i_1, \ldots, i_n \in I\}.$$

读者可自行验证它们都是 M 的子模.

定义 2.2 设 N 为 R 模 M 的子模. 规定 R 在商群 M/N 上的作用为

$$\begin{aligned} M/N \times R &\rightarrow M/N, \\ (x+N, a) &\mapsto xa + N, \end{aligned}$$

则 M/N 成为一个 R 模，称为 M 关于 N 的**商模**.

应当指出，此定义中的 R 在 M/N 上的作用是良定义的. 这是因为 N 是 M 的子模 (不仅仅是子群).

定义 2.3　设 M 和 T 都是 R 模，φ: $M \to T$ 是映射. 如果 φ 满足下述两个条件:

(1) $(x+y)^\varphi = x^\varphi + y^\varphi$, $\forall\, x, y \in M$;

(2) $(xa)^\varphi = x^\varphi a$, $\forall\, x \in M$, $a \in R$,

则称 φ 为 M 到 T 的一个 R **模同态**. 如果 φ 又是单 (满) 射，则称 φ 为 R 模的**单 (满) 同态**. 既单又满的模同态称为**模同构**. 由 M 到 T 的所有 R 模同态构成的集合记为 $\mathrm{Hom}_R(M,T)$; 如果 $T=M$, 则记 $\mathrm{Hom}_R(M,T)$ 为 $\mathrm{End}_R(M)$.

说明　在 $\mathrm{Hom}_R(M,T)$ 上定义加法: 对于 $\varphi, \psi \in \mathrm{Hom}_R(M,T)$, 令 $x^{\varphi+\psi} = x^\varphi + x^\psi$ $(x \in M)$(易验证 $\varphi+\psi \in \mathrm{Hom}_R(M,T)$), 则 $\mathrm{Hom}_R(M,T)$ 在此加法下构成交换群. 在 $\mathrm{End}_R(M)$ 上进一步定义乘法为映射的复合，即对于 $\varphi, \psi \in \mathrm{End}_R(M)$, 令 $x^{\varphi\psi} = (x^\varphi)^\psi$ $(x \in M)$, 则 $\mathrm{End}_R(M)$ 构成环.

类似于群的情形，对于模同态 φ: $M \to T$, 定义 φ 的**核**和**像**分别为

$$\ker\varphi = \{x \in M \mid x^\varphi = 0\},$$

$$\mathrm{im}\varphi = \{y \in T \mid \text{存在 } x \in M, \text{使得 } x^\varphi = y\}.$$

又定义 φ 的**余核**为

$$\mathrm{coker}\ \varphi = T/\mathrm{im}\ \varphi.$$

容易验证 $\ker\varphi$ 和 $\mathrm{im}\varphi$ 分别是 M 和 T 的子模，并且 φ 是单同态当且仅当 $\ker\varphi = \{0\}$; φ 是满同态当且仅当 $\mathrm{coker}\varphi = \{0\}$.

关于模同态和模同构，有以下的结果.

定理 2.4 (同态基本定理)　设 φ: $M \to T$ 是模同态，则

$$\begin{aligned} M/\ker\varphi &\to \mathrm{im}\varphi, \\ \bar{x} &\mapsto \varphi(x) \end{aligned}$$

是模同构，其中 $\bar{x} = x + \ker\varphi$, 是 x 所代表的陪集.

定理 2.5 (第一同构定理)　设 $\varphi: M \to M'$ 是模的满同态，则

(1) M 中包含 $\ker\varphi$ 的子模与 M' 的子模在 φ 下一一对应;

(2) 设 T 为 M 中包含 $\ker\varphi$ 的子模, 在 φ 下对应于 M' 的子模 T', 则

$$\begin{aligned} M/T &\to M'/T', \\ x+T &\mapsto x^{\varphi}+T' \end{aligned}$$

是模同构.

推论 2.6 设 N 为 M 的子模, $\pi: M \to M/N, \pi(x)=x+N$ 是典范同态, 则在 π 下 M 的包含 N 的子模与 M/N 的子模一一对应; 对于 M 的包含 N 的子模 H,

$$\begin{aligned} M/H &\to (M/N)/(H/N), \\ x+H &\mapsto x^{\pi}+(H/N) \end{aligned}$$

是模同构.

定理 2.7 (第二同构定理) 设 H 和 N 为 M 的子模, 则有同构

$$\begin{aligned} (H+N)/N &\to H/(H\cap N), \\ (h+n)+N &\mapsto h+(H\cap N) \quad (\forall\, h\in H, n\in N). \end{aligned}$$

这些定理的证明和群论中相应定理的证明类似, 在此略去.

在本节最后我们给出模的生成元集的概念.

定义 2.8 设 M 是一个 R 模, $S\subset M$. 所谓**由 S 生成的子模**(记为 $S\cdot R$ 或 SR) 是指 M 的包含 S 的所有子模的交, 同时称 S 为 $S\cdot R$ 的一个**生成元集**. 特别地, 若 $S\cdot R=M$, 则称 M 由 S**生成**. 如果 M 可以由其有限子集生成, 则称 M 是**有限生成的**, 否则称 M 是**无限生成的**. 可以由一个元素 (构成的子集) 生成的模称为**循环模**.

不难看出: $S\cdot R$ 是 M 的包含 S 的最小的子模, 同时也有

$$S\cdot R=\left\{\sum_{\text{有限}} s_i a_i \,\middle|\, s_i\in S, a_i\in R\right\}.$$

§1.3 模的直和与直积

定义 3.1 设 I 为一个指标集, $M_i(i\in I)$ 都是 R 模. 令

$$M' = \{(\cdots, x_i, \cdots) \mid x_i \in M_i\}$$

为 M_i $(i \in I)$ 中元素的 “序列” 组成的集合. 定义 M' 中的加法为对应的分量相加, R 在 M' 上的作用为作用到各分量上, 即: 对于 $(\cdots, x_i, \cdots), (\cdots, y_i, \cdots) \in M'$ 和 $a \in R$,

$$(\cdots, x_i, \cdots) + (\cdots, y_i, \cdots) := (\cdots, x_i + y_i, \cdots),$$
$$(\cdots, x_i, \cdots)a := (\cdots, x_i a, \cdots),$$

则 M' (是 R 模) 称为 $M_i(i \in I)$ 的**直积**, 记为 $\prod\limits_{i \in I} M_i$. 又令

$$M = \{(\cdots, x_i, \cdots) \mid x_i \in M_i, \text{只有有限多个 } x_i \neq 0\},$$

M 中的加法和 R 在 M 上的作用同上, 则称 M(也是 R 模) 为 $M_i(i \in I)$ 的**直和**, 记为 $\bigoplus\limits_{i \in I} M_i$.

说明 (1) 当 I 是有限集时, 直和与直积是同样的概念; 当 I 是无限集时, 直和是直积的子模.

(2) 当 I 不是可列集时, 此定义中 “序列” 一词及符号 $(\cdots, x_i, \cdots)$ 有含糊之处. 直和与直积的确切的定义可以用范畴论的语言给出. 在那里, 直和与直积是互为对偶的概念, 即分别是两个 “对偶的” 范畴的始对象和终对象. 详言之, 对于给定的一组 R 模 $M_i(i \in I)$, 定义一个范畴 $\mathfrak{C}$, 其对象为 R 模 N 连同一组 R 模同态 $\phi_i: M_i \to N(\forall\, i \in I)$, 记为 (N, ϕ). 由一个对象 (N, ϕ) 到另一对象 (T, ψ) 的态射的集合定义为满足 $\phi_i \eta = \psi_i$ $(\forall\, i \in I)$ 的 R 模同态 $\eta: N \to T$, 也就是使得下面图表交换的同态 η:

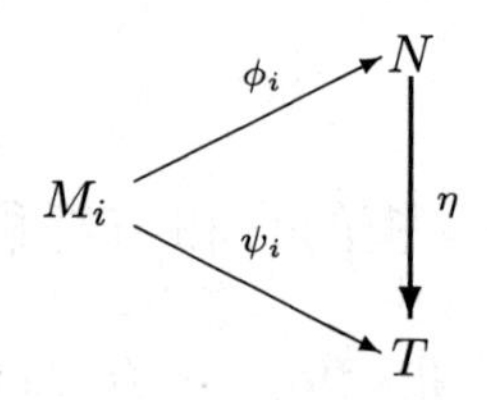

则 $\bigoplus\limits_{i\in I} M_i$ 是此范畴的始对象. $\mathfrak{C}$ 的对偶范畴 $\hat{\mathfrak{C}}$ 的对象为 R 模 N 连同一组 R 模同态 $\hat{\phi}_i$: $N \to M_i(\forall\ i \in I)$, 记为 $(N, \hat{\phi})$. 由一个对象 $(T, \hat{\psi})$ 到另一对象 $(N, \hat{\phi})$ 的态射的集合定义为满足 $\hat{\eta}\hat{\phi}_i = \hat{\psi}_i(\forall\ i \in I)$ 的 R 模同态 $\hat{\eta}$: $T \to N$, 也就是使得下面图表交换的的同态 $\hat{\eta}$:

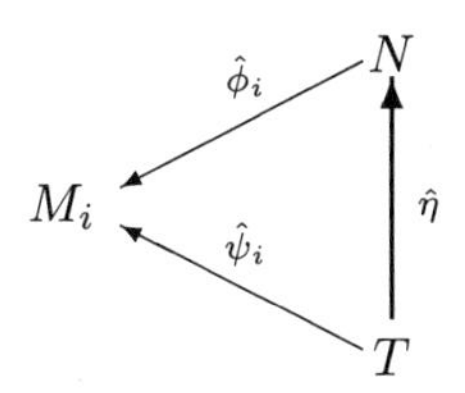

则 $\prod\limits_{i\in I} M_i$ 是范畴 $\hat{\mathfrak{C}}$ 的终对象. 注意: 定义 3.1 中对于直和所加的条件 "只有有限多个 $x_i \neq 0$" 在范畴语言的叙述中反映为: $\mathfrak{C}$ 的对象中的任一 R 模 N 中的运算只能是有限次加法及 R 作用的复合. 因此, 如果对象 (N, ϕ) 中有无穷多个 $i \in I$ 使得 ϕ_i: $M_i \to N$ 不是零同态, 则由对象 (N, ϕ) 到任一对象 (T, ψ) 的态射的集合为空集, 故这样的对象不可能是 $\mathfrak{C}$ 的始对象.

如同线性空间的直和分解一样, 我们希望将一个模分解为它的一些子模的直和. 在这里我们只考虑有限的直和分解.

定理 3.2 设 $M_1, \cdots, M_n$ 是 M 的子模, $M = \sum\limits_{i=1}^{n} M_i$, 则下述四条等价:

(1) 映射

$$\begin{aligned} \varphi:\ M_1 \oplus \cdots \oplus M_n &\ \to\ M, \\ (x_1, \cdots, x_n) &\ \mapsto\ x_1 + \cdots + x_n \end{aligned}$$

是同构;

(2) M 中任一元素能唯一地表示为 $M_i(1 \leqslant i \leqslant n)$ 的元素之和;

(3) M 中零元素能唯一地表示为 $M_i(1 \leqslant i \leqslant n)$ 的元素之和;

(4) 对于所有的 $i = 1, \cdots, n$, 都有

$$M_i \cap (M_1 + \cdots + \hat{M}_i + \cdots + M_n) = \{0\}$$

(这里的 $\hat{M}_i$ 的含义是将 M_i 除掉).

证明 (1) $\Rightarrow$ (2). 假若存在 $x \in M$, 使得

$$x = x_1 + \cdots + x_n = y_1 + \cdots + y_n \quad (x_i, y_i \in M_i),$$

其中某个 $x_j \neq y_j$ $(1 \leqslant j \leqslant n)$, 则

$$x = (x_1, \cdots, x_n)^{\varphi} = (y_1, \cdots, y_n)^{\varphi}.$$

故 φ 不是单射, 矛盾于 φ 是同构.

(2) $\Rightarrow$ (3). 显然.

(3) $\Rightarrow$ (4). 假若存在某个 i $(1 \leqslant i \leqslant n)$, 使得

$$M_i \cap (M_1 + \cdots + \hat{M}_i + \cdots + M_n) \neq \{0\}.$$

取 $0 \neq x_i \in M_i \cap (M_1 + \cdots + \hat{M}_i + \cdots + M_n)$, 则

$$x_i = x_1 + \cdots + \hat{x}_i + \cdots + x_n \quad (x_i \in M_i),$$

即有

$$0 = x_1 + \cdots - x_i + \cdots + x_n = 0 + \cdots + 0 + \cdots + 0,$$

矛盾于 0 的表示法唯一.

(4) $\Rightarrow$ (1). 易见 (1) 中的 φ 是 R 模同态. 由 $M = \sum\limits_{i=1}^{n} M_i$ 知 φ 是满射. 故只要说明 φ 是单射, 即说明 $\ker\varphi = \{0\}$. 事实上, 设 $(x_1, \cdots, x_n) \in \ker\varphi$, 则 $x_1 + \cdots + x_n = 0$. 故对于任一 $i (1 \leqslant i \leqslant n)$, 有

$$-x_i = x_1 + \cdots + \hat{x}_i + \cdots + x_n \in M_i \cap (M_1 + \cdots + \hat{M}_i + \cdots + M_n) = \{0\}.$$

所以 $x_i = 0$ $(\forall\, i = 1, \cdots, n)$, 即有 $\ker\varphi = \{0\}$. □

如果模 M 的子模 M_i $(1 \leqslant i \leqslant n)$ 满足定理 3.2 的条件, 则称 M 为 M_i $(1 \leqslant i \leqslant n)$ 的**内直和**, 仍记做 $M = M_1 \oplus \cdots \oplus M_n$. 此时, 每一个 M_i 都称为 M 的**直和因子**.

§1.4 自 由 模

定义 4.1 设 R 是幺环, M 是 R 模. M 的一个子集 S 称为 R-**线性无关的**, 如果对于 S 的任意有限子集 $\{x_1, \cdots, x_n\}$, R-线性关系

$$x_1a_1+\cdots+x_na_n=0$$

蕴含着 $a_1=\cdots=a_n=0$. R-线性无关的生成元集称为**基**, 亦称为 R-基. 有基的模称为**自由模**.

回想 §1.3 子模的内直和的定义, 我们知道: $x_1,\cdots,x_r$ 为 M 的一组 R-基与

$$M=x_1R\oplus\cdots\oplus x_nR$$

是一回事, 所以 "M 是以 $x_1,\cdots,x_r$ 为基的自由 R 模" 也可以等价地叙述为 "M 中任一元素可唯一地表示为 $x_1,\cdots,x_r$ 的 R-线性组合".

环 R 上的自由模的最直接的例子是 $R\oplus\cdots\oplus R$ (r 个 R 的直和), 其中的 R 皆视为 R 模. 如果用 e_i 记 $R\oplus\cdots\oplus R$ 中第 i 个分量为 1 而其余分量为 0 的元素, 则 $e_1,\cdots,e_r$ 构成一组基.

在线性代数中, 我们知道对于给定的线性空间, 它的任意一组基中所含的向量的个数都相等. 这个事实对于一般环上的自由模并不成立. 但是我们有下面的结果:

定理 4.2 *设 R 是交换幺环, M 为有限生成的自由 R 模, 则 M 的任意基所含的元素个数都相等.*

证明 由于 M 是有限生成的自由 R 模, 易见 M 的任意一组基中只有有限多个元素. 事实上, 假若 $x_i(i\in I)$ 为 M 的一组基 (I 为无限集), $y_1,\cdots,y_n$ 为 M 的生成元. 将 $y_1,\cdots,y_n$ 表成基元素的 R-线性组合, 则所有的组合式中只出现有限多个 x_i. 取这些 x_i 之外的一个基元素 x_j, 将 x_j 表为生成元 $y_1,\cdots,y_n$ 的 R-线性组合, 再以 $y_1,\cdots,y_n$ 的基元素的 R-线性组合表达式代入, 整理后即得到 x_j 的只含有上述有限多个 x_i 的 R-线性表达式. 这矛盾于 $x_i(i\in I)$ 是基.

设 $\{x_1,\cdots,x_r\}$ 为 M 的一组基. 由于 R 是交换幺环, 故存在极大理想. 设 $\mathfrak{m}$ 为一个极大理想. 令

$$N=x_1\mathfrak{m}+\cdots+x_r\mathfrak{m}.$$

易验证 N 是 M 的子模, 且 $N=M\mathfrak{m}$. 故商模 M/N 可以视为商环 $F=R/\mathfrak{m}$ 上的模. 而 $\mathfrak{m}$ 是极大理想, 所以 F 是域, 于是 M/N 是 F-线

性空间. 我们断言 x_i $(1 \leqslant i \leqslant r)$ 在商模 M/N 中的像 $\bar{x}_i$ $(1 \leqslant i \leqslant r)$ 是 M/N 的一组 F-基. 事实上, 设有 F-线性关系

$$\bar{x}_1\bar{a}_1 + \cdots + \bar{x}_r\bar{a}_r = \bar{0},$$

则

$$\overline{x_1a_1 + \cdots + x_ra_r} = \bar{0},$$

即

$$x_1a_1 + \cdots + x_ra_r \in N = x_1\mathfrak{m} + \cdots + x_r\mathfrak{m}.$$

由于 $\{x_1, \cdots, x_r\}$ 为 M 的一组基, 故必有 $a_i \in \mathfrak{m}$ $(\forall\ 1 \leqslant i \leqslant r)$, 即 $\bar{a}_i = \bar{0} \in F$ $(\forall\ 1 \leqslant i \leqslant r)$. 这说明 $\bar{x}_i$ $(1 \leqslant i \leqslant r)$ 是 F-线性无关的. 又易见 $\bar{x}_i$ $(1 \leqslant i \leqslant r)$ 在 F 上生成 M/N, 故我们的断言为真. 由此即知: $r = \dim_F M/N = \dim_F M/M\mathfrak{m}$, 与基的选取无关. □

定义 4.3 交换幺环 R 上的有限生成自由模 M 的基的势称为 M 的**秩**, 记为 $\mathrm{rank}_R(M)$ 或 $\mathrm{r}_R(M)$ 或 $\mathrm{r}(M)$. 特别地, 零模的秩定义为 0.

§1.5 主理想整环上的有限生成模

对于给定的环 R, 一个自然的问题就是: 所有 R 模有哪些可能? 对于一般的环, 这个问题过于复杂. 总的来说, 环的性质越多, 其上的模的结构就越简单 (反之, 如果一个环上的所有的模 (或一部分模) 具有较简单的结构, 则此环就应当有较多的性质). 例如, 性质最多的环是域, 而域上的模就是线性空间, 其结构完全由它的维数所决定. 稍微复杂些的交换环是主理想整环, 即任一理想都是主理想的无非零零因子的交换幺环. 本节将确定这种环上的有限生成模的结构. 作为推论, 给出有限生成交换群的结构定理.

1.5.1 主理想整环上的有限生成自由模

定理 5.1 主理想整环上的有限生成自由模的子模仍为自由模,

且子模的秩不超过原来模的秩.

证明 设 R 是主理想整环, M 是有限生成自由 R 模. 我们对于 M 的秩 $\mathrm{r}(M)$ 作归纳法.

若 $\mathrm{r}(M)=0$, 即 $M=\{0\}$, 则定理的结论显然成立.

设定理的结论对于秩小于 n 的自由模成立. 设 M 是秩为 n 的自由 R 模, $x_1,\cdots,x_n$ 为 M 的一组基, N 为 M 的一个子模. 令

$$\mathfrak{a}=\{a_1\in R\mid x_1a_1+\cdots+x_na_n\in N,\ a_i\in R\ \ (2\leqslant i\leqslant n)\}.$$

易见 $\mathfrak{a}$ 是 R 的一个理想 (读者自证之). 由于 R 是主理想整环, 故存在 $f\in R$, 使得

$$\mathfrak{a}=(f).$$

若 $f=0$, 则 N 含于秩为 $n-1$ 的自由模

$$M'=x_2R+\cdots+x_nR$$

中. 由归纳假设, 结论成立. 若 $f\neq 0$, 则存在 $y\in N$, 使得

$$y=x_1f+x_2b_2+\cdots+x_nb_n,$$

其中 $b_i\in R$ $(2\leqslant i\leqslant n)$. 对于 N 中任一元素

$$x=x_1a_1+\cdots+x_na_n,$$

有 $a_1\in\mathfrak{a}=(f)$, 故存在 $c\in R$ 使得 $a_1=fc$. 于是 $x-yc=x_10+\cdots$, 即 $x-yc\in M'$. 又有 $x-yc\in N$, 故 $x-yc\in M'\cap N$. 这说明 $N\subseteq yR+N'$, 其中 $N'=M'\cap N$. 又显然有 $N\supseteq yR+N'$, 所以

$$N=yR+N'.$$

我们断言

$$yR\cap N'=\{0\}.$$

事实上, 设 $z\in yR\cap N'$, 则存在 $r\in R$ 使得

$$z=yr=x_1fr+x_2b_2r+\cdots+x_nb_nr.$$

因为 $z \in N' \subseteq M'$, 所以 $fr = 0$. 而 $f \neq 0$, 且 R 是整环, 故 $r = 0$. 于是 $z = 0$. 这就证明了我们的断言. 由以上的讨论即知

$$N = yR \oplus N'.$$

现在注意 N' 是秩为 $n-1$ 的自由模 M' 的子模. 由归纳假设, N' 为秩不超过 $n-1$ 的自由模. 设 $y_1, \cdots, y_m$ 为 N' 的 R-基, 其中 $m \leqslant n-1$. 则

$$N = yR \oplus y_1R \oplus \cdots \oplus y_mR.$$

故 N 是秩为 $m(\leqslant n)$ 的自由模. □

下面我们给出主理想整环上的有限生成自由模的一个等价说法.

定义 5.2 设 R 为整环, M 为 R 模, $x \in M$. 如果存在 R 中的非零元素 a 使得 $xa = 0$, 则称 x 为**扭元素**, 否则称为**自由元素**. 如果 M 的所有元素都是扭元素, 则称 M 为**扭模**. 如果 M 的所有非零元素都是自由的, 则称 M 为**无扭模**.

定理 5.3 设 M 是主理想整环 R 上的有限生成模, 则 M 是自由的当且仅当 M 是无扭的.

证明 若 $M = \{0\}$, 则 M 是无扭模, 同时是秩为零的自由模, 故定理的结论成立. 以下设 M 不是零模.

首先设 M 是自由模. 设 $x_1, \cdots, x_n$ 为 M 的一组 R-基. 如果 M 不是无扭的, 则存在 $x \in M$, $x \neq 0$ 以及 $a \in R$, $a \neq 0$, 使得 $xa = 0$. 设

$$x = x_1a_1 + \cdots + x_na_n \quad (a_i \in R),$$

则

$$0 = xa = x_1a_1a + \cdots + x_na_na.$$

由于 $x_1, \cdots, x_n$ 是基, 所以 $a_ia = 0$ $(\forall\ 1 \leqslant i \leqslant n)$. 由于 $x \neq 0$, 故 $a_i (1 \leqslant i \leqslant n)$ 不全为零. 这与 $a \neq 0$ 且 R 为整环矛盾. 这就证明了自由模是无扭模.

反之，设 M 是无扭的．设 $x_1,\cdots,x_m$ 是 M 的一组生成元．无妨设 $x_1,\cdots,x_r$ 为其极大线性无关组，即 $x_1,\cdots,x_r$ 是 R- 线性无关的，而 $x_1,\cdots,x_r$, x_j $(r+1\leqslant j\leqslant m)$ 都不是 R- 线性无关的．令 $N=x_1R+\cdots+x_rR$, 则 N 是自由模．若 $r=m$, 则 $M=N$ 为自由模．若 $r<m$, 则有线性关系

$$x_1a_{j1}+\cdots+x_ra_{jr}+x_jb_j=0 \quad (j=r+1,\cdots,m),$$

其中 $a_{ji},b_j\in R$, $b_j\neq 0$ $(\forall\ 1\leqslant i\leqslant r,\ r+1\leqslant j\leqslant m)$. 令

$$b=b_{r+1}\cdots b_m.$$

由于 R 是整环，故 $b\neq 0$. 对于 $j=r+1,\cdots,m$, 由上面的线性关系知

$$x_jb=(-x_1a_{j1}-\cdots-x_ra_{jr})b_{r+1}\cdots\hat{b}_j\cdots b_m\in N.$$

所以 $Mb\subseteq N$. 而 N 为自由模，由定理 5.1 即知 Mb 为自由模．最后，易见映射

$$\begin{aligned}\varphi: M &\to Mb,\\ x &\mapsto xb\end{aligned}$$

是 R 模同构 (φ 显然是满同态；又：设 $x\in\ker\varphi$, 则 $xb=0$. 而 $b\neq 0$ 且 M 是无扭模，所以 $x=0$. 于是 $\ker\varphi=\{0\}$, 即 φ 是单射), 故 M 是自由模．□

1.5.2 有限生成模分解为自由模和扭模的直和

首先我们给出关于主理想整环上的有限生成模一个简单的事实．

命题 5.4 主理想整环上的有限生成模的子模仍有限生成．

证明 此命题是定理 5.1 的直接推论．事实上，设 M 是主理想整环 R 上的有限生成模，N 为 M 的子模．设 $x_1,\cdots,x_m$ 为 M 的一组生成元．以 R^m 记 m 个 R (作为 R 自身上的模) 的直和，以

$e_i(1 \leqslant i \leqslant m)$ 记 R^m 中第 i 个分量为 1 其余分量皆为 0 的元素. 则 R^m 是以 $e_i(1 \leqslant i \leqslant m)$ 为基的自由 R 模. 考虑映射

$$\begin{aligned} \varphi : R^m &\rightarrow M, \\ \sum_{i=1}^{m} e_i a_i &\mapsto \sum_{i=1}^{m} x_i a_i \quad (a_1, \cdots, a_m \in R). \end{aligned}$$

易见 φ 是 R 模的满同态. 令 S 为 N 在 φ 下的完全反像, 则 φ 在 S 上的限制

$$\varphi|_S : \ S \rightarrow N$$

是 R 模的满同态. 由于 S 是自由模的子模, 故 S 是自由模. 设 $f_1, \cdots, f_t$ 是 S 的一组 R-基, 则 f_j^{φ} $(1 \leqslant j \leqslant t)$ 是 N 的一组生成元. □

下面我们考虑主理想整环上的有限生成模的分解. 首先, 关于扭元素的集合有以下事实:

命题 5.5 整环上的模的扭元素的集合构成一个子模.

证明 设 R 是整环, M 是 R 模. 首先, 0 是扭元素, 故扭元素的集合非空. 现设 x, y 为 M 的扭元素, 则存在 R 的非零元素 a, b 使得

$$xa = 0, \quad yb = 0.$$

于是 $(x - y)ab = (xa)b - (yb)a = 0 - 0 = 0$. 由于 R 是整环, 所以 $ab \neq 0$. 故 $x - y$ 为扭元素. 又, 对于任一 $r \in R$, $(xr)a = (xa)r = 0$, 故 xr 亦为扭元素. 这说明 M 的扭元素的集合对于 M 中的减法和 R 的作用封闭, 所以构成 M 的子模. □

此命题中的子模称为 M 的**扭子模**, 记为 M_{tor}.

命题 5.6 主理想整环上的有限生成模关于其扭子模的商模是自由模.

证明 设 M 是主理想整环 R 上的有限生成模. 根据定理 5.3, 我们只要证明 M/M_{tor} 是无扭模. 设 $\bar{x} \in M/M_{\text{tor}}$, $\bar{x} \neq \bar{0}$, 其中 $\bar{x}$ 为 M 的元素 x 在 M/M_{tor} 中所代表的陪集. 假若 $\bar{x}$ 是 M/M_{tor} 的扭元素, 则存在 R 的非零元素 a 使得 $\bar{x}a = \bar{0}$, 即 $\overline{xa} = \bar{0}$, 亦即 $xa \in M_{\text{tor}}$. 于是存在 $b \in R$, $b \neq 0$, 使得 $(xa)b = 0$, 即

$$x(ab) = 0.$$

而 R 是整环，所以 $ab \neq 0$. 这说明 $x \in M_{\text{tor}}$, 即 $\bar{x} = \bar{0}$. 矛盾. □

现在我们可以证明本小节的主要结果了.

定理 5.7 主理想整环上的有限生成模等于其扭子模和一个自由子模的直和.

证明 设 M 是主理想整环 R 上的有限生成模. 由命题 5.6 知 M/M_{tor} 是自由 R 模. 设 $\bar{x}_1, \cdots, \bar{x}_r$ 为 M/M_{tor} 的一组基，$x_i \in M (1 \leqslant i \leqslant r)$ 为 $\bar{x}_i$ 的代表元. 令

$$N = x_1 R + \cdots + x_r R.$$

易见 N 是自由 R 模. 事实上，如果

$$x_1 a_1 + \cdots + x_r a_r = 0 \quad (a_1, \cdots, a_r \in R),$$

则在 M/M_{tor} 中有

$$\bar{x}_1 a_1 + \cdots + \bar{x}_r a_r = \bar{0}.$$

而 $\bar{x}_1, \cdots, \bar{x}_r$ 为 M/M_{tor} 的基，故 $a_i = 0 (\forall\, 1 \leqslant i \leqslant r)$. 这就证明了 N 是以 $x_1, \cdots, x_r$ 为基的自由模.

我们来证明 $M = N \oplus M_{\text{tor}}$. 首先易见 $M = N + M_{\text{tor}}$. 事实上，对于任一 $x \in M$, 以 $\bar{x}$ 记 x 在 M/M_{tor} 中的典范像 (即代表的陪集), 则存在 $b_i \in R (1 \leqslant i \leqslant r)$, 使得 $\bar{x} = \bar{x}_1 b_1 + \cdots + \bar{x}_r b_r$. 令

$$y = x - (x_1 b_1 + \cdots + x_r b_r),$$

则 $\bar{y} = \bar{0}$, 即 $y \in M_{\text{tor}}$. 于是

$$x = (x_1 b_1 + \cdots + x_r b_r) + y \in N + M_{\text{tor}}.$$

这说明 $M \subseteq N + M_{\text{tor}}$. 又显然有 $M \supseteq N + M_{\text{tor}}$, 故 $M = N + M_{\text{tor}}$.

只需要再证明 $N \cap M_{\text{tor}} = \{0\}$. 设 $x \in N \cap M_{\text{tor}}$, 则存在 $a_1, \cdots, a_r \in R$ 以及 $a \in R$, $a \neq 0$, 使得

$$x = x_1 a_1 + \cdots + x_r a_r, \quad xa = 0.$$

于是

$$x_1a_1a + \cdots + x_ra_ra = 0.$$

而 $x_1, \cdots, x_r$ 是 N 的基，所以 $aa_i = 0\ (\forall\ 1 \leqslant i \leqslant r)$. 由 $a \neq 0$ 以及 R 是整环即知 $a_i = 0\ (\forall\ 1 \leqslant i \leqslant r)$, 故 $x = x_1a_1 + \cdots + x_ra_r = 0$. □

应当指出，对于主理想整环 R 上的有限生成模 M, 商模 $M/M_{\rm tor}$ 作为 R 模的秩当然是 M 的不变量 (称为 M 的 R **秩**, 或简单地称为**秩**, 记为 $\mathrm{r}_R(M)$, 或简单地记为 $\mathrm{r}(M)$), 但是 M 的秩为 $\mathrm{r}_R(M)$ 的自由子模并不一定是唯一的. 例如，若 $x_1R + \cdots + x_rR$ 是 M 的自由子模， $y \in M_{\rm tor}, y \neq 0$, 则 $(x_1 + y)R + \cdots + x_rR$ 也是 M 的自由子模. 显然这两个自由子模不同 (否则，自由子模 $x_1R + \cdots + x_rR$ 中含有非零扭元素 $y = (x_1 + y) - x_1$, 矛盾于定理 5.3).

1.5.3 有限生成扭模分解为不可分解循环模的直和

我们的目的是决定主理想整环 R 上的有限生成模 M 的结构. 根据定理 5.7, 问题归结为决定 $M_{\rm tor}$ 的结构. 本小节将给出有限生成扭模的最精细的直和分解.

我们先给出两个术语的定义.

定义 5.8 设 M 是交换幺环 R 上的模， $S \subseteq M$. 令

$$\mathrm{Ann}(S) = \{a \in R \mid xa = 0, \forall\ x \in S\}.$$

称 $\mathrm{Ann}(S)$ 为 S 的**零化子**. 特别地，若 $S = \{x\}$, 称 $\mathrm{Ann}(S)$ 为 x 的**零化子**, 简记为 $\mathrm{Ann}(x)$.

容易验证 $\mathrm{Ann}(S)$ 是 R 的一个理想且 $\mathrm{Ann}(x) = \mathrm{Ann}(xR)$. $\mathrm{Ann}(x)$ 亦称为 x 的**阶理想** (请对照交换群 (作为 $\mathbb{Z}$ 模) 中一个元素的阶的概念).

零化子是由模的子集决定的 (环的) 理想. 反过来环的理想也决定一个子模.

定义 5.9 设 R 与 M 同上， $\mathfrak{a}$ 是 R 的一个理想. 令

$$\mathrm{M}(\mathfrak{a}) = \{m \in M \mid ma = 0, \forall\ a \in \mathfrak{a}\}$$

(容易验证 $\mathrm{M}(\mathfrak{a})$ 是 M 的子模). 称 $\mathrm{M}(\mathfrak{a})$ 为 **$\mathfrak{a}$所零化的子模**. 特别地, R 的主理想 aR 所零化的子模称为 **a所零化的子模**, 简记为 $\mathrm{M}(a)$.

在上述记号下, 显然有

$$\mathrm{Ann}(S) = \bigcap_{x\in S} \mathrm{Ann}(x), \quad M = \mathrm{M}(\mathrm{Ann}(M)).$$

引理 5.10 设 R 是主理想整环, M 是有限生成的非零扭 R 模, 则存在 R 的非零不可逆元 a, 使得 $\mathrm{Ann}(M) = (a)$.

证明 首先我们断言:若 x 是某个 R 模中的非零扭元素, $\mathrm{Ann}(x) = (b)$, 则 b 是 R 中的非零的不可逆元. 事实上, 由于 x 是扭元素, 所以存在 $c \in R$, $c \neq 0$, 使得 $xc = 0$, 即 $c \in \mathrm{Ann}(x)$. 所以 $\mathrm{Ann}(x) \neq (0)$. 由此知 $b \neq 0$. 另一方面, 假若 b 是 R 中的可逆元, 则 $1 \in (b) = \mathrm{Ann}(x)$, 于是 $x = x \cdot 1 = 0$, 矛盾于 $x \neq 0$. 这就证明了我们的断言.

现在设 $x_1, \cdots, x_t$ 为 M 的一组生成元 (无妨假定 $x_i \neq 0$ ($\forall\ 1 \leqslant i \leqslant t$)), 则 x_i ($1 \leqslant i \leqslant t$) 都是扭元素. 显然

$$b \in \mathrm{Ann}(M) \text{ 当且仅当 } x_i b = 0 \quad (\forall\ 1 \leqslant i \leqslant t)$$

(读者自证之). 令 $\mathrm{Ann}(x_i) = (a_i)$. 由上面的断言知 a_i 皆为 R 中的非零的不可逆元. 令 a 为 $a_i (1 \leqslant i \leqslant t)$ 的最小公倍, 则

$$x_i a = 0 \quad (\forall\ 1 \leqslant i \leqslant t),$$

故 $(a) \subseteq \mathrm{Ann}(M)$. 反之, 若 $b \in \mathrm{Ann}(M)$, 则 $x_i b = 0$ ($\forall\ 1 \leqslant i \leqslant t$), 即 $b \in \mathrm{Ann}(x_i) = (a_i)$ ($\forall\ 1 \leqslant i \leqslant t$). 即 $a_i | b$. 而 a 为 $a_i (1 \leqslant i \leqslant t)$ 的最小公倍, 所以 $a|b$, 即 $b \in (a)$. 这说明 $\mathrm{Ann}(M) \subseteq (a)$. 于是我们得到 $\mathrm{Ann}(M) = (a)$. 显然 $a \neq 0$ 且不可逆. □

引理 5.11 设 R 是主理想整环, $a, b \in R$, M 是 R 模. 如果 $(a, b) = 1$, 则

$$\mathrm{M}(ab) = \mathrm{M}(a) \oplus \mathrm{M}(b).$$

证明 我们只要证明

$$\mathrm{M}(ab)=\mathrm{M}(a)+\mathrm{M}(b),\quad \mathrm{M}(a)\cap\mathrm{M}(b)=\{0\}.$$

显然 $\mathrm{M}(a),\mathrm{M}(b)\subseteq\mathrm{M}(ab)$, 故 $\mathrm{M}(a)+\mathrm{M}(b)\subseteq\mathrm{M}(ab)$. 反之, 由 $(a,b)=1$ 知存在 $f,g\in R$, 使得

$$af+bg=1.$$

设 $x\in\mathrm{M}(ab)$, 则

$$x=x(af+bg)=xaf+xbg,$$

由于 $(xaf)b=(xab)f=0$, 故 $xaf\in\mathrm{M}(b)$. 类似地, 有 $xbg\in\mathrm{M}(a)$. 所以 $x\in\mathrm{M}(a)+\mathrm{M}(b)$. 这就证明了 $\mathrm{M}(ab)\subseteq\mathrm{M}(a)+\mathrm{M}(b)$. 所以 $\mathrm{M}(ab)=\mathrm{M}(a)+\mathrm{M}(b)$. 现在设 $x\in\mathrm{M}(a)\cap\mathrm{M}(b)$, 即 $xa=0$, $xb=0$, 于是

$$x=xaf+xbg=0.$$

故 $\mathrm{M}(a)\cap\mathrm{M}(b)=\{0\}$. □

定理 5.12 主理想整环 R 上的有限生成非零扭模 M 等于有限多个 $\mathrm{M}(p_i^{e_i})$ 的直和, 其中 p_i 为 R 的素元素, e_i 为正整数.

证明 由引理 5.10, 我们知道存在 R 中的非零不可逆元 a, 使得 $\mathrm{Ann}(M)=(a)$. 设 $a=up_1^{e_1}\cdots p_t^{e_t}$, 其中 u 为 R 的可逆元, $p_1,\cdots,p_t$ 为 R 中两两不相伴的素元素, 则

$$M=\mathrm{M}(\mathrm{Ann}(M))=\mathrm{M}(a)=\mathrm{M}(up_1^{e_1}\cdots p_t^{e_t}).$$

我们对 t 作归纳法. 当 $t=1$ 时, $M=\mathrm{M}(up_1^{e_1})=\mathrm{M}(p_1^{e_1})$, 结论成立. 若 $t>1$, 由

$$(up_1^{e_1}\cdots p_{t-1}^{e_{t-1}},\ p_t^{e_t})=1$$

以及引理 5.11, 有

$$M=\mathrm{M}(up_1^{e_1}\cdots p_t^{e_t})=\mathrm{M}(up_1^{e_1}\cdots p_{t-1}^{e_{t-1}})\oplus\mathrm{M}(p_t^{e_t}).$$

对 $\mathrm{M}(up_1^{e_1}\cdots p_{t-1}^{e_{t-1}})$ 用归纳假设即得

$$M=\mathrm{M}(p_1^{e_1})\oplus\cdots\oplus\mathrm{M}(p_{t-1}^{e_{t-1}})\oplus\mathrm{M}(p_t^{e_t}).$$ □

我们继续分解定理 5.12 中的直和因子 $\mathrm{M}(p_i^{e_i})$. 这种被素元素 p 的方幂所零化的模称为 p **模**.

定理 5.13 设 R 是主理想整环, p 为 R 的素元素, M 为有限生成的 p 模, 则 M 可以分解为有限多个循环 p 模的直和, 且直和因子的个数不超过生成元的个数.

证明 我们把 M 的势最小的生成元集称为**极小生成元集**. 对于 $x\in M$, 如果 $\mathrm{Ann}(x)=(p^e)$, 则称 e 为 x 的 p **零化指数**, 记为 $e_p(x)$.

我们将证明比定理 5.13 更精确的结论, 即:

M 可以分解为有限多个循环 p 模的直和, 且直和因子的个数等于极小生成元集的势.

我们对极小生成元集的势 s 作归纳法.

若 $s=1$, 则 M 是循环模, 故结论为真.

若 $s>1$, 设结论对于生成元个数小于 s 的 p 模成立. 考虑 M 的所有极小生成元集中的元素的 p 零化指数. 设 x_s 是这些元素中 p 零化指数最小者, 其 p 零化指数记为 $e=e_p(x_s)$. 取含有 x_s 的一个极小生成元集 $\{x_1,\cdots,x_s\}$. 令 $N=x_1R+\cdots+x_{s-1}R$. 由归纳假设, 有

$$N=y_1R\oplus\cdots\oplus y_lR,$$

其中 l 为 N 的极小生成元集的势, 故 $l\leqslant s-1$. 而 $y_1,\cdots,y_l,x_s$ 是 M 的生成元, 故必有 $l=s-1$(否则与 M 的极小生成元集的势等于 s 矛盾). 我们只要证明

$$M=N\oplus x_sR=y_1R\oplus\cdots\oplus y_{s-1}R\oplus x_sR.$$

为此, 只要证明

$$N\cap x_sR=\{0\}. \tag{5.1}$$

考虑商模 M/N. 以 $\bar{x}$ 记 M 中的元素 x 在 M/N 中的像. 令 $k=e_p(\bar{x}_s)$. 为证明 (5.1) 式, 只要证明 $k=e$(事实上, 如果 $k=e$, 则对于任一

$z \in N \cap x_s R$, 存在 $c \in R$, 使得 $z = x_s c \in N$. 于是 $\bar{x}_s c = \bar{0}$, 所以 $c \in (p^k) = (p^e)$, 即有 $z = x_s c = 0$, 即 (5.1) 式成立). 明显地，由于 $x_s p^e = 0$, 故 $k \leqslant e$. 假若 $k < e$. 由 $k = e_p(\bar{x}_s)$ 有 $\bar{x}_s p^k = \bar{0}$, 即 $x_s p^k \in N$. 所以存在 $a_i \in R (1 \leqslant i \leqslant s-1)$, 使得

$$x_s p^k = y_1 a_1 + \cdots + y_{s-1} a_{s-1}.$$

两端乘以 p^{e-k}, 得

$$0 = y_1 a_1 p^{e-k} + \cdots + y_{s-1} a_{s-1} p^{e-k}.$$

由于 N 是 $y_i R (1 \leqslant i \leqslant s-1)$ 的直和，故 $y_i a_i p^{e-k} = 0 (\forall\, 1 \leqslant i \leqslant s-1)$. 以 e_i 记 y_i 的 p 零化指数，则有 $a_i p^{e-k} \in (p^{e_i})$, 即 $a_i \in (p^{e_i - e + k})$. 注意：由于 x_s 是 M 的所有极小生成元集中 p 零化指数最小者，而 $y_1, \cdots, y_{s-1}, x_s$ 是 M 的极小生成元集，所以 $e_i \geqslant e (\forall\, 1 \leqslant i \leqslant s-1)$. 故有 $a_i \in (p^{e_i - e + k}) \subseteq (p^k)$. 于是可设 $a_i = b_i p^k$ $(b_i \in R)$. 令

$$y_s = x_s - (y_1 b_1 + \cdots + y_{s-1} b_{s-1}),$$

显然

$$\begin{aligned} y_s p^k &= x_s p^k - (y_1 b_1 p^k + \cdots + y_{s-1} b_{s-1} p^k) \\ &= x_s p^k - (y_1 a_1 + \cdots + y_{s-1} a_{s-1}) = 0. \end{aligned}$$

而 $k < e$, 这矛盾于 $\{x_1, \cdots, x_{s-1}, x_s\}$ 是 M 的一个极小生成元集以及 e 的最小性. □

1.5.4　主理想整环上的有限生成模的结构定理

现在我们证明本章主要的结果，即

定理 5.14 (主理想整环上的有限生成模的结构定理)　*主理想整环上的有限生成模可以分解为一个自由子模和有限多个循环 p 子模的直和，并且这种分解在同构意义下是唯一的.*

为证明此定理，我们先证明两个引理.

引理 5.15　*主理想整环 R 上的循环模 M 同构于商模 $R/\mathrm{Ann}(M)$.*

特别地，R 上的循环 p 模 M 同构于商模 $R/(p^e)$, 其中 e 为 M 的生成元的 p 零化指数.

证明 设 x 为 M 的生成元，则映射

$$\begin{aligned} R &\rightarrow M, \\ r &\mapsto xr \end{aligned}$$

是 R 模的满同态，其核为 $\mathrm{Ann}(x)=\mathrm{Ann}(M)$. 由同态基本定理 (定理 2.4) 即有结论. □

注意：此引理的证明包括了 $\mathrm{Ann}(M)=(0)$(即 R 是自由循环模) 的情形，此时的结论是 $M\cong R$.

引理 5.16 设 R 为主理想整环，p,q 为 R 的非零素元素，e 为正整数，则

$$\dim_{R/(q)}(R/(p^e))/((R/(p^e))q)=\begin{cases}1, & \text{如果 } q \text{ 与 } p \text{ 相伴},\\ 0, & \text{如果 } q \text{ 与 } p \text{ 不相伴}.\end{cases}$$

(注意：$R/(q)$ 是域，$(R/(p^e))/((R/(p^e))q)$ 是 $R/(q)$ 模，即 $R/(q)$ 线性空间.)

证明 如果 q 与 p 相伴，由第一同构定理的推论 (推论 2.6) 有

$$(R/(p^e))/((R/(p^e))q)=(R/(p^e))/((Rq)/(p^e))\cong R/(Rq)=R/(q).$$

这就证明了 q 与 p 相伴时的结论.

如果 q 与 p 不相伴，则 $(p^e,q)=1$, 即存在 $u,v\in R$, 使得

$$p^eu+qv=1.$$

于是，对于任一 $a\in R$, 有

$$\begin{aligned} a+(p^e) &= avq+aup^e+(p^e)=avq+(p^e) \\ &= (av+(p^e))q\in(R/(p^e))q. \end{aligned}$$

故 $R/(p^e)=(R/(p^e))q$, 即 $(R/(p^e))/((R/(p^e))q)=0$. 这就证明了引理. □

定理 5.14 的证明 此定理所述的直和分解的存在性由定理 5.7, 5.12 和 5.13 所保证. 下面我们证明唯一性.

由定理 5.7, 5.12, 5.13 和引理 5.15, 有

$$M \cong R^r \oplus \Big(\bigoplus_{i=1}^{t} \Big(\bigoplus_{j_i=1}^{l_i} (R/(p_i^{j_i}))^{n_{ij_i}} \Big)\Big), \tag{5.2}$$

其中 R^r 表示 r 个 R(作为 R 模) 的直和, $p_i\,(1 \leqslant i \leqslant t)$ 为 R 中两两互不相伴的素元素, $(R/(p_i^{j_i}))^{n_{ij_i}}$ 表示 n_{ij_i} 个 $R/(p_i^{j_i})$ 的直和. 或较形象地, (5.2) 式右端含有以下直和因子:

$$\begin{array}{lr}
R, \cdots, R, & r\text{个} \\
R/(p_1), \cdots, R/(p_1), & n_{11}\text{个} \\
\cdots\cdots\cdots\cdots & \cdots\cdots \\
R/(p_1^{l_1}), \cdots, R/(p_1^{l_1}), & n_{1l_1}\text{个} \\
\cdots\cdots\cdots\cdots & \cdots\cdots \\
R/(p_t), \cdots, R/(p_t), & n_{t1}\text{个} \\
\cdots\cdots\cdots\cdots & \cdots\cdots \\
R/(p_t^{l_t}), \cdots, R/(p_t^{l_t}), & n_{tl_t}\text{个}
\end{array}$$

其中 r, t 和 $n_{il_i}(1 \leqslant i \leqslant t,\ 1 \leqslant l_i \leqslant l_t)$ 为非负整数 (可能为 0). 令 $F_i = R/(p_i)$. 由直和分解式 (5.2) 以及引理 5.16 知, 对于任意 $1 \leqslant i \leqslant t$(注意 $(R/(p_i^j))p_i^{j_i} = 0, \forall\ j \leqslant j_i$), 有

$$\begin{array}{ll}
\dim_{F_i} M/(Mp_i) & = r + n_{i1} + n_{i2} + \cdots + n_{il_i}, \\
\dim_{F_i} (Mp_i)/(Mp_i)p_i & = r + \qquad\ \ n_{i2} + \cdots + n_{il_i}, \\
\cdots\cdots\cdots\cdots & \cdots\cdots \qquad\qquad \cdots\cdots\cdots \\
\dim_{F_i} (Mp_i^{l_i-1})/(Mp_i^{l_i-1})p_i & = r + \qquad\qquad\qquad\quad n_{il_i}, \\
\dim_{F_i} (Mp_i^{l_i})/(Mp_i^{l_i})p_i & = r.
\end{array}$$

这组等式的左端由 R 及 M 完全决定 (不依赖于 M 的分解), 而右端出现的各项都可由左端表示, 故也由 R 及 M 完全决定. 这就证明了 M 的分解的唯一性. □

定义 5.17 在 (5.2) 式右端出现的 $p_i^{j_i}$ $(1 \leqslant i \leqslant t,\ 1 \leqslant j_i \leqslant l_i)$ 的正方幂 (包括出现的次数), 即

$$
\begin{array}{ll}
p_1, \cdots, p_1, & n_{11}\text{个} \\
\cdots\cdots\cdots & \cdots\cdots \\
p_1^{l_1}, \cdots, p_1^{l_1}, & n_{1l_1}\text{个} \\
\cdots\cdots\cdots & \cdots\cdots \\
p_t, \cdots, p_t, & n_{t1}\text{个} \\
\cdots\cdots\cdots & \cdots\cdots \\
p_t^{l_t}, \cdots, p_t^{l_t}, & n_{tl_t}\text{个}
\end{array}
\tag{5.3}
$$

称为 M 的扭子模的**初等因子**.

在本节最后我们指出 (5.2) 式所示的分解就是 M 的所谓*不可分解子模*分解.

定义 5.18 幺环上的一个模称为**不可分解的**, 如果它不能表示为两个以上的非平凡子模的直和.

命题 5.19 *主理想整环上的有限生成模是不可分解的当且仅当它是秩 1 的自由模或循环 p 模.*

证明 设 R 是主理想整环. 首先, R 作为自身上的模是不可分解的 (否则, 设 $R = R_1 \oplus R_2$, $R_1, R_2 \neq \{0\}$. 取 $a_i \in R_i$, $a_i \neq 0$ $(i = 1, 2)$, 则 $(a_1, 0)(0, a_2) = 0$, 矛盾于 R 是整环), 即 R 上的秩 1 的自由模不可分解. 其次 R 上的循环 p 模不可分解 (否则与定理 5.14 中的唯一性矛盾). 反之, 由定理 5.14 中分解的存在性知不可分解模必是秩 1 的自由模或循环 p 模. □

由此命题即知定理 5.14 可以叙述为

定理 5.14′ *主理想整环上的有限生成模可以 (在同构意义下) 唯一地分解为不可分解子模的直和.*

1.5.5 主理想整环上有限生成模的第二种分解

在定理 5.14 给出的主理想整环上的有限生成模的直和分解中, 可以将互素的初等因子所对应的直和因子合并为循环模 (见引理 5.11), 从而得到这种模的多种循环子模的直和分解式. 为了保证分解唯一性, 我们只要规定这种新的分解式中各直和因子的零化子之间有包含关系.

定理 5.20 设 R 为主理想整环, M 为有限生成 R 模, 则

$$M \cong R^r \oplus \Big(\bigoplus_{i=1}^{m} R/(d_i)\Big),$$

其中 d_i $(1 \leqslant i \leqslant m)$ 为 R 的不可逆元, $d_i | d_{i+1}$ $(1 \leqslant i \leqslant m-1)$; 并且这种分解在同构意义下是唯一的.

证明 观察上一小节 (5.3) 式所示的 M_{tor} 的初等因子. 令

$$m = \max_{1 \leqslant i \leqslant t} \{n_{i1} + \cdots + n_{il_i}\}.$$

对于每个 i $(1 \leqslant i \leqslant t)$, 在 M_{tor} 的初等因子中取出 p_i 的一个最大方幂, 将它们的乘积记为 d_m; 再在剩下的初等因子中取出各 p_i $(1 \leqslant i \leqslant t)$ 的最大方幂, 将它们的乘积记为 d_{m-1}; 如此下去, 我们得到 $d_m, d_{m-1}, \cdots, d_1$. 回忆上一小节的 (5.2) 式. 由引理 5.11, 我们有

$$\begin{aligned} M &\cong R^r \oplus \Big(\bigoplus_{i=1}^{t} \Big(\bigoplus_{j_i=1}^{l_i} (R/(p_i^{j_i}))^{n_{ij_i}}\Big)\Big) \\ &\cong R^r \oplus R/(d_1) \oplus \cdots \oplus R/(d_m) \end{aligned}$$

这就是我们所要的分解. 显然此处的 $d_i (1 \leqslant i \leqslant m)$ 与 M_{tor} 的初等因子是互相决定的, 所以此处的分解 (在同构意义下) 是唯一的. □

定义 5.21 在定理 5.20 中出现的 $d_i (1 \leqslant i \leqslant m)$ 称为 M_{tor} 的**不变因子**.

1.5.6 应用

将定理 5.14 和定理 5.20 应用于交换群 (视为 $\mathbb{Z}$ 模), 立即得到

定理 5.22 (有限生成交换群的结构定理) 任一有限生成交换群同构于有限多个 $\mathbb{Z}$ 和有限多个循环 p 群的直和, 也同构于有限多个 $\mathbb{Z}$ 与有限多个 d_i 阶循环群的直和, 其中 $d_i | d_{i+1}$. 这两种分解在同构意义下都是唯一的.

定理 5.14 和定理 5.20 的另一个典范的应用是给出复数域 $\mathbb{C}$ 上有限维线性空间的线性变换矩阵的标准形.

设 V 是 $\mathbb{C}$ 上的有限维线性空间， $\mathcal{A}$ 是 V 上的线性变换. 令 $R=\mathbb{C}[x]$, 则 R 是主理想整环. 定义 R 在 V 上的作用为

$$V \times R \rightarrow V,$$
$$(\alpha, f(x)) \mapsto \alpha^{f(\mathcal{A})}.$$

易验证在此作用下 V 成为有限生成的扭 R 模. 由定理 5.14, 有

$$V \cong \bigoplus_{i=1}^{t} R/(x-\lambda_i)^{n_i},$$

其中 $\lambda_i \in \mathbb{C}$ (请注意: R 中的非零素理想皆形如 $(x-\lambda)$ $(\lambda \in \mathbb{C})$). 令 $V_i = R/(x-\lambda_i)^{n_i}$, 在每个 V_i 中取基

$$\varepsilon_{i,1}=1,\ \ \varepsilon_{i,2}=(x-\lambda_i),\ \ \cdots,\ \ \varepsilon_{i,n_i}=(x-\lambda_i)^{n_i-1}.$$

则有

$$\begin{aligned}
&{\varepsilon_{i,1}}^{\mathcal{A}} = 1\cdot x = \lambda_i + (x-\lambda_i) = \lambda_i\varepsilon_{i,1}+\varepsilon_{i,2},\\
&{\varepsilon_{i,2}}^{\mathcal{A}} = (x-\lambda_i)\cdot x = \lambda_i\varepsilon_{i,2}+\varepsilon_{i,3},\\
&\cdots\cdots\cdots\cdots\cdots\cdots\\
&{\varepsilon_{i,n_i-1}}^{\mathcal{A}} = (x-\lambda_i)^{n_i-2}\cdot x = \lambda_i\varepsilon_{i,n_i-1}+\varepsilon_{i,n_i},\\
&{\varepsilon_{i,n_i}}^{\mathcal{A}} = (x-\lambda_i)^{n_i-1}\cdot x = \lambda_i\varepsilon_{i,n_i}.
\end{aligned}$$

以 $\mathcal{A}_i$ 记 $\mathcal{A}$ 在 V_i 上的限制, 则 $\mathcal{A}_i$ 在 V_i 的这组基下的矩阵为

$$\mathbf{J}_i = \begin{pmatrix}
\lambda_i & 1 & 0 & \cdots & \cdots & 0\\
0 & \lambda_i & 1 & \ddots & & \vdots\\
\vdots & \ddots & \ddots & \ddots & \ddots & \vdots\\
\vdots & & \ddots & \ddots & \ddots & 0\\
\vdots & & & \ddots & \lambda_i & 1\\
0 & \cdots & \cdots & \cdots & 0 & \lambda_i
\end{pmatrix}.$$

这样的矩阵称为 **Jordan 块**. 由 $V \cong \bigoplus_{i=1}^{t} R/(x-\lambda_i)^{n_i}$ 我们知道 $\mathcal{A}$ 在 V 的适当的基下的矩阵为 t 个 Jordan 块组成的准对角阵, 称为 **Jordan 标准形**.

由上面的推导过程可以看出：对于一般域 F 上的有限维线性空间的给定的线性变换 A, 只要 A 的全部特征值都属于 F, 则 A 在适当的基下的矩阵可以成为 Jordan 标准形. 对于一般域 F 上的有限维线性空间一般的线性变换也可作类似的讨论 (因为一元多项式环 $F[x]$ 是主理想整环), 只不过 $F[x]$ 中的素元素不一定是一次多项式，所以线性变换矩阵的标准形可能要复杂一些.

§1.6　张 量 积

本节将主要讨论交换幺环上的模的多重线性映射，这是模同态的推广 (模同态是一重线性映射). 粗略地说，引入 (交换幺环上)模的*张量积*就是要将模的多重线性映射转换为模同态. 对于非交换环 R 上的模，也可以定义两个模的张量积. 但是必须要求这两个模分别是左、右 R 模. 而且一般而言，这样两个模的张量积只能具有交换群的结构. 我们将在本节最后作简单的说明.

定义 6.1　设 R 是交换幺环， $M_1,\cdots,M_n,N$ 是 R 模. 所谓由 $M_1,\cdots,M_n$ 到 N 的一个 n **重** (R-) **线性映射**是指一个映射

$$\phi\colon M_1\times\cdots\times M_n\to N,$$

满足以下条件：对于任意的 $x_i,y_i\in M_i(i=1,\cdots,n)$ 和任意的 $a\in R$, 有

(1) 对任意的 $1\leqslant i\leqslant n$, 有

$$(x_1,\cdots,x_i+y_i,\cdots,x_n)^\phi=(x_1,\cdots,x_i,\cdots,x_n)^\phi+(x_1,\cdots,y_i,\cdots,x_n)^\phi;$$

(2) 对任意的 $1\leqslant i\leqslant n$, 有

$$(x_1,\cdots,x_ia,\cdots,x_n)^\phi=(x_1,\cdots,x_i,\cdots,x_n)^\phi a.$$

说明 当 $n \geqslant 2$ 时, 这里的 $M_1 \times \cdots \times M_n$ 的含义是 $M_1, \cdots, M_n$ 的笛卡儿积, 而不是模的直积. 即: $M_1 \times \cdots \times M_n$ 是形如 $(x_1, \cdots, x_n)$ $(x_i \in M_i,\ 1 \leqslant i \leqslant n)$ 的序列组成的集合, 但是这些序列之间没有运算.

定义 6.2 设 R 是交换幺环, $M_1, \cdots, M_n$ 是 R 模. $M_1, \cdots, M_n$ 在 R 上的**张量积**是指一个偶对 (T, ρ), 其中 T 是一个 R 模, ρ: $M_1 \times \cdots \times M_n \to T$ 是 n 重线性映射, 满足以下条件: 对于任意的 R 模 A 和任意的 n 重线性映射 ϕ: $M_1 \times \cdots \times M_n \to A$, 存在唯一的 R 模同态 ψ: $T \to A$, 使得 $\rho\psi = \phi$, 即下面的图表交换:

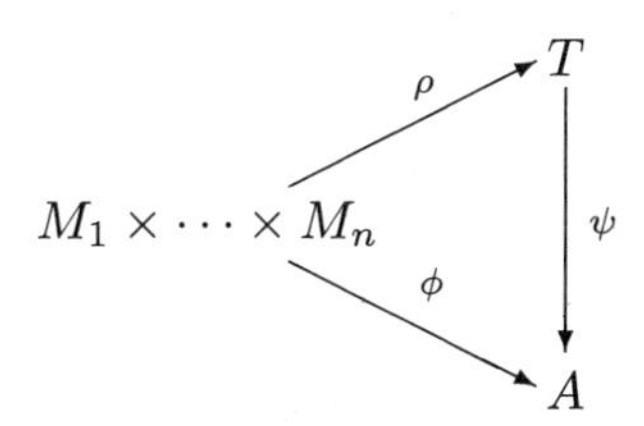

我们首先考虑二重线性映射 (即双线性映射) 的张量积. 多重线性映射的张量积可由双线性映射的张量积归纳地得到.

定理 6.3 交换幺环上的两个模的张量积存在, 并且在同构意义下是唯一的.

证明 设 R 是交换幺环, M, N 是 R 模. 令 F 为以笛卡儿积 $M \times N$ 为生成元集的自由 R 模, 即 F 中的元素是形如

$$(x_1, y_1)a_1 + \cdots + (x_m, y_m)a_m$$

的有限和, 其中 $(x_i, y_i) \in M \times N$, $a_i \in R$ $(1 \leqslant i \leqslant m)$. F 中二元素的加法定义为 $M \times N$ 中相同元素的系数相加 (有限和相加仍为有限和), R 中的元素 a 与 F 的元素相乘定义为 a 乘以该元素的各项系数, 即

$$\begin{aligned}&((x_1, y_1)a_1 + \cdots + (x_m, y_m)a_m) + ((x_1, y_1)b_1 + \cdots + (x_m, y_m)b_m)\\&\quad = (x_1, y_1)(a_1 + b_1) + \cdots + (x_m, y_m)(a_m + b_m),\end{aligned}$$

$$\begin{aligned}&((x_1,y_1)a_1+\cdots+(x_m,y_m)a_m)a\\&\quad=(x_1,y_1)(a_1a)+\cdots+(x_m,y_m)(a_ma),\end{aligned}$$

(不同的 (x_i,y_i) 之间没有任何 R- 线性关系). 令 S 为 F 中由下述元素生成的子模:

$$\begin{array}{ll}(x+x',y)-(x,y)-(x',y), & x,x'\in M,\ y\in N;\\(x,y+y')-(x,y)-(x,y'), & x\in M,\ y,y'\in N;\\(x,y)a-(xa,y), & a\in R,\ x\in M,\ y\in N;\\(x,y)a-(x,ya), & a\in R,\ x\in M,\ y\in N.\end{array}$$

又令 $T=F/S$,

$$\begin{aligned}\rho:\ M\times N &\to T,\\(x_i,y_i)&\mapsto\overline{(x_i,y_i)},\end{aligned}$$

其中 $\overline{(x_i,y_i)}$ 表示 F 中的元素 (x_i,y_i) 在商模 T 中的典范像 (即 (x_i,y_i) 所代表的陪集). 我们证明 (T,ρ) 即符合张量积的要求.

首先, 由于 $T=F/S$, 而 S 包含了所有的 R- 双线性关系, 所以 ρ 是双线性映射. 此外, 对于任一的 R 模 A 和任一的双线性映射

$$\phi:\ M\times N\to A,$$

ϕ 决定了由自由模 F 到 A 的一个 R 模同态

$$\begin{aligned}\Phi:\ F&\to A,\\\sum_{\text{有限}}(x_i,y_i)a_i&\mapsto\sum_{\text{有限}}(x_i,y_i)^{\phi}a_i.\end{aligned}$$

由于 ϕ 是双线性的, 即对于所有的 $x,x'\in M,\ \ y,y'\in N,\ a\in R$, 有

$$\begin{aligned}(x+x',y)^{\phi}&=(x,y)^{\phi}+(x',y)^{\phi},\\(x,y+y')^{\phi}&=(x,y)^{\phi}+(x,y')^{\phi},\\((x,y)a)^{\phi}&=(xa,y)^{\phi},\end{aligned}$$

$$((x,y)a)^{\phi} = (x,ya)^{\phi}.$$

故 $S \subseteq \ker \Phi$. 所以 Φ 诱导出同态:

$$\begin{aligned}\psi:\ T(=F/S) &\to A,\\ \sum_{\text{有限}} \overline{(x_i,y_i)a_i} &\mapsto \sum_{\text{有限}} (x_i,y_i)^{\phi} a_i,\end{aligned}$$

显然有

$$\rho\psi = \phi. \tag{6.1}$$

又由于 $\overline{(x,y)}$ $(x \in M,\ y \in N)$ 是 T 的 R-生成元, 而在满足 (6.1) 式的 ψ 下的像只能是 $(x,y)^{\phi}$, 所以满足 (6.1) 式的 ψ 是唯一的. 这就证明了 (T,ρ) 是 M 和 N 的张量积.

下面我们证明张量积的唯一性. 设 (T',ρ') 也是 M 和 N 的张量积, 则

$$\rho':\ M \times N \to T'$$

是 R-双线性映射. 由于 (T,ρ) 是张量积, 故存在模同态 $\psi: T \to T'$, 使得 $\rho\psi = \rho'$. 类似地, 存在模同态 $\psi': T' \to T$, 使得 $\rho'\psi' = \rho$. 即有交换图表

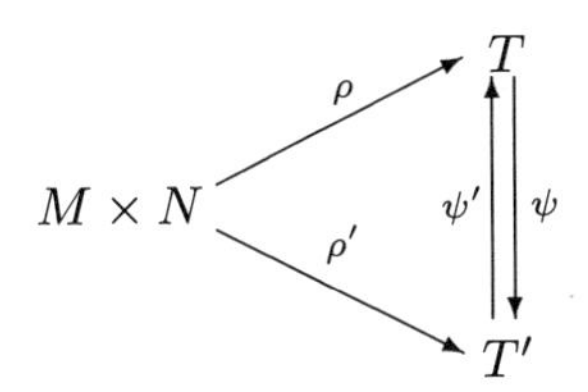

所以 $\psi\psi'$ 是满足 $\rho(\psi\psi') = \rho$ 的 T 到自身的模同态. 而 $\mathrm{id}|_T$ 显然也满足 $\rho\,\mathrm{id}|_T = \rho$, 由这种模同态的唯一性, 有 $\psi\psi' = \mathrm{id}|_T$. 于是 ψ 是单射 (ψ' 是满射). 同样, 有 $\psi'\psi = \mathrm{id}|_{T'}$, 即有 ψ 是满射 (ψ' 是单射). 于是 $T \cong T'$. 这就证明了张量积在同构下是唯一的. □

符号 R 模 M 和 N 的张量积记为 $M \otimes_R N$, 或 (在不致引起混淆的情况下) 简记为 $M \otimes N$. 对于 $(x,y) \in M \times N$, 以 $x \otimes y$ 记 (x,y) 在双线性映射 $\rho:\ M \times N \to M \otimes_R N$ 下的像.

这样，$M \otimes N$ 中一般元素就形如

$$\sum_{\text{有限}} x_i \otimes y_i \quad (x_i \in M, \quad y_i \in N).$$

由定理 6.3 的证明中的子模 S 的构造可见，对于任意的 $a \in R,\ x, x' \in M,\ y, y' \in N$, 有

$$(x \otimes y)a = xa \otimes y = x \otimes ya, \tag{6.2}$$

$$x \otimes (y + y') = x \otimes y + x \otimes y', \tag{6.3}$$

$$(x + x') \otimes y = x \otimes y + x' \otimes y. \tag{6.4}$$

又易见

$$0 \otimes y \ = \ x \otimes 0 = \ 0 \tag{6.5}$$

(等式最右端的 0 表示 $M \otimes_R N$ 中的零元).

注意　记号 $x \otimes y$ 有容易含混之处. 例如，$\mathbb{Z}, 2\mathbb{Z}, \mathbb{Z}/2\mathbb{Z}$ 都是 $\mathbb{Z}$ 模，在 $\mathbb{Z} \otimes_{\mathbb{Z}} (\mathbb{Z}/2\mathbb{Z})$ 中，有

$$2 \otimes \bar{1} = 1 \otimes \bar{2} = 1 \otimes \bar{0} = 0.$$

但是在 $(2\mathbb{Z}) \otimes_{\mathbb{Z}} (\mathbb{Z}/2\mathbb{Z})$ 中 $2 \otimes \bar{1} \neq 0$ (读者自证之).

类似于 (在定理 6.3 的证明中) 张量积的唯一性的证明，不难验证

命题 6.4　设 M, N, P 都是交换幺环 R 上的模，则有

(1)　$R \otimes_R M \cong M$;

(2)　$M \otimes N \cong N \otimes M$;

(3)　$(M \otimes N) \otimes P \cong M \otimes (N \otimes P)$;

(4)　$(M \oplus N) \otimes P \cong (M \otimes P) \oplus (N \otimes P)$.

例如，为证明 $M \otimes N \cong N \otimes M$, 我们定义映射

$$\begin{aligned} \phi: M \times N \ &\to \ N \otimes M, \\ (x, y) \ &\mapsto \ y \otimes x. \end{aligned}$$

易验证 ϕ 是双线性映射. 由张量积的定义知, 存在模同态

$$\psi: M\otimes N\to N\otimes M,$$

其定义为 $(x\otimes y)^{\psi}=y\otimes x$. 同样地, 存在模同态

$$\psi': N\otimes M\to M\otimes N,$$

其定义为 $(y\otimes x)^{\psi'}=x\otimes y$. 显然

$$\psi\psi'=\mathrm{id}|_{M\otimes N},\quad \psi'\psi=\mathrm{id}|_{N\otimes M},$$

所以 ψ 是同构.

如果 R 和 S 都是交换幺环, M 是 R 模, N 是 R,S 模 (即 N 既是 R 模, 又是 S 模), 则 $M\otimes_R N$ 不但是 R 模, 也自然具有 S 模结构. 事实上, 对于 $b\in S$ 和 $x\otimes y\in M\otimes_R N$, 定义

$$(x\otimes y)b=x\otimes(yb)$$

(再用分配律将 S 的作用扩充到整个 $M\otimes_R N$ 上去), 则不难验证 $M\otimes_R N$ 是 S 模. 类似地, 若 M 是 R,S 模, N 是 R 模, 则 $M\otimes_R N$ 是 R,S 模.

命题 6.5 设 R 和 S 都是交换幺环, M 是 R 模, N 是 R,S 模, P 是 S 模, 则有 R,S 模同构

$$(M\otimes_R N)\otimes_S P\ \cong\ M\otimes_R(N\otimes_S P),$$
$$(x\otimes y)\otimes z\ \mapsto\ x\otimes(y\otimes z).$$

证明 (略).

以上我们考虑了两个模的张量积. 多个模的张量积可以归纳地定义, 即

$$M_1\otimes M_2\otimes M_3:=(M_1\otimes M_2)\otimes M_3,$$
$$M_1\otimes M_2\otimes M_3\otimes M_4:=(M_1\otimes M_2\otimes M_3)\otimes M_4,$$
$$\cdots\cdots$$

当然也可以像定义 6.2 一样定义 $M_1 \otimes M_2 \otimes \cdots \otimes M_n$. 这两种定义的结果是同构的.

在本节最后我们定义两个模同态的张量积.

设 φ: $M \to M'$ 和 ψ: $N \to N'$ 是两个 R 模同态，则

$$\begin{aligned} M \times N &\to M' \otimes N', \\ (x, y) &\mapsto \varphi(x) \otimes \psi(y) \end{aligned}$$

显然是 R-双线性映射. 于是有 R 模同态：

$$\begin{aligned} M \otimes N &\to M' \otimes N', \\ x \otimes y &\mapsto \varphi(x) \otimes \psi(y). \end{aligned}$$

我们称此同态为 φ 与 ψ 的**张量积**, 记为 $\varphi \otimes \psi$.

说明 对于非交换环 R 上的两个 (右) 模 M,N, 一般来讲不能定义由 $M \times N$ 出发的到 (右) 模 T 的 (右) R-双线性映射. 此时，代替双线性映射的是所谓中间线性映射 (或平衡积). 为了叙述方便，我们引用惯用的记号: R 上的右模 M 记为 M_R, R 上的左模 N 记为 ${}_RN$. 如果 R 和 S 都是环, M 是左 R 模同时又是右 S 模，则记为 ${}_RM_S$.

定义 6.6 设 M_R 和 ${}_RN$ 为 R 模，T 为交换群. 所谓由 $M \times N$ 到 T 的一个**中间线性映射** 是指映射

$$\phi\colon\ M \times N \to T$$

满足以下条件：对于任意的 $x, x_i \in M (i = 1, 2)$, $y, y_i \in N (i = 1, 2)$ 和任意的 $a \in R$, 有

(1) $(x_1 + x_2, y)^\phi = (x_1, y)^\phi + (x_2, y)^\phi$;

(2) $(x, y_1 + y_2)^\phi = (x, y_1)^\phi + (x, y_2)^\phi$;

(3) $(xa, y)^\phi = (x, ay)^\phi$.

在此基础上，我们定义 M_R 和 ${}_RN$ 的张量积：

定义 6.7 设 M_R 和 ${}_RN$ 是 R 模. M_R 和 ${}_RN$ 在 R 上的**张量积** 是指一个偶对 (T, ρ), 其中 T 是一个交换群，ρ: $M \times N \to T$ 是

中间线性映射，满足以下条件：对于任意的交换群 A 和任意的中间线性映射 $\phi\colon M\times N\to A$, 存在唯一的交换群同态 $\psi\colon T\to A$, 使得 $\rho\psi=\phi$.

这种张量积在 (交换群) 同构意义下也是唯一的, 仍记为 $M\otimes_R N$. 对于 $(x,y)\in M\times N$, 仍以 $x\otimes y$ 记 (x,y) 在中间线性映射 $\rho\colon M\times N\to M\otimes_R N$ 下的像. 则 (6.3), (6.4) 和 (6.5) 式仍然成立，但 (6.2) 式要改为

$$xa\otimes y=x\otimes ay.$$

若 R,S 是环， M_R 和 ${}_RN_S$ 是模，则 $M\otimes N$ 具有右 S 模结构 (只要定义 $(x\otimes y)s:=x\otimes(ys)$ $(x\in M,\ y\in N,\ s\in S)$). 与命题 6.4, 6.5 类似的是

命题 6.8 设 R 和 S 都是环， $M_R,\ M'_R,\ {}_RM'',\ {}_RN_S,\ {}_SP,\ {}_SP'$ 和 P''_S 是模，则有交换群同构：

(1) $M\otimes_R R\cong M$;

(2) $S\otimes_S P\cong P$;

(3) $(M\oplus M')\otimes_R M''\cong(M\otimes_R M'')\oplus(M'\otimes_R M'')$;

(4) $P''\otimes_S(P\oplus P')\cong(P''\otimes_S P)\oplus(P''\otimes_S P')$;

(5) $(M\otimes_R N)\otimes_S P\cong M\otimes_R(N\otimes_S P)$.

非交换环上的模同态的张量积构造方法在形式上与交换环的情形一样.

§1.7 同态函子和张量函子

在本节中我们首先假定 R 是交换幺环，之后对于一般情形作简单介绍.

首先我们介绍一组常用的术语. 设 $M_i(i\in\mathbb{Z})$ 都是 R 模， $\varphi_i\colon M_i\to M_{i+1}$ 是模同态，则称

$$\cdots\longrightarrow M_{i-1}\xrightarrow{\varphi_{i-1}}M_i\xrightarrow{\varphi_i}M_{i+1}\longrightarrow\cdots$$

为一个 (模) **序列**. 如果 $\mathrm{im}\varphi_{i-1} = \ker\varphi_i$, 则称此序列在 M_i 处**正合**. 在所有 M_i 处都正合的序列称为**正合序列**. 形如

$$0 \longrightarrow N \longrightarrow M \longrightarrow P \longrightarrow 0$$

的正合序列称为**短正合序列**. 不难证明：任一正合序列等价于一组短正合序列. 所以，对于正合序列的研究归结为考虑短正合序列.

由正合的定义直接得到：

(1) $0 \longrightarrow N \xrightarrow{\varphi} M$ 正合当且仅当 φ 是单射；

(2) $M \xrightarrow{\varphi} P \longrightarrow 0$ 正合当且仅当 φ 是满射；

(3) $0 \longrightarrow N \xrightarrow{\varphi} M \longrightarrow 0$ 正合当且仅当 φ 是同构；

(4) $0 \longrightarrow N \longrightarrow M \longrightarrow P \longrightarrow 0$ 正合当且仅当 $P \cong M/N$ (回想同态基本定理 (定理 2.4)).

1.7.1 同态函子

本节讨论同态函子的正合性.

定义 7.1 设 R 是一个固定的交换幺环. 以 $\mathfrak{M}$ 记 R 模范畴. 由 $\mathfrak{M}$ 到自身的一个共变函子 T 称为**左正合的**, 如果对于 $\mathfrak{M}$ 中的任一正合列

$$0 \longrightarrow N \xrightarrow{\varphi} M \xrightarrow{\psi} P, \tag{7.1}$$

序列 $0 \longrightarrow T(N) \xrightarrow{T(\varphi)} T(M) \xrightarrow{T(\psi)} T(P)$ 正合. 由 $\mathfrak{M}$ 到自身的一个反变函子 S 称为**左正合的**, 如果将 S 视为由反范畴 $\mathfrak{M}^0$ 到 $\mathfrak{M}$ 的一个共变函子是左正合的，即：如果序列

$$N \xrightarrow{\varphi} M \xrightarrow{\psi} P \longrightarrow 0 \tag{7.2}$$

正合，则 $S(N) \xleftarrow{S(\varphi)} S(M) \xleftarrow{S(\psi)} S(P) \longleftarrow 0$ 正合. 类似地，由 $\mathfrak{M}$ 到自身的一个共变函子 T 称为**右正合的**, 如果序列 (7.2) 正合蕴含序列 $T(N) \xrightarrow{T(\varphi)} T(M) \xrightarrow{T(\psi)} T(P) \longrightarrow 0$ 正合. 由 $\mathfrak{M}$ 到自身的一个反变函子 S 称为**右正合的**, 如果将 S 视为由反范畴 $\mathfrak{M}^0$ 到 $\mathfrak{M}$ 的一个共变函子是右正合的，即：如果序列 (7.1) 正合，则 $0 \longleftarrow S(N) \xleftarrow{S(\varphi)} S(M) \xleftarrow{S(\psi)} S(P)$ 正合. 既左正合又右正合的函子成为**正合函子**.

设 $M, N \in \mathrm{Orb}\,\mathfrak{M}$, 则在 $\mathrm{Hom}\,(M, N)$ $(= \mathrm{Hom}_R(M, N))$ 上可以定义加法以及 R 作用:

$$x^{\varphi+\psi} := x^{\varphi} + x^{\psi} \quad (\varphi,\ \psi \in \mathrm{Hom}\,(M, N),\ x \in M);$$
$$x^{\varphi a} := x^{\varphi} a \quad (\varphi \in \mathrm{Hom}\,(M, N),\ a \in R,\ x \in M).$$

易证在这样的加法以及 R 作用下 $\mathrm{Hom}\,(M, N)$ 构成一个 R 模.

在范畴 $\mathfrak{M}$ 中固定一个对象 M. 则任一 R 模 N 对应于一个 R 模 $\mathrm{Hom}\,(M, N)$; 并且任一 R 模同态

$$\phi:\ N \to S$$

对应于 $\mathrm{Hom}\,(M, N)$ 到 $\mathrm{Hom}\,(M, S)$ 的 R 模同态 ϕ_*:

$$\begin{aligned} \phi_*:\ \mathrm{Hom}\,(M, N) &\to \mathrm{Hom}\,(M, S), \\ \alpha &\mapsto \alpha\phi. \end{aligned}$$

如果又有 R 模同态

$$\psi:\ S \to T,$$

则对于任一 $\alpha \in \mathrm{Hom}\,(M, N)$, 有

$$\alpha^{(\phi\psi)_*} = \alpha\phi\psi = (\alpha^{\phi_*})^{\psi_*} = \alpha^{\phi_*\psi_*},$$

即

$$(\phi\psi)_* = \phi_*\psi_*.$$

所以, 对应

$$N \mapsto \mathrm{Hom}\,(M, N), \quad \phi \mapsto \phi_*$$

给出了 $\mathfrak{M}$ 到自身的一个共变函子, 记之为 $\mathrm{Hom}\,(M, \bullet)$.

定理 7.2 设 M 是 R 模, 则 $\mathrm{Hom}\,(M, \bullet)$ 是左正合函子. 即: 对于任一 R 模的正合序列

$$0 \longrightarrow N \xrightarrow{\phi} S \xrightarrow{\psi} T, \tag{7.3}$$

序列

$$0 \longrightarrow \mathrm{Hom}\,(M,N) \xrightarrow{\phi_*} \mathrm{Hom}\,(M,S) \xrightarrow{\psi_*} \mathrm{Hom}\,(M,T) \qquad (7.4)$$

正合. 反之, 若序列 (7.4) 对于任意 R 模 M 都正合, 则序列 (7.3) 正合.

证明 设序列 (7.3) 正合. 我们先证明序列 (7.4) 在 $\mathrm{Hom}\,(M,N)$ 处正合, 即证 ϕ_* 是单射. 设 $\alpha \in \mathrm{Hom}\,(M,N)$ 满足 $\alpha^{\phi_*}=0$, 即 $\alpha\phi=0$. 则对于任一 $x \in M$, 有 $(x^{\alpha})^{\phi} = x^{\alpha\phi} = 0$. 由于序列 (7.3) 在 N 处正合, 即 ϕ 是单射, 所以 $x^{\alpha}=0$ $(\forall\, x \in M)$, 即 $\alpha = 0$. 这就证明了 ϕ_* 是单射.

现在证明 (7.4) 式在 $\mathrm{Hom}\,(M,S)$ 处正合, 即证 $\mathrm{im}\phi_* = \ker\psi_*$. 首先, 由于序列 (7.3) 在 S 处正合, 故 $\phi\psi=0$. 于是

$$\phi_*\psi_* = (\phi\psi)_* = 0_* = 0,$$

即 $\mathrm{im}\phi_* \subseteq \ker\psi_*$. 只要再证 $\ker\psi_* \subseteq \mathrm{im}\phi_*$.

设 $\beta \in \ker\psi_*$, 即 $\beta\psi = 0$, 亦即对于任一 $x \in M$, 有 $(x^{\beta})^{\psi}=0$. 由于序列 (7.3) 在 S 处正合, 故 $x^{\beta} \in \ker\psi = \mathrm{im}\phi$. 于是存在 $y \in N$, 使得

$$y^{\phi} = x^{\beta}. \qquad (7.5)$$

注意 ϕ 是单射, 所以满足 (7.5) 式的 y 被 x^{β} 唯一确定. 于是可以定义映射

$$\begin{aligned} \alpha:\ M &\rightarrow N, \\ x &\mapsto y. \end{aligned}$$

容易验证 α 是由 M 到 N 的 R 模同态, 即 $\alpha \in \mathrm{Hom}\,(M,N)$. 显然有

$$x^{(\alpha^{\phi_*})} = (x^{\alpha})^{\phi} = y^{\phi} = x^{\beta} \quad (\forall\, x \in M).$$

所以 $\beta = \alpha^{\phi_*} \in \mathrm{im}\phi_*$. 这就证明了 $\ker\psi_* \subseteq \mathrm{im}\phi_*$.

现在证明定理的第二部分. 在 (7.4) 式中取 $M=R$, 则有正合序列

$$0 \longrightarrow \mathrm{Hom}\,(R,N) \xrightarrow{\phi_*} \mathrm{Hom}\,(R,S) \xrightarrow{\psi_*} \mathrm{Hom}\,(R,T).$$

注意由 R 到任一 R 模 P 的同态被 R 中的乘法幺元 1 的像完全决定，所以有 R 模同构：

$$\begin{aligned} \Phi_P : \mathrm{Hom}\,(R,P) &\cong P, \\ \alpha &\mapsto \alpha(1). \end{aligned}$$

而且这个同构是自然的 (即对于任意的 R 模同态 $\rho : P \to Q$, 有 $\Phi_P\rho = \rho_*\Phi_Q$). 由此易知序列 (7.3) 正合. □

类似于函子 $\mathrm{Hom}\,(M,\bullet)$, 也可以定义函子 $\mathrm{Hom}\,(\bullet,M)$ 如下：$\mathrm{Hom}\,(\bullet,$ 将 $\mathfrak{M}$ 的任一对象 N 映为 $\mathrm{Hom}\,(N,M)$, 将 $\mathfrak{M}$ 中二对象 N, T 之间的态射 $\phi : N \to T$ 映为

$$\begin{aligned} \phi^* :\ \mathrm{Hom}\,(T,M) &\to \mathrm{Hom}\,(N,M), \\ \alpha &\mapsto \phi\alpha. \end{aligned}$$

注意： $\mathrm{Hom}\,(\bullet,M)$ 是反变函子.

类似于定理 7.2, 有

定理 7.3 设 M 是 R 模，则 $\mathrm{Hom}\,(\bullet,M)$ 也是左正合函子. 即：对于任一 R 模的正合序列

$$N \xrightarrow{\phi} S \xrightarrow{\psi} T \longrightarrow 0, \tag{7.6}$$

序列

$$\mathrm{Hom}\,(N,M) \xleftarrow{\phi^*} \mathrm{Hom}\,(S,M) \xleftarrow{\psi^*} \mathrm{Hom}\,(T,M) \longleftarrow 0 \tag{7.7}$$

正合. 反之，若序列 (7.7) 对于任意 R 模 M 都正合，则序列 (7.6) 正合.

证明 设序列 (7.6) 正合. 我们先证明序列 (7.7) 在 $\mathrm{Hom}\,(T,M)$ 处正合，即证 ψ^* 是单射. 设 $\alpha \in \mathrm{Hom}\,(T,M)$, 使得 $\alpha^{\psi^*} = 0$. 只要证 $\alpha = 0$. 假若 $\alpha \neq 0$, 则存在 $z \in T$, 使得 $z^\alpha \neq 0$. 由于 ψ 是满射，所以存在 $y \in S$, 使得 $y^\psi = z$. 于是

$$y^{(\alpha^{\psi^*})} = y^{\psi\alpha} = z^\alpha \neq 0.$$

这矛盾于 $\alpha^{\psi^*}=0$.

再证序列 (7.7) 在 $\mathrm{Hom}\,(S,M)$ 处正合，即证 $\mathrm{im}\psi^*=\ker\phi^*$. 首先，由于序列 (7.6) 在 S 处正合，故 $\mathrm{im}\phi\subseteq\ker\psi$, 所以 $\phi\psi=0$. 于是，对于任一 $\alpha\in\mathrm{Hom}\,(T,M)$, 有

$$\alpha^{(\psi^*\phi^*)}=\phi\psi\alpha=0.$$

所以 $\psi^*\phi^*=0$, 即 $\mathrm{im}\psi^*\subseteq\ker\phi^*$. 只要再证 $\ker\phi^*\subseteq\mathrm{im}\psi^*$.

设 $\beta\in\ker\phi^*$, 即 $\phi\beta=\beta^{\phi^*}=0$. 对于任一 $z\in T$, 由于 ψ 是满射，故存在 $y\in S$, 使得 $y^\psi=z$. 定义

$$\begin{aligned}\alpha:\ T\ &\rightarrow\ M,\\ z\ &\mapsto\ y^\beta.\end{aligned}$$

注意，此映射与 y 的选取无关. 事实上，若又有 $y'\in S$, 使得 $y'^\psi=z$, 则 $y-y'\in\ker\psi=\mathrm{im}\phi$, 于是存在 $x\in N$, 使得 $x^\phi=y-y'$. 所以

$$y^\beta=(y'+x^\phi)^\beta=y'^\beta+x^{\phi\beta}=y'^\beta.$$

这就证明了方才定义的映射与 y 的选取无关，即 α 是良定义的. 容易验证 α 是 R 模同态，而且对于任一 $y\in S$, 有

$$y^{(\alpha^{\psi^*})}=y^{\psi\alpha}=(y^\psi)^\alpha=y^\beta,$$

即 $\beta=\alpha^{\psi^*}\in\mathrm{im}\psi^*$. 这就证明了 $\ker\phi^*\subseteq\mathrm{im}\psi^*$.

再证明本定理的第二部分. 设序列 (7.7) 对于任意 R 模 M 都正合. 取 $M=T/\mathrm{im}\psi$, $\alpha:T\to T/\mathrm{im}\psi$ 为典范同态，则

$$\alpha^{\psi^*}=\psi\alpha=0.$$

由 ψ^* 的单性，知 $\alpha=0$, 即 $T=\mathrm{im}\psi$, 亦即 ψ 是满射. 所以序列 (7.6) 在 T 处正合.

再取 $M=S/\mathrm{im}\phi$, $\beta:\ S\to S/\mathrm{im}\phi$ 为典范同态，则

$$\beta^{\phi^*}=\phi\beta=0,$$

即 $\beta \in \ker\phi^* = \mathrm{im}\psi^*$. 故存在 $\alpha \in \mathrm{Hom}\,(T, M)$, 使得

$$\beta = \alpha^{\psi^*} = \psi\alpha.$$

对于任一 $y \in \ker\psi$, 有

$$y^\beta = y^{\psi\alpha} = (y^\psi)^\alpha = 0^\alpha = 0 \in S/\mathrm{im}\phi,$$

故 $y \in \mathrm{im}\phi$. 这说明了 $\ker\psi \subseteq \mathrm{im}\phi$. 最后，取 $M = T$. 由 $\psi^*\phi^* = 0$ 得到

$$\phi\psi = \phi\psi\,\mathrm{id}_T = \mathrm{id}_T^{\psi^*\phi^*} = 0.$$

所以 $\mathrm{im}\phi \subseteq \ker\psi$. 这就证明了序列 (7.6) 在 S 处正合. □

注意 对于交换幺环上的一般模 M 而言， $\mathrm{Hom}\,(M, \bullet)$ 不一定是右正合函子. 使得 $\mathrm{Hom}\,(M, \bullet)$ 成为右正合函子 (因而成为正合函子, 即保持正合性的函子) 的模 M 称为**投射模**. 对偶地， $\mathrm{Hom}\,(\bullet, M)$ 不一定是右正合函子. 使得 $\mathrm{Hom}\,(\bullet, M)$ 成为右正合函子 (因而成为正合函子) 的模 M 称为**内射模**. 它们在模论中占有很重要的地位.

说明 如果 R 是非交换环，一般而言，由 R 模 M 到 N 的同态的全体组成的集合 $\mathrm{Hom}_R(M, N)$ 不具有我们所说的 R 模的结构 (不满足 R 作用的结合律), 仅仅是交换群. 此时的 $\mathrm{Hom}_R(M, \bullet)$ 和 $\mathrm{Hom}_R(\bullet, M)$ 是 R 模范畴到交换群范畴的函子. 对于这两个函子, 定理 7.2 和定理 7.3 仍然成立 (证明类似), 只不过要将其中的 Hom 序列视为交换群序列. 非交换环上的**投射模**和**内射模**的定义与上面的**注意**中所述一样.

1.7.2 张量函子

在本小节中我们仍然首先假定 R 是一个固定的交换幺环，仍以 $\mathfrak{M}$ 记 R 模范畴.

设 M 是一个 R 模，则用 M 在 R 上作张量积给出 $\mathfrak{M}$ 到自身的一个函子 $M \otimes \bullet$, 它将 $\mathfrak{M}$ 的任一对象 N 映为 $M \otimes_R N$, 将 $\mathfrak{M}$ 中二对象 N, T 之间的态射 $\phi: N \to T$ 映为

$$\mathrm{id} \otimes \phi:\ M \otimes_R N \to M \otimes_R T.$$

易见 $M\otimes\bullet$ 是一个共变函子. 此函子在某种意义上与 Hom 函子是对偶的 (见下面的定理 7.4). 我们将利用这种对偶性和函子 Hom 的左正合性来证明 $M\otimes\bullet$ 是一个右正合函子.

定理 7.4　设 M, N, P 是 R 模, 则有自然的 R 模同构:

$$\mathrm{Hom}\,(M,\mathrm{Hom}\,(N,P))\cong\mathrm{Hom}\,(M\otimes N,P).$$

证明　以 B 记 $M\times N$ 到 P 的所有双线性映射组成的集合. 由张量积的定义, 有一一对应

$$\begin{aligned} f:\ \mathrm{Hom}\,(M\otimes N,P)\ &\longleftrightarrow\ B,\\ \psi\ &\longleftrightarrow\ \rho\psi, \end{aligned}$$

其中 $\rho: M\times N\to M\otimes N$ 为典范双线性映射, 即 $(x,y)^\rho=x\otimes y$ ($x\in M$, $y\in N$). 对于 $\psi\in\mathrm{Hom}\,(M\otimes N,P)$, 由于 $\psi^f=\rho\psi$ 是 $M\times N$ 到 P 的 R-双线性映射, 故对于任一固定的 $x\in M$, 映射

$$\begin{aligned} \psi_x:\ N\ &\to\ P,\\ y\ &\mapsto\ (x,y)^{(\psi^f)} \end{aligned}$$

是 R 模同态. 而且

$$\begin{aligned} M\ &\to\ \mathrm{Hom}\,(N,P),\\ x\ &\mapsto\ \psi_x \end{aligned}$$

是模同态 (事实上, 对于 $x,x'\in M$ 及任一 $y\in N$, 有

$$y^{\psi_{x+x'}}=(x+x',y)^{\rho\psi}=(x,y)^{\rho\psi}+(x',y)^{\rho\psi}=y^{\psi_x}+y^{\psi_{x'}}=y^{\psi_x+\psi_{x'}},$$

所以 $\psi_{x+x'}=\psi_x+\psi_{x'}\in\mathrm{Hom}\,(N,P)$. 类似地, 对于 $a\in R$, $x\in M$ 及任一 $y\in N$, 有 $\psi_{ax}=a\psi_x$. 故 $x\mapsto\psi_x$ 给出了 M 到 $\mathrm{Hom}\,(N,P)$ 的一个模同态). 这样, 我们得到了映射:

$$\begin{aligned} \Theta:\ \mathrm{Hom}\,(M\otimes N,P)\ &\to\ \mathrm{Hom}\,(M,\mathrm{Hom}\,(N,P)),\\ \psi\ &\mapsto\ \begin{array}{rcl} M & \to & \mathrm{Hom}\,(N,P),\\ x & \mapsto & \psi_x. \end{array} \end{aligned}$$

进一步，映射 Θ 是模同态．事实上，对于 $\psi,\psi'\in\mathrm{Hom}\,(M\otimes N,P)$ 以及任一 $x\in M$, 有

$$x^{((\psi+\psi')^\Theta)}=(\psi+\psi')_x.$$

而对于任意的 $y\in N$, 有

$$\begin{aligned}y^{(\psi+\psi')_x}&=(x,y)^{\rho(\psi+\psi')}\\&=(x,y)^{\rho\psi}+(x,y)^{\rho\psi'}=y^{\psi_x}+y^{\psi'_x}=y^{(\psi_x+\psi'_x)},\end{aligned}$$

所以 $(\psi+\psi')_x=\psi_x+\psi'_x$, 即有

$$x^{((\psi+\psi')^\Theta)}=x^{(\psi^\Theta)}+x^{(\psi'^\Theta)}=x^{(\psi^\Theta+\psi'^\Theta)}\quad(\forall\ x\in M).$$

因此

$$(\psi+\psi')^\Theta=\psi^\Theta+\psi'^\Theta.$$

类似地可证：对于任一 $a\in R$ 以及 $\psi\in\mathrm{Hom}\,(M\otimes N,P)$, 有

$$(\psi a)^\Theta=\psi^\Theta a.$$

这就证明了 Θ 是一个 R 模同态．

为了证明本定理，只要说明 Θ 是可逆的．事实上，任一给定的 $\varphi\in\mathrm{Hom}\,(M,\mathrm{Hom}\,(N,P))$ 和 $x\in M$ 给出 $x^\varphi\in\mathrm{Hom}\,(N,P)$, 所以任一 $y\in N$ 给出 $y^{(x^\varphi)}\in P$. 于是 φ 决定了一个映射

$$\begin{aligned}M\times N&\to P,\\(x,y)&\mapsto y^{(x^\varphi)}.\end{aligned}$$

易见此映射是 R-双线性的．所以它诱导唯一的 R 模同态：

$$\begin{aligned}M\otimes N&\to P,\\x\otimes y&\mapsto y^{(x^\varphi)}.\end{aligned}$$

这样，我们就得到了一个映射

$$\begin{aligned}\Xi:\ \mathrm{Hom}\,(M,\mathrm{Hom}\,(N,P))&\to\mathrm{Hom}\,(M\otimes N,P),\\\varphi&\mapsto\begin{matrix}M\otimes N\to P,\\x\otimes y\mapsto y^{(x^\varphi)}.\end{matrix}\end{aligned}$$

可以验证 Ξ 与 Θ 是互逆的映射. 因此 Θ 是同构. 读者可自行验证此同构的自然性. 这就完成了定理的证明. □

定理 7.5 张量函子是右正合函子. 即: 设 M 是 R 模,

$$N \xrightarrow{\phi} S \xrightarrow{\psi} T \longrightarrow 0$$

是 R 模的正合序列, 则序列

$$M \otimes N \xrightarrow{1\otimes\phi} M \otimes S \xrightarrow{1\otimes\psi} M \otimes T \longrightarrow 0$$

正合.

证明 由已知的正合序列和定理 7.3, 有正合序列

$$\begin{aligned}0 \longrightarrow \operatorname{Hom}(T, \operatorname{Hom}(M, P)) &\xrightarrow{\psi^*} \operatorname{Hom}(S, \operatorname{Hom}(M, P)) \\ &\xrightarrow{\phi^*} \operatorname{Hom}(N, \operatorname{Hom}(M, P)),\end{aligned}$$

其中 P 为任一 R 模. 结合定理 7.4 给出的自然的同构, 即得正合序列

$$0 \longrightarrow \operatorname{Hom}(T \otimes M, P) \longrightarrow \operatorname{Hom}(S \otimes M, P) \longrightarrow \operatorname{Hom}(N \otimes M, P).$$

由 P 的任意性, 应用定理 7.3, 就得到正合序列

$$N \otimes M \longrightarrow S \otimes M \longrightarrow T \otimes M \longrightarrow 0.$$

这就证明了本定理. □

一般而言, 用一个模作张量积不能保持序列的左正合性. 如果用一个模 M 作张量积能保持序列的左正合性, 则称 M 为**平坦模**, 或**平模**.

说明 若 R 是非交换环, M_R 是模, 则 $M \otimes \bullet$ 是由左 R 模范畴到交换群范畴的右正合函子. 即: 如果

$$N \xrightarrow{\phi} S \xrightarrow{\psi} T \longrightarrow 0$$

是左 R 模的正合序列, 则

$$M \otimes N \xrightarrow{\mathrm{id}\otimes\phi} M \otimes S \xrightarrow{\mathrm{id}\otimes\psi} M \otimes T \longrightarrow 0$$

是交换群的正合序列. 类似地, 若 $_RM$ 是 R 模, 则 $\bullet \otimes M$ 也是由右 R 模范畴到交换群范畴的右正合函子. 即: 如果

$$N \xrightarrow{\phi} S \xrightarrow{\psi} T \longrightarrow 0$$

是右 R 模的正合序列, 则

$$N \otimes M \xrightarrow{\phi\otimes \mathrm{id}} S \otimes M \xrightarrow{\psi\otimes \mathrm{id}} T \otimes M \longrightarrow 0$$

是交换群的正合序列.

§1.8 整 性 相 关

本节讨论的整环扩张中的整性相关在一定意义上可以看做域扩张中代数相关的类比. 在域扩张的情形, 如果扩域中的一个元素是系数在子域中的某个非零多项式 (无妨假定其首项系数为 1) 的零点, 则称此元素是子域上的 代数元. 类似地, 我们有如下的定义:

定义 8.1 设 R 是整环 S 的含有 1_S 的子环, $\alpha \in S$. 如果存在 $R[x]$ 中的首项系数为 1 的多项式 $f(x)$, 使得 $f(\alpha) = 0$, 则称 α 为 R 上的**整元素**.

显然 R 中的元素是 R 上的整元素 (因为任一 $\alpha \in R$ 是多项式 $x - \alpha$ 的零点).

在域扩张的情形, 一个元素 α 是域 K 上的代数元当且仅当 $K(\alpha)$ 是 K 的有限扩张 (即 K 上的有限维线性空间), 也当且仅当 α 属于 K 的某个有限扩张. 关于整元素, 有平行的结果.

命题 8.2 设 R 是整环 S 的含有 1_S 的子环, $\alpha \in S$, 则以下三条等价:

(1) α 为 R 上的整元素;

(2) $R[\alpha]$ 是有限生成的 R 模;

(3) 存在 S 的一个包含 R 子环 T, T 作为 R 模是有限生成的, 且 $\alpha \in T$.

证明　(1) $\Rightarrow$ (2). 设 α 是 R 上的整元素，则存在首 1 多项式 (即首项系数为 1 的多项式)

$$f(x)=x^n+a_1x^{n-1}+\cdots+a_n\in R[x],$$

使得 $f(\alpha)=0$, 即

$$\alpha^n=-a_1\alpha^{n-1}-\cdots-a_n.$$

反复应用此式可将 α 的任一方幂表示为 $\alpha^{n-1},\alpha^{n-2},\cdots,1$ 的 R-线性组合. 所以 $\alpha^{n-1},\alpha^{n-2},\cdots,1$ 是 $R[\alpha]$ 作为 R 模的生成元.

(2) $\Rightarrow$ (3). 取 $T=R[\alpha]$ 即可.

(3) $\Rightarrow$ (1). 设 $\varepsilon_1,\cdots,\varepsilon_n$ 为 T 作为 R 模的生成元. 将 $\varepsilon_i\alpha\ (1\leqslant i\leqslant n)$ 都写成 $\varepsilon_1,\cdots,\varepsilon_n$ 的 R-线性组合

$$\varepsilon_i\alpha=\varepsilon_1a_{i1}+\cdots+\varepsilon_na_{in},\quad a_{ij}\in R\ (1\leqslant j\leqslant n),$$

即

$$\varepsilon_1(-a_{i1})+\cdots+\varepsilon_i(\alpha-a_{ii})+\cdots+\varepsilon_n(-a_{in})=0.$$

写成矩阵的形式，即有

$$(\varepsilon_1\ \varepsilon_2\ \cdots\ \varepsilon_n)\begin{pmatrix}\alpha-a_{11} & -a_{21} & \cdots & -a_{n1}\\ -a_{12} & \alpha-a_{22} & \cdots & -a_{n2}\\ \vdots & \vdots & \ddots & \vdots\\ -a_{1n} & -a_{2n} & \cdots & \alpha-a_{nn}\end{pmatrix}=(0\ \ 0\ \ \cdots\ \ 0).$$

以 $\mathbf{A}$ 记左端 n 阶方阵. 两端右乘 $\mathbf{A}$ 的伴随矩阵，得到

$$(\varepsilon_1\ \varepsilon_2\ \cdots\ \varepsilon_n)\begin{pmatrix}\det\mathbf{A} & 0 & \cdots & 0\\ 0 & \det\mathbf{A} & \cdots & 0\\ \vdots & \vdots & \ddots & \vdots\\ 0 & 0 & \cdots & \det\mathbf{A}\end{pmatrix}=(0\ \ 0\ \ \cdots\ \ 0).$$

这就是说，$\varepsilon_i\det\mathbf{A}=0\ (\forall\ 1\leqslant i\leqslant n)$. 而 $\varepsilon_i\ (1\leqslant i\leqslant n)$ 是 T 作为 R 模的生成元，所以 $T\cdot\det\mathbf{A}=\{0\}$. 特别地，

$$\det\mathbf{A}=1\cdot\det\mathbf{A}=0.$$

而 $\det\mathbf{A}$ 是 $R[\alpha]$ 中的首 1 多项式，故 (1) 为真. □

我们将证明扩环中的整元素的全体构成一个环. 为此需要一个简单的引理.

引理 8.3 设 R 是整环 S 的一个子环，$R \subseteq M_i \subseteq S$ $(i=1,2)$，M_i 是环. 如果 M_i $(i=1,2)$ 作为 R 模是有限生成的，则由 M_1, M_2 生成的 R 的扩环 $R[M_1, M_2]$ 是有限生成的 R 模.

证明 设 $\alpha_1, \cdots, \alpha_m$ 为 M_1 的 R 模生成元，$\beta_1, \cdots, \beta_n$ 为 M_2 的 R 模生成元，则

$$\{\alpha_i\beta_j \mid 1 \leqslant i \leqslant m, 1 \leqslant j \leqslant n\}$$

是 $R[M_1, M_2]$ 的 R 模生成元. □

定理 8.4 设 R 是整环 S 的含有 1_S 的子环. 则 S 中在 R 上整的元素的集合构成 S 的一个子环.

证明 以 T 记 S 中在 R 上整元素的集合. 我们只要证明 T 对于 S 中的减法、乘法封闭. 事实上，对于任意的 $\alpha, \beta \in T$，由于 α 是 R 上的整元素，根据命题 8.2，$R[\alpha]$ 是有限生成 R 模. 同样，$R[\beta]$ 也是有限生成 R 模. 由引理 8.3 知 $R[\alpha, \beta]$ 是有限生成 R 模. 而 $\alpha-\beta$，$\alpha\beta \in R[\alpha, \beta]$，由命题 8.2 即知 $\alpha - \beta$，$\alpha\beta \in T$. □

将定理 8.4 应用到数域上，就得到代数数论中的最基本的结果之一.

定义 8.5 如果一个复数是整数环 $\mathbb{Z}$ 上的整元素，则称之为**代数整数**.

由定理 8.4 立得

推论 8.6 复数的任一子域 F 中的代数整数的全体构成一个环 (称为 F 的**代数整数环**).

习　题

以下的环都假定是幺环.

1. 设 R 是环, M 是 R 模. 如果 S 也是环, θ: $S\to R$ 是环同态, 满足 $1_T^\theta=1_R$. 定义 S 在 M 上的作用为 $xs=x(s^\theta)$ $(x\in M,\ s\in S)$. 证明 M 是一个 S 模.

2. 设 R 是环, M 和 N 是 R 模. 以 $\mathrm{Hom}_{\mathbb{Z}}(M,N)$ 记由 M 到 N (作为交换群) 的同态的全体. 定义 R 在 $\mathrm{Hom}_{\mathbb{Z}}(M,N)$ 上的作用为: 对于 $a\in R$, $\varphi\in\mathrm{Hom}_{\mathbb{Z}}(M,N)$, 规定 $x^{(\varphi a)}=(xa)^\varphi$ $(\forall x\in M)$. 证明 $\mathrm{Hom}_{\mathbb{Z}}(M,N)$ 是 R 模.

3. 设 I 是环 R 的右理想, M 是 R 模, S 为 M 的非空子集. 令

$$SI=\left\{\sum_{i=1}^n x_ia_i\,\middle|\,n\in\mathbb{Z}_{>0},x_i\in S,a_i\in I\right\}.$$

证明 SI 是 M 的一个子模.

4. 设 R 是环, M 是 R 模. 如果 $\mathrm{Ann}_RM=\{0\}$, 则称 M 是**忠实的 R 模**. 定义商环 R/Ann_RM 在 M 上的作用为 $x\bar{r}=xr$(其中 $x\in M$, $r\in R$, $\bar{r}=r+\mathrm{Ann}_RM$ 为 r 在 R/Ann_RM 中的典范像). 证明 M 是忠实的 R/Ann_RM 模.

5. 举例说明有限生成 R 模作为交换群不一定是有限生成的.

6. 设 φ: $M\to N$ 是 R 模同态. 证明:

(1) φ 是单同态当且仅当对于由任意 R 模 T 到 M 的两个 R 模同态 ξ,η: $T\to M$, $\xi\varphi=\eta\varphi$ 蕴含着 $\xi=\eta$;

(2) φ 是满同态当且仅当对于由 N 到任意 R 模 S 的两个 R 模同态 ρ,θ: $N\to S$, $\varphi\rho=\varphi\theta$ 蕴含着 $\rho=\theta$.

7. 证明模的同态基本定理和两个同构定理.

8. 设 R 是交换幺环, I 为 R 的理想. 又设 M 是有限生成的 R 模, $\varphi\in\mathrm{End}_R(M)$.

(1) 如果 $M\subseteq IM$, 证明: 存在 $f(x)=x^n+a_1x^{n-1}+\cdots+a_n$ $(a_1,\cdots,a_n\in I)$, 使得

$$f(\varphi)(=\varphi^n+\varphi^{n-1}a_1+\cdots+\mathrm{id}|_Ma_n)=0\in\mathrm{End}_R(M).$$

(2) (**Nakayama 引理**) R 的所有极大理想的交 (是 R 的理想) 称为 R 的**Jacobson 根**, 记为 $\mathrm{J}(R)$. 如果 $M\mathrm{J}(R)=M$, 证明 $M=\{0\}$.

9. 设 M 和 $M_i(1 \leqslant i \leqslant n)$ 是 R 模. 证明 $M \cong \bigoplus_{i=1}^{n} M_i$ 当且仅当对于任一 $i(1 \leqslant i \leqslant n)$, 存在 M 的自同态 φ_i, 满足: $\operatorname{im} \varphi_i \cong M_i$, $\varphi_i\varphi_j = 0$ 且 $\varphi_1 + \cdots + \varphi_n = \operatorname{id}_M$.

10. 设 $\varphi : M \to M$ 是 R 模同态, 且 $\varphi\varphi = \varphi$. 证明

$$M = \ker \varphi \oplus \operatorname{im} \varphi.$$

11. 证明任一 R 模都是某个自由 R 模的同态像.

12. 证明有理数加法群 $\mathbb{Q}$ 不是自由 $\mathbb{Z}$ 模.

13. 设 R 是交换幺环, φ 是自由 R 模 R^m 的一个自同态. 证明: 如果 φ 是满的, 则 φ 是单的. 如果 φ 是单的, φ 是否一定是满的?

14. 设 R 是交换幺环. 证明 R 是主理想整环当且仅当任一有限生成自由 R 模的子模都是自由模.

15. 设 R 是整环, $\varphi : M \to N$ 是 R 模同态.

(1) 证明 $(M_{\text{tor}})^{\varphi} \subseteq N_{\text{tor}}$ (因此 φ 在 M_{tor} 上的限制 (记为 φ_{tor}) 是 M_{tor} 到 N_{tor} 的模同态);

(2) 如果 $0 \longrightarrow M \xrightarrow{\varphi} N \xrightarrow{\psi} T$ 是 R 模正合序列, 证明 $0 \longrightarrow M_{\text{tor}} \xrightarrow{\varphi_{\text{tor}}} N_{\text{tor}} \xrightarrow{\psi_{\text{tor}}} T_{\text{tor}}$ 也正合.

(3) 如果 $\psi : N \to T$ 是满同态, ψ_{tor} 是否一定是满的?

16. 设 R 是主理想整环, M 是 R 上的有限生成模, $x_1, \cdots, x_n$ 是 M 的一组生成元, $y \in M$ 且

$$y = x_1a_1 + \cdots + x_na_n \quad (a_1, \cdots, a_n \in R).$$

如果 $(a_1, \cdots, a_n) = 1$, 证明存在 $y_2, \cdots, y_n \in M$, 使得 $y, y_2, \cdots, y_n$ 构成 M 的一组生成元.

17. 一个模称为**不可约的**, 如果它不是零模并且没有非平凡子模. 证明: 主理想整环上的非零扭模是不可约的当且仅当它是阶理想为非零素理想的循环模.

18. 试决定 392 阶交换群互不同构的类型.

19. 试决定以 $(x-1)^3$ 为极小多项式的 7 阶 Jordan 标准形矩阵的个数 (不计 Jordan 块的顺序).

20. 设 M 和 N 是交换幺环 R 上的模. 试构造一个适当的范畴, 使得 $M\otimes_R N$ 是该范畴的始对象.

21. 证明:

(1) $\mathbb{Z}/m\mathbb{Z}\otimes_{\mathbb{Z}}\mathbb{Z}/n\mathbb{Z}\cong\mathbb{Z}/(m,n)\mathbb{Z}$, 其中 $m,n\in\mathbb{Z}$;

(2) 设 A 为交换群. 证明 $A\otimes_{\mathbb{Z}}\mathbb{Z}/n\mathbb{Z}\cong A/nA$;

(3) 设 A, B 为有限生成交换群. 求 $A\otimes_{\mathbb{Z}}B$;

22. 设 $\varphi:\mathbb{Z}/2\mathbb{Z}\to\mathbb{Z}/4\mathbb{Z}$ 为 (唯一的) 单同态. 证明

$$\mathrm{id}\otimes\varphi:\ \mathbb{Z}/2\mathbb{Z}\otimes_{\mathbb{Z}}\mathbb{Z}/2\mathbb{Z}\ \to\ \mathbb{Z}/2\mathbb{Z}\otimes_{\mathbb{Z}}\mathbb{Z}/4\mathbb{Z}$$

是 0 同态.

23. 设 V_1 和 V_2 是域 F 上的线性空间, $\dim_F V_1=n,\dim_F V_2=m$, A 为 V_1 上的线性变换, 在 V_1 的一组基 $\varepsilon_1,\cdots,\varepsilon_n$ 下的矩阵为 $\mathbf{A}=(a_{ij})_{n\times n}$, B 为 V_2 上的线性变换, 在 V_2 的一组基 $\eta_1,\cdots,\eta_m$ 下的矩阵为 $\mathbf{B}=(b_{ij})_{m\times m}$. 证明 $\{\varepsilon_i\otimes\eta_j|1\leqslant i\leqslant n,1\leqslant j\leqslant m\}$ 是 $V_1\otimes_F V_2$ 的一组 F-基, 并求 $A\otimes B$ 在基 $\varepsilon_1\otimes\eta_1,\varepsilon_1\otimes\eta_2,\cdots,\varepsilon_1\otimes\eta_m$, $\varepsilon_2\otimes\eta_1,\cdots,\varepsilon_n\otimes\eta_m$ 下的矩阵.

24. 具有唯一极大理想的交换幺环称为**局部环**. 设 M 和 N 是局部环 R 上的有限生成模. 如果 $M\otimes N=\{0\}$, 证明 $M=\{0\}$ 或 $N=\{0\}$.(提示: 用 Nakayama 引理)

25. 设 M,N, $M_i(i\in I)$ 和 $N_j(j\in J)$ 都是 R 模 (I 和 J 为指标集). 证明有交换群同构:

(1) $\mathrm{Hom}_R\left(\bigoplus_{i\in I}M_i,N\right)\cong\prod_{i\in I}\mathrm{Hom}_R(M_i,N)$;

(2) $\mathrm{Hom}_R\left(M,\prod_{j\in J}N_j\right)\cong\prod_{j\in J}\mathrm{Hom}_R(M,N_j)$.

26. (**5 引理**) 设

$$\begin{array}{ccccccccc}
M_1 & \xrightarrow{\alpha_1} & M_2 & \xrightarrow{\alpha_2} & M_3 & \xrightarrow{\alpha_3} & M_4 & \xrightarrow{\alpha_4} & M_5\\
\downarrow{\scriptstyle\varphi_1} & & \downarrow{\scriptstyle\varphi_2} & & \downarrow{\scriptstyle\varphi_3} & & \downarrow{\scriptstyle\varphi_4} & & \downarrow{\scriptstyle\varphi_5}\\
N_1 & \xrightarrow{\beta_1} & N_2 & \xrightarrow{\beta_2} & N_3 & \xrightarrow{\beta_3} & N_4 & \xrightarrow{\beta_4} & N_5
\end{array}$$

是 R 模同态的行正合的交换图表. 证明

(1) 如果 φ_1 是满射, 且 φ_2 和 φ_4 是单射, 则 φ_3 是单射;

(2) 如果 φ_5 是单射, 且 φ_2 和 φ_4 是满射, 则 φ_3 是满射.

27. (**蛇形引理**) 设

$$\begin{array}{ccccccccc} 0 & \longrightarrow & M' & \xrightarrow{\alpha} & M & \xrightarrow{\beta} & M'' & \longrightarrow & 0 \\ & & \downarrow{\scriptstyle \varphi'} & & \downarrow{\scriptstyle \varphi} & & \downarrow{\scriptstyle \varphi''} & & \\ 0 & \longrightarrow & N' & \xrightarrow{\mu} & N & \xrightarrow{\nu} & N'' & \longrightarrow & 0 \end{array}$$

是 R 模同态的行正合的交换图表. 证明有长正合列

$$\begin{aligned} 0 \to \ker\varphi' \xrightarrow{\alpha'} \ker\varphi \xrightarrow{\beta'} \ker\varphi'' \xrightarrow{\delta} \mathrm{coker}\varphi' \\ \xrightarrow{\mu'} \mathrm{coker}\varphi \xrightarrow{\nu'} \mathrm{coker}\varphi'' \to 0, \end{aligned} \tag{$*$}$$

其中 α', β', μ', ν' 是由 α, β, μ, ν 诱导的同态. (提示: 同态 δ 的定义如下: 对于 $x \in \ker\varphi''$, 取 $y \in M$, 使得 $y^\beta = x$. 再取 $z \in N'$, 使得 $z^\mu = y^\varphi$. 令 $x^\delta = \bar{z} = z + \mathrm{im}\varphi'$.)

28. 设 P 是 R 模. 证明下述三条等价:

(1) P 是投射模;

(2) 对于任一 R 模的满同态 $\varphi: M \to P$, 存在模同态 $\psi: P \to M$, 使得 $\psi\varphi$ 是 P 上的恒同映射;

(3) P 是某个自由 R 模的直和因子.

*29. 证明任一 R 模都是某个内射模的子模.

30. 设 J 是 R 模. 证明下述三条等价:

(1) J 是内射模;

(2) 对于任一 R 模的单同态 $\varphi: J \to M$, 存在模同态 $\psi: M \to J$, 使得 $\varphi\psi$ 是 J 上的恒同映射;

(3) 如果 J 是某个 R 模 M 的子模, 则 J 是 M 的直和因子.

*31. 设 $M_i (i \in I)$ 都是 R 模 (I 为指标集). 证明 $\bigoplus_{i\in I} M_i$ 是平 R 模当且仅当所有 $M_i (i \in I)$ 都是平 R 模.

32. 证明自由模是平模; 投射模是平模.

第 2 章　群的进一步知识

本章是在抽象代数 I 课程中讲述的群论的最基本的概念、方法和定理的基础上，继续学习群论的进一步知识. 首先我们复习一下已学过的群论知识.

§2.0　群论知识的复习

本节是简述在抽象代数 I 课程中读者已经学过的群论知识，可供读者自己检查是否已经熟知它们，教师不一定要讲解.

定义 0.1　非空集合 G 称为一个**群**, 如果在 G 中定义了一个二元运算，叫做乘法. 它满足

(1) 结合律： $(ab)c=a(bc),\ a,b,c\in G$;

(2) 存在**单位元素**: 存在 $1\in G$, 使对任意的 $a\in G$, 恒有

$$1a=a1=a;$$

(3) 存在**逆元素**: 对任意的 $a\in G$, 存在 $a^{-1}\in G$, 使得

$$aa^{-1}=a^{-1}a=1.$$

群 G 若还成立以下的

(4) **交换律**: $ab=ba,\ \forall\, a,b\in G$,

则称 G 为**交换群**.

由结合律 (1) 可以推出下面的广义结合律：

(1′) **广义结合律**: 对于任意有限多个元素 $a_1,\ a_2,\ \cdots,a_n\in G$, 乘积 $a_1a_2\cdots a_n$ 的任何一种 “有意义的加括号方式” (即给定的乘积的顺序), 都得出相同的值，因而上述乘积是有意义的.

由广义结合律 (1′), 任意有限多个元素的乘积 $a_1a_2\cdots a_n$ 是有意

义的. 特别地, 我们可以规定群 G 中元素 a 的整数次方幂如下: 设 n 为正整数, 则

$$a^n = \underbrace{aa\cdots a}_{n\text{个}}, \quad a^0 = 1, \quad a^{-n} = (a^{-1})^n.$$

显然有

$$a^m a^n = a^{m+n}, \quad m, n \text{ 是整数}.$$

设 G 是群, H, K 是 G 的子集, 规定 H, K 的乘积为

$$HK = \{hk \mid h \in H, k \in K\}.$$

如果 $K = \{a\}$, 仅由一个元素 a 组成, 则简记为 $H\{a\} = Ha$; 类似地有 aH 等. 我们还规定

$$H^{-1} = \{h^{-1} \mid h \in H\};$$

对于正整数 n, 规定

$$H^n = \{h_1 h_2 \cdots h_n \mid h_i \in H\}.$$

定义 0.2 称群 G 的非空子集 H 为 G 的**子群**, 如果 $H^2 \subseteq H$, $H^{-1} \subseteq H$. 这时记做 $H \leqslant G$.

事实上, 易验证如果 H 是 G 的子群, 则必有 $H^2 = H$, $H^{-1} = H$, 并且 $1 \in H$. 显然, 任何群 G 都有二子群 G 本身和 $\{1\}$, 子群 $\{1\}$ 通常叫做 G 的**平凡子群**. 为简便起见, 在本书中我们常用 1 来记 $\{1\}$, 从上下文中是很容易看出符号 1 代表的是数 1, 单位元素 1 还是子群 $\{1\}$ 的.

命题 0.3 设 G 是群, $H \subseteq G$, 则下列命题等价:

(1) $H \leqslant G$;

(2) 对任意的 $a, b \in H$, 恒有 $ab \in H$ 和 $a^{-1} \in H$;

(3) 对任意的 $a, b \in H$, 恒有 $ab^{-1} \in H$(或 $a^{-1}b \in H$).

容易看出, 若干个子群的交仍为子群, 但一般来说若干个子群的并不是子群. 我们有下述概念:

定义 0.4 设 G 是群, $M \subseteq G$ (允许 $M = \varnothing$), 则称 G 的所有包含 M 的子群的交为**由 M 生成的子群**, 记做 $\langle M \rangle$.

容易看出，$\langle M\rangle = \{1, a_1a_2\cdots a_n \mid a_i \in M\cup M^{-1},\ n=1,2,\cdots\}$.

如果 $\langle M\rangle = G$, 我们称 M 为 G 的一个**生成系**, 或称 G 由 M 生成. 仅由一个元素 a 生成的群 $G=\langle a\rangle$ 叫做**循环群**. 可由有限多个元素生成的群叫做**有限生成群**. 有限群当然都是有限生成群.

群 G 的**阶**是集合 G 的势，记做 $|G|$. 对于群 G 中任意元素 a, 我们称 $\langle a\rangle$ 的阶为**元素 a 的阶**, 记做 $o(a)$, 即 $o(a)=|\langle a\rangle|$. 由此定义，$o(a)$ 是满足 $a^n=1$ 的最小的正整数 n, 而如果这样的正整数 n 不存在，则规定 $o(a)=\infty$.

注意，由两个子群生成的群一般不是这两个子群的乘积，我们有下面的结论.

定理 0.5　设 G 是群，$H\leqslant G, K\leqslant G$, 则

$$HK\leqslant G \Longleftrightarrow HK=KH.$$

定义 0.6　设 G 是群，$H\leqslant G$, $a\in G$. 称形如 $aH(Ha)$ 的子集为 H 的一个**左 (右) 陪集**.

对于 $H\leqslant G$, $a,b\in G$, 容易验证 $aH=bH \Longleftrightarrow a^{-1}b\in H$. 类似地有 $Ha=Hb \Longleftrightarrow ab^{-1}\in H$.

定理 0.7　设 $H\leqslant G, a,b\in G$, 则

(1) $|aH|=|bH|$;

(2) $aH\cap bH\neq\varnothing \Rightarrow aH=bH$.

于是，G 可表成 H 的互不相交的左陪集的并：

$$G=a_1H\cup a_2H\cup\cdots\cup a_nH,$$

元素 $\{a_1,a_2,\cdots,a_n\}$ 叫做 H 在 G 中的一个**(左) 陪集代表系**. H 的不同左陪集的个数 n (不一定有限) 叫做 H 在 G 中的**指数**, 记做 $|G:H|$.

同样的结论对于右陪集也成立，并且 H 在 G 中的左、右陪集个数相等，都是 $|G:H|$.

下面的定理对于有限群具有基本的重要性.

定理 0.8 (Lagrange 定理)　设 G 是有限群，$H\leqslant G$, 则

$$|G|=|H||G:H|.$$

由此定理，在有限群 G 中，子群的阶是群阶的因子．而且还可推出，G 中任一元素 a 的阶 $o(a)$ 也是 $|G|$ 的因子．

定理 0.9 设 G 是群，H 和 K 是 G 的有限子群，则

$$|HK| = \frac{|H||K|}{|H \cap K|}.$$

(此定理的证明作为习题．)

设 G 是群，$a, g \in G$, 我们规定

$$a^g = g^{-1}ag,$$

并称 a^g 为 a 在 g 之下的**共轭**. 对于 G 的子群或子集 H, 我们同样规定

$$H^g = g^{-1}Hg,$$

也叫做 H 在 g 下的共轭.

称群 G 的元素 a, b (或子群或子集 H, K) 在 G 中**共轭**, 如果存在元素 $g \in G$, 使 $a^g = b$ (或 $H^g = K$). 容易验证，(在元素间，子群间或子集间的) 共轭关系是等价关系．于是，群 G 的所有元素依共轭关系可分为若干互不相交的等价类 (叫做**共轭类**) $C_1 = \{1\}, C_2, \cdots, C_k$, 并且

$$G = C_1 \cup C_2 \cup \cdots \cup C_k.$$

由此又有

$$|G| = |C_1| + |C_2| + \cdots + |C_k|,$$

叫做 G 的**类方程**, 而 k 叫做 G 的**类数**. 共轭类 C_i 包含元素的个数 $|C_i|$ 叫做 C_i 的**长度**.

为了研究共轭类的长度，我们给出如下定义.

定义 0.10 设 G 是群，H 是 G 的子集，$g \in G$. 若 $H^g = H$, 则称元素 g**正规化** H, 而称 G 中所有正规化 H 的元素的集合

$$N_G(H) = \{g \in G \mid H^g = H\}$$

为 H 在 G 中的**正规化子**. 又若元素 g 满足对所有 $h \in H$ 恒有 $h^g = h$, 则称元素 g **中心化** H, 而称 G 中所有中心化 H 的元素的集合

$$C_G(H) = \{g \in G \mid h^g = h, \ \forall h \in H\}$$

为 H 在 G 中的**中心化子**.

规定 $Z(G) = C_G(G)$, 并称之为群 G 的**中心**.

对于任意子集 H, $N_G(H)$ 和 $C_G(H)$ 都是 G 的子群. 并且若 $H \leqslant G$, 则 $H \leqslant N_G(H)$. 如果 H 是单元素集 $\{a\}$, 则 $N_G(H)$ 和 $C_G(H)$ 分别记做 $N_G(a)$ 和 $C_G(a)$, 这时有 $C_G(a) = N_G(a)$. 与 H 共轭的子群个数是 $|G : N_G(H)|$, 而与元素 a 共轭的元素的个数是 $|G : C_G(a)|$.

定义 0.11 称群 G 的子群 N 为 G 的**正规子群**, 如果 $N^g \subseteq N$, $\forall g \in G$. 记做 $N \trianglelefteq G$.

命题 0.12 *设 G 是群, 则下列事项等价:*

(1) $N \trianglelefteq G$;

(2) $N^g = N$, $\forall g \in G$ (*因此正规子群也叫自共轭子群*);

(3) $N_G(N) = G$;

(4) *若 $n \in N$, 则 n 所属的 G 的共轭元素类 $C(n) \subseteq N$, 即 N 由 G 的若干整个的共轭类组成*;

(5) $Ng = gN$, $\forall g \in G$;

(6) *N 在 G 中的每个左陪集都是一个右陪集.*

根据 (6), 正规子群 N 的左、右陪集的集合是重合的, 因此, 对正规子群我们可只讲陪集, 而不区分左右.

显然, 交换群的所有子群皆为正规子群. 又, 任一非平凡群 G 都至少有两个正规子群: G 本身和平凡子群 1.

定义 0.13 除了群本身和平凡子群之外没有其他正规子群的群叫做**单群**.

因为交换群的每个子群都是正规子群, 容易证明, 交换单群只有素数阶循环群. 而非交换单群则有十分复杂的情形. 事实上, 决定所有有限非交换单群多年来一直是有限群论的核心问题, 这项工作于 1981 年才得以完成, 而且它的完成对数学发展的影响是很巨大

的.

定义 0.14 设 G 是群, $M \subseteq G$, 称

$$M^G = \langle m^g \mid m \in M, g \in G \rangle$$

为 M 在 G 中的**正规闭包**, M^G 是 G 的包含 M 的最小的正规子群.

下面设 $N \trianglelefteq G$. 我们研究 N 的所有陪集的集合 $\overline{G} = \{Ng | g \in G\}$. 定义 $\overline{G}$ 中的乘法为群子集的乘法, 即

$$(Ng)(Nh) = N(gN)h = N(Ng)h = N^2gh = Ngh, \tag{0.1}$$

则我们有

定理 0.15 $\overline{G}$ 对乘法 (0.1) 封闭, 并且成为一个群, 叫做 G 对 N 的**商群**, 记做 $\overline{G} = G/N$.

下面引进群同态和群同构的概念.

我们称映射 $\alpha : G \to G_1$ 为群 G 到 G_1 的一个**同态映射**, 如果

$$(ab)^\alpha = a^\alpha b^\alpha, \ \ \forall a, b \in G.$$

如果 α 是满 (单) 射, 则称为**满 (单) 同态**; 而如果 α 是双射, 即一一映射, 则称 α 为 G 到 G_1 的**同构映射**. 这时称群 G 和 G_1 同构, 记做 $G \cong G_1$.

群 G 到自身的同态及同构具有重要的意义, 我们称之为群 G 的**自同态**和**自同构**. 在本书中, 我们以 $\mathrm{End}(G)$ 表示 G 的全体自同态组成的集合, 而以 $\mathrm{Aut}(G)$ 表示 G 的全体自同构组成的集合. 对于映射的乘法, $\mathrm{End}(G)$ 组成一个有单位元的半群, 而 $\mathrm{Aut}(G)$ 组成一个群, 叫做 G 的**自同构群**.

设 $\alpha : G \to H$ 是群同态映射, 则

$$\ker \alpha = \{g \in G \mid g^\alpha = 1\}$$

叫做**同态 α 的核**, 而

$$G^\alpha = \{g^\alpha \mid g \in G\}$$

叫做同态 α 的**像集**. 容易验证 $\ker \alpha \trianglelefteq G$, 而 $G^\alpha \leqslant H$.

下面的定理是基本的.

定理 0.16 (同态基本定理)　(1) 设 $N \trianglelefteq G$, 则映射 $\nu : g \mapsto Ng$ 是 G 到 G/N 的同态映射, 满足 $\ker \nu = N$, $G^{\nu} = G/N$. 这样的 ν 叫做 G 到 G/N 上的自然同态.

(2) 设 $\alpha : G \to H$ 是同态映射, 则 $\ker \alpha \trianglelefteq G$, 且 $G^{\alpha} \cong G/\ker \alpha$.

根据同态基本定理, 群的同态像从同构的意义上说就是群对正规子群的商群.

定理 0.17 (第一同构定理)　设 $N \trianglelefteq G$, $M \trianglelefteq G$, 且 $N \leqslant M$, 则 $M/N \trianglelefteq G/N$, 并且

$$(G/N)/(M/N) \cong G/M.$$

定理 0.18 (第二同构定理)　设 $H \leqslant G$, $K \trianglelefteq G$, 则 $(H \cap K) \trianglelefteq H$, 且 $HK/K \cong H/(H \cap K)$.

下面复习若干群例. 关于循环群我们要掌握如下定理.

定理 0.19　无限循环群与整数环 $\mathbb{Z}$ 的加法群同构, 有限 n 阶循环群与 $\mathbb{Z}_n = \mathbb{Z}/(n)$ 的加法群同构. 由此推得同阶 (有限或无限) 循环群必互相同构.

以下我们以 Z 表示无限循环群, Z_n 表示有限 n 阶循环群.

定理 0.20　循环群的子群仍为循环群. 无限循环群 Z 的子群除 1 以外都是无限循环群, 且对每个 $s \in \mathbb{N}$, 对应有一个子群 $\langle a^s \rangle$. 有限 n 阶循环群 Z_n 的子群的阶是 n 的因子, 且对每个 $m \mid n$, 存在唯一的 m 阶子群 $\langle a^{n/m} \rangle$.

循环群的子群都是正规子群.

定理 0.21　循环群的自同构群是交换群. 无限循环群 Z 只有两个自同构, $\mathrm{Aut}(Z) \cong Z_2$. 有限循环群 Z_n 有 $\varphi(n)$ 个自同构 (这里 φ 是 Euler φ 函数), $\mathrm{Aut}(Z_n)$ 同构于与 n 互素的 mod n 的同余类的乘法群.

另一类重要的群例是变换群. 事实上, 抽象群的概念也是从变换群的概念发展来的.

一个 (有限或无限) 集合 M 到自身上的一一映射叫做集合 M 的**变换**.

命题 0.22 集合 M 的全体变换依映射的乘法组成一个群 S_M.

我们称 S_M 的任一子群为集合 M 的一个**变换群**.

定理 0.23 (Cayley 定理) 任一群 G 都同构于一个变换群.

这个定理说明抽象群概念的外延从同构意义上说并不比变换群的外延来得大.

我们称有限集合的变换为**置换**, 有限集合上的变换群为**置换群**. 设 $M=\{1,2,\cdots,n\}$, 则 M 上全体置换组成的置换群叫做 M 上的**对称群**, 或 n 级对称群 S_n.

关于置换的下述初等事实是应该熟知的:

设 $M=\{1,2,\cdots,n\}$, $i_1,i_2,\cdots,i_s\in M$, 我们以 $(i_1i_2\cdots i_s)$ 表示集 M 的一个 s **轮换**, 即把 i_1 变到 i_2, i_2 变到 $i_3,\cdots$, i_s 变到 i_1, 而把 M 中其余元素保持不变的置换, 并称 2 轮换为**对换**. 高等代数课程中已经学过

命题 0.24 (1) M 的任一置换可表成互不相交的轮换的乘积, 且若不计次序, 分解式是唯一的;

(2) M 的任一置换可表成若干个对换的乘积, 且同一置换的不同分解式中对换个数的奇偶性是确定的. 分解式中对换个数为奇数的置换叫做**奇置换**, 反之叫做**偶置换**.

命题 0.25 (1) $(i_1i_2\cdots i_s)=(i_1i_2)(i_1i_3)\cdots(i_1i_s)$;

(2) 若 $\alpha\in S_n$, 则 $\alpha^{-1}(i_1i_2\cdots i_s)\alpha=(i_1^\alpha i_2^\alpha\cdots i_s^\alpha)$.

命题 0.26 S_n 的不同共轭类与 n 的不同划分之间可建立一一对应, 设 $n_1+n_2+\cdots+n_s=n$ 是 n 的一个分划, 其中 $n_1\geqslant n_2\geqslant\cdots\geqslant n_s$, 则所有具有形状为

$$(i_1\cdots i_{n_1})(i_{n_1+1}\cdots i_{n_1+n_2})\cdots(i_{n-n_s+1}\cdots i_n)$$

的轮换分解式的置换组成 S_n 的与上述划分对应的共轭类.

n 个元素的集合 $M=\{1,2,\cdots,n\}$ 的全体偶置换组成 S_n 的一个

子群 A_n, 叫做 n 级**交错群**, 并且

$$|A_n| = \frac{1}{2}|S_n| = \frac{1}{2}n!.$$

命题 0.27　若 $n \geqslant 5$, 则 A_n 是单群.

另一类重要的变换群的例子是由线性变换组成的群. 设 V 是域 F 上 n 维线性空间, 则 V 的所有可逆线性变换对乘法组成一个群, 它同构于 F 上全体 n 阶可逆方阵组成的乘法群. 这个群记做 $GL(n,F)$, 叫做域 F 上的 n 级**全线性群**. 这也是变换群的另一个重要的例子.

令 $SL(n,F)$ 为所有行列式为 1 的 n 阶方阵组成的集合, 则 $SL(n,F)$ 是 $GL(n,F)$ 的子群, 叫做 F 上的 n 级**特殊线性群**.

容易验证, $SL(n,F) \trianglelefteq GL(n,F)$, 并且

$$GL(n,F)/SL(n,F) \cong F^{\times},$$

其中 $F^{\times}$ 是域 F 的乘法群, 即 $F^{\times} = F\backslash\{0\}$. 又, 由线性代数得知, $GL(n,F)$ 的中心 Z 由所有 n 阶非零纯量阵组成. 我们称

$$PGL(n,F) = GL(n,F)/Z$$

为 F 上 n 级**射影线性群**. 又称

$$PSL(n,F) = SL(n,F)/(Z \cap SL(n,F))$$

为 F 上 n 级**特殊射影线性群**.

假定 $F = GF(q)$ 是包含 q 个元素的有限域, 则上述各群分别记做 $GL(n,q)$, $SL(n,q)$, $PGL(n,q)$, $PSL(n,q)$.

命题 0.28　(1) $|GL(n,q)| = (q^n-1)(q^n-q)\cdots(q^n-q^{n-1})$;

(2) $|SL(n,q)| = |PGL(n,q)| = |GL(n,q)|/(q-1)$;

(3) $|PSL(n,q)| = |SL(n,q)|/(n,q-1)$.

我们将在第 5 章讲述线性群的进一步知识.

例 0.29　考虑平面上正 n 边形 $(n \geqslant 3)$ 的全体对称的集合 D_{2n}. 它包含 n 个旋转和 n 个反射 (沿 n 条不同的对称轴). 从几何上很容

易看出，D_{2n} 对于变换的乘法，即变换的连续施加来说组成一个群. 叫做**二面体群** D_{2n}, 它包含 $2n$ 个元素.

以 a 表示绕这个正 n 边形的中心沿逆时针方向旋转 $\frac{2\pi}{n}$ 的变换，则 D_{2n} 中所有旋转都可以表成 a^i 的形式，$i=0,1,\cdots,n-1$. 它们组成 D_{2n} 的一个 n 阶正规子群 $\langle a\rangle$. 再以 b 表示沿某一预先指定的对称轴 l 所作的反射变换，于是有

$$D_{2n}=\langle a,b\,|\,a^n=1,\ \ b^2=1,\ \ b^{-1}ab=a^{-1}\rangle.$$

上式叫做二面体群的**定义关系**. 如果读者未学过群的定义关系，可参看本章第 8 节.

例 0.30 Hamilton 四元数的单位 $\pm1, \pm i, \pm j, \pm k$ 在乘法下组成一个 8 阶群，叫做**四元数群**, 记做 Q_8, 其中元素的乘法满足

$$\begin{aligned}&i^2=j^2=k^2=-1,\ \ ij=k=-ji,\\&jk=i=-kj,\ \ ki=j=-ik.\end{aligned}$$

若令 $i=a, j=b$, 则 $Q_8=\langle a,b\rangle$, 且满足

$$a^4=1,\ \ b^2=a^2,\ \ b^{-1}ab=a^{-1}.$$

这是 Q_8 的定义关系.

下面复习群的直积的概念.

给定两个群 G,H, 我们定义它们的 (外) **直积**为

$$G\times H=\{(g,h)\,|\,g\in G,h\in H\},$$

其中乘法如下规定:

$$(g,h)(g',h')=(gg',hh'),\ \ g,g'\in G,h,h'\in H.$$

类似地，可定义 n 个群 $G_1,\cdots,G_n$ 的 (外) 直积

$$G=G_1\times G_2\times\cdots\times G_n.$$

事实上，在群论中用得更多的是所谓**内直积** 的概念.

我们称群 G 是子群 H, K 的 **(内) 直积**, 如果 $G = HK$ 并且映射 $(h, k) \mapsto hk$ 是 $H \times K \to G$ 的同构映射. 这时我们也记成 $G = H \times K$, 即符号与外直积不加区别. 类似地, 可规定群 G 是 n 个子群 $G_1, \cdots, G_n$ 的 (内) 直积的意义.

定理 0.31 群 G 是子群 $H_1, \cdots, H_n$ 的 (内) 直积的充要条件是

(1) $H_i \trianglelefteq G$, $i = 1, 2, \cdots, n$;

(2) $G = H_1 H_2 \cdots H_n$;

(3) $H_i \cap (H_1 \cdots H_{i-1} H_{i+1} \cdots H_n) = 1$, $i = 1, 2, \cdots, n$,

其中条件 (3) 还可减弱为

(3′) $H_i \cap (H_1 \cdots H_{i-1}) = 1$, $i = 2, \cdots, n$.

即条件 (1), (2), (3′) 也是 $G = H_1 \times \cdots \times H_n$ 的充要条件. 另外条件 (3) 可用下面的条件 (4) 代替, 即定理中条件改为 (1), (2) 和 (4) 结论仍然成立.

(4) G 的每个元素 h 表为 $H_1, \cdots, H_n$ 的元素的乘积的表示方法是唯一的, 即若

$$h = h_1 h_2 \cdots h_n = h_1' h_2' \cdots h_n', \quad h_i, h_i' \in H_i, \quad i = 1, 2, \cdots, n,$$

则 $h_i = h_i'$, $i = 1, 2, \cdots, n$.

条件 (4) 又可减弱为 G 的单位元素 1 的表示法唯一, 结论仍能成立. 即若

$$1 = h_1 h_2 \cdots h_n, \quad h_i \in H_i, \quad i = 1, 2, \cdots, n,$$

则 $h_1 = h_2 = \cdots = h_n = 1$.

§2.1 自同构、特征子群

设 G 是群, $\mathrm{Aut}(G)$ 表 G 的自同构群. 对于 $g \in G$, 由 $a^{\sigma(g)} = g^{-1}ag$, $\forall a \in G$ 规定的映射 $\sigma(g) : G \to G$ 是 G 的一个自同构, 叫做由 g 诱导出的 G 的**内自同构**. G 的全体内自同构集合 $\mathrm{Inn}(G)$ 是 $\mathrm{Aut}(G)$ 的一个子群, 并且映射 $\sigma : g \mapsto \sigma(g)$ 是 G 到 $\mathrm{Inn}(G)$ 的一个满同态, 其核为 G 的中心 $Z(G)$. 即我们有

命题 1.1 $\mathrm{Inn}(G) \cong G/Z(G)$.

命题 1.2 (1) 设 $g \in G, \alpha \in \mathrm{Aut}(G)$, 则 $\alpha^{-1}\sigma(g)\alpha = \sigma(g^{\alpha})$.

(2) $\mathrm{Inn}(G) \trianglelefteq \mathrm{Aut}(G)$.

证明 (1) 因 α 是 G 的自同构, 故对任意的 $x \in G$, 存在 $y \in G$ 使 $y^{\alpha} = x$. 于是

$$\begin{aligned} x^{\alpha^{-1}\sigma(g)\alpha} &= (y^{\alpha})^{\alpha^{-1}\sigma(g)\alpha} = y^{\sigma(g)\alpha} = (g^{-1}yg)^{\alpha} \\ &= (g^{\alpha})^{-1}y^{\alpha}g^{\alpha} = (g^{\alpha})^{-1}xg^{\alpha} = x^{\sigma(g^{\alpha})}, \end{aligned}$$

所以 $\alpha^{-1}\sigma(g)\alpha = \sigma(g^{\alpha})$.

(2) 由命题 (1) 立得. □

定义 1.3 我们称 $\mathrm{Aut}(G) \setminus \mathrm{Inn}(G)$ 中的元素为 G 的**外自同构**, 而称 $\mathrm{Aut}(G)/\mathrm{Inn}(G)$ 为 G 的**外自同构群**.

有下述著名的猜想:

Schreier 猜想 设 G 是有限单群, 则 G 的外自同构群为可解群 (可解群的概念见定义 3.3).

由于单群分类问题已经解决, 这个猜想已对每个单群逐一验证而成为定理.

定理 1.4 设 $H \leqslant G$, 则 $N_G(H)/C_G(H)$ 同构于 $\mathrm{Aut}(H)$ 的一个子群, 记做 $N_G(H)/C_G(H) \lesssim \mathrm{Aut}\,(H)$.

符号 $A \lesssim B$ 表示 A 同构于 B 的一个子群.

证明 设 $g \in N_G(H)$, 则 $\sigma(g) : h \mapsto h^g$ 是 H 的自同构, 并且显然 $g \mapsto \sigma(g)$ 是 $N_G(H)$ 到 $\mathrm{Aut}(H)$ 内的同态, 其核为

$$\begin{aligned} \ker \sigma &= \{g \in N_G(H) \mid h^g = h, \forall h \in H\} \\ &= C_{N_G(H)}(H) = C_G(H) \cap N_G(H). \end{aligned}$$

但明显的有 $C_G(H) \leqslant N_G(H)$, 故 $\ker \sigma = C_G(H)$. 于是由同态基本定理

$$N_G(H)/C_G(H) \cong \sigma(N_G(H)) \leqslant \mathrm{Aut}(H). \qquad \square$$

这个定理虽然简单, 但十分有用. 为了简便, 人们常称这个定理为“N/C **定理**”.

定义 1.5 称群 G 的子群 H 为 G 的**特征子群**, 如果 $H^\alpha \subseteq H$, $\forall \alpha \in \mathrm{Aut}(G)$. 这时记做 $H \operatorname{char} G$.

群 G 本身和 1 显然都是 G 的特征子群，叫做 G 的平凡的特征子群. 又，群 G 的中心 $Z(G)$ 也是 G 的特征子群.

类似于定义 1.5, 正规子群的定义也可以改述为：称群 G 的子群 H 为 G 的**正规子群**, 如果 $H^\alpha \subseteq H$, $\forall \alpha \in \mathrm{Inn}(G)$.

由 $\mathrm{Inn}(G) \subseteq \mathrm{Aut}(G)$, 有

H 是 G 的特征子群 $\Longrightarrow$ H 是 G 的正规子群.

命题 1.6 (1) $K \operatorname{char} H,\ H \operatorname{char} G \Longrightarrow K \operatorname{char} G$;

(2) $K \operatorname{char} H,\ H \trianglelefteq G \Longrightarrow K \trianglelefteq G$.

(证明从略.)

但一般来说，$K \trianglelefteq H$ 和 $H \trianglelefteq G$ 不能推出 $K \trianglelefteq G$, 试举例说明之.

定义 1.7 称群 G 为**特征单群**, 如果 G 没有非平凡的特征子群.

定理 1.8 *有限特征单群 G 是同构单群的直积.*

证明 设 N 是 G 的任一极小正规子群, 即 N 是 G 的 $\neq 1$ 的正规子群的集合在包含关系之下的极小元素，则对任一 $\alpha \in \mathrm{Aut}(G)$, N^α 显然也是 G 的极小正规子群. 假定 M 是形状为若干 N^α 直积的子群中在包含关系之下的极大者. 可令

$$M = N_1 \times \cdots \times N_s,$$

其中 $N_i = N^{\alpha_i}$, $\alpha_i \in \mathrm{Aut}(G)$, $i = 1, \cdots, s$. 这时显然有 $M \trianglelefteq G$. 我们断言， M 实际上包含任一 N^α, 对 $\alpha \in \mathrm{Aut}(G)$. 这是因为若有某个 $N^\beta \not\leqslant M$, $\beta \in \mathrm{Aut}(G)$, 则因 $N^\beta \trianglelefteq G$, 推知 $N^\beta \cap M \trianglelefteq G$. 由 N^β 的极小性必有 $N^\beta \cap M = 1$, 于是 $\langle M, N^\beta \rangle = M \times N^\beta = N_1 \times \cdots \times N_s \times N^\beta$, 这与 M 的选取相矛盾. 这样我们证明了 $M = \langle N^\alpha \mid \alpha \in \mathrm{Aut}(G) \rangle$, 于是 $M \operatorname{char} G$. 由 G 的特征单性，又得到

$$G = M = N_1 \times \cdots \times N_s.$$

为完成定理的证明，还需证 N_i 是单群. 若否， N_i 的任一非平凡正

规子群也必为直积 $N_1 \times \cdots \times N_s = G$ 的正规子群，这与 N_i 是 G 的极小正规子群相矛盾. □

另一方面，下面的命题 1.9 和 1.10 说明，任意有限多个同构单群的直积也必为特征单群. 这样，如果我们知道了全部的有限单群，则有限特征单群也就全都知道了.

我们称有限多个 p 阶循环群的直积为初等交换 p 群.

命题 1.9 *初等交换 p 群 G 是特征单群.*

证明 若 $|G| = p^n$, 则 G 同构于 $GF(p)$ 上的 n 维向量空间 V 的加法群. 这时，G 的自同构相当于 V 的满秩线性变换，而 G 的特征子群则对应于 V 的这样的子空间，它在 V 的所有满秩线性变换之下都映到自身. 显然，这样的子空间只能是 V 本身或零空间，于是，G 的特征子群也只能是 G 本身或平凡子群 1, 即 G 是特征单群. □

命题 1.10 *设群 $G = N_1 \times N_2 \times \cdots \times N_s$, 其中 $N_1, N_2, \cdots, N_s$ 是彼此同构的非交换单群，则*

(1) *G 的任一非单位正规子群 K 均有形状*

$$N_{i_1} \times N_{i_2} \times \cdots \times N_{i_t}, \quad 1 \leqslant i_1 < i_2 < \cdots < i_t \leqslant s;$$

(2) *G 是特征单群.*

证明 (1) 设 $g = g_1 g_2 \cdots g_s \in K$, 其中 $g_1 \in N_1, g_2 \in N_2, \cdots, g_s \in N_s$, 并且对某个 j 有 $g_j \neq 1$, 则 g 在 G 中的正规闭包 g^G 必包含 N_j 中的某一非单位元素. 这是因为对任意的 $x \in N_j$, g^G 包含元素

$$g^{-1}g^x = (g_1 g_2 \cdots g_s)^{-1}(g_1 g_2 \cdots g_s)^x = g_j^{-1} g_j^x = [g_j, x].$$

因为 N_j 是非交换单群， $Z(N_j) = 1$, 故至少存在一个 $x \in N_j$ 使 $h_j = [g_j, x] \neq 1$. 再由 N_j 是单群，有 $h_j^{N_j} = N_j$. 于是 $K \geqslant g^G \geqslant N_j$. 概括起来说，即如果 K 中有一元素 g, 使得它在直积分解中的第 j 个分量 $g_j \neq 1$, 则必有 $K \geqslant N_j$. 这就立即推出 K 必有形状 $N_{i_1} \times \cdots \times N_{i_t}$, 其中 N_{i_j} 在分解式中出现的充要条件是 K 中有一元素，它的第 i_j 个分量 $\neq 1$.

(2) 用反证法. 设 G 有一非平凡特征子群 K, 则 K 首先是 G 的正规子群, 于是由 (1), K 是若干个直积因子的乘积. 为简便计, 不妨设

$$K = N_1 \times \cdots \times N_{t-1}, \quad 1 < t \leqslant s.$$

由题设, 假定 α 是 N_1 到 N_t 上的同构, 则容易验证下述映射 β 是 G 的自同构: 若 $g = g_1 g_2 \cdots g_s$, 其中 $g_1 \in N_1$, $g_2 \in N_2, \cdots, g_s \in N_s$, 则规定

$$g^\beta = (g_1 g_2 \cdots g_s)^\beta = g_1^\alpha g_2 \cdots g_{t-1} g_t^{\alpha^{-1}} g_{t+1} \cdots g_s.$$

但因 $K^\beta = N_t N_2 \cdots N_{t-1} \neq K$, 故 K 不是特征子群. 矛盾. □

设 N 是 G 的任一**极小正规子群**, 即 N 是 G 的 $\neq 1$ 的正规子群的集合在包含关系之下的极小元素. 作为定理 1.8 的推论, 我们有

推论 1.11 *有限群 G 的极小正规子群 N 必为同构单群的直积.*

证明 首先, N 必为特征单群. 因若有 $K \operatorname{char} N$, 由 $N \trianglelefteq G$ 及命题 1.6(2) 得 $K \trianglelefteq G$. 再由 N 的极小性得 $K = N$ 或 $K = 1$. 这样, N 是特征单群. 根据定理 1.8, 即得 N 是同构单群的直积. □

§2.2 群在集合上的作用

设 $\Omega = \{\alpha, \beta, \gamma, \cdots\}$ 是一个非空集合, 其元素称做点. S_Ω 表示 Ω 上的对称群. 所谓群 G 在 Ω 上的一个**作用** φ 指的是 G 到 S_Ω 内的一个同态. 即对每个元素 $x \in G$, 对应 Ω 上的一个变换 $\varphi(x) : \alpha \mapsto \alpha^x$, 并且满足

$$(\alpha^x)^y = \alpha^{xy}, \quad x, y \in G, \alpha \in \Omega;$$

如果 $\ker \varphi = 1$, 则称 G **忠实地** 作用在 Ω 上, 这时可把 G 看做 Ω 上的变换群. 而如果 $\ker \varphi = G$, 则称 G **平凡地** 作用在 Ω 上.

设群 G 作用在集合 Ω 上, 则对每个 $\alpha \in \Omega$,

$$G_\alpha = \{x \in G \,|\, \alpha^x = \alpha\}$$

是 G 的子群，叫做点 α 的**稳定子群**. 并且对任意的 $y \in G$, 有 $G_{\alpha^y} = y^{-1}G_\alpha y$.

对于 $\alpha \in \Omega$, 令

$$\alpha^G = \{\alpha^x \mid x \in G\},$$

则 α^G 叫做 G 的包含点 α 的**轨道**. 我们有

定理 2.1 设有限群 G 作用在有限集合 Ω 上， $\alpha \in \Omega$, 则

$$|\alpha^G| = |G : G_\alpha|.$$

特别地，轨道 α^G 的长 $|\alpha^G|$ 是 $|G|$ 的因子.

证明 对任意的 $g \in G$, 规定 $f(g) = \alpha^g$, 则 f 是 G 到 α^G 上的满射. 因为对任意的 $g, h \in G$, 有

$$\begin{aligned} f(g) = f(h) &\Longleftrightarrow \alpha^g = \alpha^h \quad \Longleftrightarrow \alpha^{gh^{-1}} = \alpha \\ &\Longleftrightarrow gh^{-1} \in G_\alpha \Longleftrightarrow G_\alpha g = G_\alpha h. \end{aligned}$$

于是轨道 α^G 中不同点的个数恰为 G_α 在 G 中的右陪集个数，即

$$|\alpha^G| = |G : G_\alpha|.$$ □

这个定理虽然简单，但它是群作用的最基本的结果，必须做到能熟练运用.

下面举几个群作用的例子. 读者应根据定义检验其确为群作用，并应弄清它的稳定子群和轨道.

例 2.2 设 G 是群，取 $\Omega = G$. G 在 Ω 上的作用为 $\varphi(x) : g \mapsto x^{-1}gx, \forall x, g \in G$. 这时作用的核 $\ker\varphi = Z(G)$, 即群 G 的中心，而对于 Ω 中的一点 g, 稳定子群 $G_g = C_G(g)$. 作用的轨道即群 G 的共轭元素类. 由任意二轨道之交为空集得诸共轭元素类互不相交. 这就得到群的**类方程**

$$|G| = \sum_i |C_i|,$$

其中 C_i 跑遍 G 的一切共轭元素类.

例 2.3　设 G 是群，$H \leqslant G$. 取 $\Omega = \{Hg \mid g \in G\}$ 为 H 的全体右陪集的集合. 我们如下规定 G 在 Ω 上的一个作用 P：

$$P(x): Hg \mapsto Hgx, \quad \forall Hg \in \Omega.$$

这时作用 P 的核 $\ker P = \bigcap_{g \in G} g^{-1}Hg$, 即包含在 H 中的 G 的极大正规子群. 这个子群我们叫做 H 在 G 中的**核**, 记做 H_G 或 $\mathrm{Core}_G(H)$. 又，任一点 Hg 的稳定子群 $G_{Hg} = g^{-1}Hg$, 特别地，$G_H = H$. 还应注意，这个作用是传递作用，即 G 在 Ω 上只有一个轨道，即 Ω 本身.

定理 2.4 (Frattini 论断)　设 G 作用在 Ω 上，并且 G 包含一个子群 N, 它在 Ω 上的作用是传递的，则

$$G = G_\alpha N, \quad \forall \alpha \in \Omega.$$

证明　任取 $g \in G$, 并设 $\alpha^g = \beta$. 由 N 在 Ω 上传递，存在 $n \in N$ 使 $\alpha^n = \beta$. 于是 $\alpha^{gn^{-1}} = \alpha$, 即 $gn^{-1} \in G_\alpha$. 由此得

$$g = (gn^{-1})n \in G_\alpha N. \qquad \square$$

下面讲述对有限群十分重要的 Sylow 定理.

我们称一个有限群为 p 群，如果它的阶为素数 p 的方幂. Sylow 定理是关于有限群的极大 p 子群的存在、共轭以及其他性质的定理. 它是有限群的基本定理. 通常我们指的是以下的三个 Sylow 定理：

Sylow 第一定理　设 G 是有限群，p 是素数. 若 $p^n \parallel |G|$, 即 $p^n \mid |G|$, 但 $p^{n+1} \nmid |G|$, 则 G 中必存在 p^n 阶子群，叫做 G 的 Sylow p 子群.

Sylow 第二定理　G 的任意两个 Sylow p 子群皆在 G 中共轭.

Sylow 第三定理　G 中 Sylow p 子群的个数 n_p 是 $|G|$ 的因子，并且 $n_p \equiv 1 \pmod p$.

下面的定理给出了 Sylow 第一和第三定理的证明，而且也证明了任意可能阶的 p 子群的存在性.

定理 2.5 设 p 是素数，群 G 的阶为 $p^a n$, 这里不要求 p 和 n 互素. 以 $n(p^a)$ 表示 G 中 p^a 阶子群的个数，则有 $n(p^a) \equiv 1 \pmod p$. 特别地有 $n(p^a) \geqslant 1$, 即 G 中存在 p^a 阶子群.

证明 设

$$\Omega = \{M \subseteq G \big| |M| = p^a\}$$

是 G 的所有包含 p^a 个元素的子集的集合，显然有 $|\Omega| = \binom{p^a n}{p^a}$. 规定

$$M^g = Mg, \quad M \in \Omega, \ \ g \in G,$$

则 G 作用于集合 Ω 上. 这时 Ω 可表成 G 的诸轨道 T_i 的并. 如果 G 一共有 k 个轨道，则有

$$|\Omega| = \sum_{i=1}^{k} |T_i|.$$

在第 i 个轨道 T_i 中任取一代表元 M_i, 设 N_i 是 M_i 的稳定子群，即 $N_i = \{g \in G \mid M_i g = M_i\}$, 则有 $|T_i| = |G : N_i|$. 下面我们证明

(1) N_i 的阶为 p 的方幂. 由 N_i 的定义可知，子集 M_i 和 N_i 的积 $M_i N_i = M_i$, 故 M_i 为 N_i 的若干个左陪集的并. 于是 $|N_i| \big| |M_i| = p^a$, 即得 $|N_i| = p^b \leqslant p^a$.

(2) 若 $|N_i| < p^a$, 则 $|T_i| \equiv 0 \pmod{pn}$; 而若 $|N_i| = p^a$, 则 $|T_i| = n$. 并且反过来也对. 因此得

$$|\Omega| \equiv \sum_{|T_i|=n} |T_i| \pmod{pn}.$$

(3) G 在 Ω 上的长度为 n 的轨道个数等于 G 中 p^a 阶子群的个数 $n(p^a)$. 设 T_i 是一长为 n 的轨道， M_i 是其中的任一元素. 则 M_i 的稳定子群 N_i 是 p^a 阶子群，并且有 $M_i = m_i N_i$, 对任一 $m_i \in M_i$ 成立. 而且还有

$$\begin{aligned} T_i &= \{M_i g \mid g \in G\} = \{M_i m_i^{-1} g \mid g \in G\} \\ &= \{m_i N_i m_i^{-1} g \mid g \in G\}. \end{aligned}$$

令 $H_i = m_i N_i m_i^{-1}$, 则 H_i 为 G 中 p^a 阶子群，并且有

$$T_i = \{H_i g \mid g \in G\}.$$

这说明，每个长为 n 的轨道都是某个 p^a 阶子群的全体右陪集的集合. 反过来，对任一 p^a 阶子群 H, 它的全体右陪集的集合 $T = \{Hg \mid g \in G\}$ 显然也为 G 在 Ω 上的一个长为 n 的轨道. 这就得到了 G 的长为 n 的轨道和 G 的 p^a 阶子群之间的一个一一对应，由此即得所需之结论.

(4) $|\Omega| \equiv n(p^a) \cdot n \pmod{pn}$: 把 (3) 的结论代入 (2) 中的同余式立得.

(5) $|\Omega| \equiv n \pmod{pn}$: 考虑 $p^a n$ 阶循环群 C, 它只有一个 p^a 阶子群，但它的 p^a 元子集个数和 G 的一样，也是 $|\Omega|$. 因为 (4) 的结论对任意群都成立，应用到循环群 C, 即得结论 (5).

至此可以完成定理的证明. 由 (4) 和 (5) 得到 $n(p^a) \cdot n \equiv n \pmod{pn}$, 应用同余式的简单性质即得 $n(p^a) \equiv 1 \pmod{p}$. □

事实上，在这个定理中，取 p 和 n 互素，即得到了 Sylow 第一定理和 Sylow 第三定理.

下面我们再证明 Sylow 第二定理.

定理 2.6 *设 G 是有限群，P 和 Q 是两个 Sylow p 子群，则必存在 $g \in G$ 使 $Q = P^g$.*

证明 设 $\Omega = \{Pg \mid g \in G\}$ 为 P 的全体右陪集的集合. 我们如下规定 Q 在 Ω 上的一个作用 f：

$$f(x) : Pg \mapsto Pgx, \quad \forall Pg \in \Omega,\ x \in Q.$$

因为 Q 是 p 群, Q 在 Ω 上作用的轨道长皆为 p 的方幂. 又因 P 是 Sylow p 子群，$|\Omega|$ 与 p 互素. 于是至少有一个 Q 在 Ω 上的轨道长度为 1, 不妨设其为 Pg. 这样我们有 $PgQ = Pg$, 由此得到 $g^{-1}PgQ = g^{-1}Pg$, 即 $Q = g^{-1}Pg$. 定理证毕. □

下面列出关于有限群的 Sylow p 子群的几个简单但十分有用的结论. 我们常以 $\mathrm{Syl}_p(G)$ 表示有限群 G 的所有 Sylow p 子群的集合, 于是

$P \in \mathrm{Syl}_p(G)$ 就表示 P 是 G 的 Sylow p 子群. 又令 $n_p(G) = |\mathrm{Syl}_p(G)|$, 即 G 中 Sylow p 子群的个数. 在不致引起混淆的情况下, 常把 $n_p(G)$ 简记做 n_p.

命题 2.7 设 G 是有限群, 则

(1) 若 $P \in \mathrm{Syl}_p(G)$, B 是任一 p 子群, 并满足 $PB = BP$, 则 $B \leqslant P$. 特别地, 若 Q 是 G 的正规 p 子群, 则 Q 含于 G 的任一 Sylow p 子群之中.

(2) G 的所有 Sylow p 子群的交, 记做 $O_p(G)$, 是 G 的极大正规 p 子群, 它包含 G 的每个正规 p 子群, 并且 $O_p(G) \,\mathrm{char}\, G$.

(3) 若 $P \in \mathrm{Syl}_p(G)$, 且 $P \trianglelefteq G$, 则 $n_p(G) = 1$, 并且 P char G. 特别地, P 是 $N_G(P)$ 中唯一的 Sylow p 子群.

(证明作为习题.)

下面讲几个例题, 来看 Sylow 定理的应用.

例 2.8 证明 15 阶群必为循环群.

解 设 G 是 15 阶群. 对于 $p = 5$, 设它的 Sylow 5 子群为 P, 则 $|P| = 5$. 由 Sylow 第三定理, Sylow 5 子群的个数 $n_5(G) \equiv 1 (\mathrm{mod}\ 5)$, 但又有 $n_5(G) \,\big|\, |G| = 15$, 这推出 $n_5(G) = 1$, 即 $P \trianglelefteq G$. 同理, G 的 Sylow 3 子群也正规, 并因此唯一, 设其为 Q. 则由定理 0.33, 有 $G = P \times Q \cong Z_5 \times Z_3 \cong Z_{15}$. (参看习题 4.) □

推广例 2. 8 的结论, 我们有

命题 2.9 设 $q < p$ 是素数. 若 $q \nmid p - 1$, 则 pq 阶群必为循环群.

(证明留给读者.)

以后我们将看到, 如果 $q \mid p - 1$, 则确有非循环的 pq 阶群存在.

命题 2.10 证明 $5 \cdot 7 \cdot 13$ 阶群 G 是循环群.

证明 由 Sylow 第三定理可知 G 的 Sylow 7 子群 P 和 Sylow 13 子群 Q 都是唯一的因而是正规的. 于是 $N = PQ$ 是 G 的 91 阶正规子群. 设 R 是 G 的一个 Sylow 5 子群. 考虑 R 在 N 上的共轭作用. 若该作用不平凡, 则 N 有一个 5 阶自同构. 但 $\mathrm{Aut}(N) \cong \mathrm{Aut}(P) \times \mathrm{Aut}(Q) \cong Z_6 \times Z_{12}$, 它没有 5 阶元. 这说明 R 在 N 上的作用平凡, 即 R 与 N 元素可交换. 于是 $G = N \times R$ 是交换群, 因而也

是循环群. □

下面我们应用群作用来研究有限 p 群的若干初等性质. 首先证明一个重要的定理.

定理 2.11 设 G 是有限群, P 是 G 的 p 子群, 但不是 Sylow p 子群, 则 $P < N_G(P)$.

证明 假定 $P = N_G(P)$, 并设 $P_1 = P, P_2, \cdots, P_n$ 是 P 在 G 中的所有共轭子群, 于是 $n = |G|/|N_G(P)| = |G|/|P| > 1$, 并且是 p 的倍数. 考虑 P 在 $\mathcal{P} = \{P_1, \cdots, P_n\}$ 上的共轭作用. 每个轨道的长度都是 $|P|$ 的因子, 因而是 p 的方幂. 但显然 $\{P\}$ 是一个轨道, 故至少还有一个轨道的长度为 1. 设其为 $\{P_i\}$, 并设 $P_i = x_i^{-1}Px_i$, 于是 $x_i \in N_G(P)$. 又, 显然 $x_i \notin P$, 这就得出 $P < N_G(P)$. □

我们称 M 为群 G 的**极大子群**, 如果 $M < G$, 并且由 $M \leqslant K \leqslant G$ 可推得 $K = M$ 或 $K = G$. M 为群 G 的极大子群记做 $M \lessdot G$.

定理 2.12 设 M 是有限 p 群 G 的极大子群, 则 $|G : M| = p$, 且 $M \trianglelefteq G$.

(证明作为习题.)

对于有限 p 群我们有下面的两个最基本的性质.

定理 2.13 设 G 是有限 p 群, $|G| = p^n > 1$, 则 $Z(G) > 1$.

证明 考虑 G 的共轭类分解

$$G = C_1 \cup C_2 \cup \cdots \cup C_s, \quad C_1 = \{1\},$$

和类方程

$$|G| = 1 + |C_2| + \cdots + |C_s|.$$

因为 $|C_i| = |G : C_G(x_i)|$, 其中 $x_i \in C_i$, 由 $|G| = p^n$ 推知 $|C_i|$ 是 p 的方幂. 又由 $|C_1| = 1$ 推知至少还有某个 $|C_i| = 1$, 于是 $Z(G) > 1$. □

定理 2.14 设 G 是有限 p 群, N 是 G 的 p 阶正规子群, 则 $N \leqslant Z(G)$.

证明 由 N/C 定理,

$$G/C_G(N) = N_G(N)/C_G(N) \lesssim \mathrm{Aut}(N).$$

因 $\mathrm{Aut}(N)$ 是 $p-1$ 阶循环群,而 $|G/C_G(N)|$ 是 p 的方幂,故 $|G/C_G(N)| = 1$, 即 $G = C_G(N)$, $N \leqslant Z(G)$. □

容易证明, p 阶群必为循环群 (用 Lagrange 定理), 因此它只有一种类型. 而对 p^2 阶群, 有下面的

定理 2.15 *p^2 阶群 G 必为交换群, 因此, 它或为 p^2 阶循环群, 或为 p^2 阶初等交换群.*

证明 若 G 中有 p^2 阶元素, 则 G 为 p^2 阶循环群. 若 G 中无 p^2 阶元素, 则它的每个非单位元都是 p 阶元. 根据定理 2.13, $Z(G) > 1$. 取 $a \in Z(G)$, $a \neq 1$, 则 $\langle a \rangle$ 是 $Z(G)$ 中的 p 阶子群. 再取 $b \notin \langle a \rangle$, 则 $G = \langle a, b \rangle$. 由 $a \in Z(G)$, $ab = ba$, 故 G 为交换群. □

§2.3 传递置换表示及其应用

所谓群的置换表示指的是群到置换群中的同态. 如果同态像是传递置换群, 则称为传递置换表示. 例 2.3 给出了有限群 G 的传递置换表示的例子, 即对任一子群 $H \leqslant G$, 取 Ω 为 H 的所有右陪集的集合, 作用 P 取右乘变换. 我们称 P 为 G **在子群 H 上的置换表示**, 并简记成

$$P(g) = \begin{pmatrix} Hx \\ Hxg \end{pmatrix}, \quad g \in G.$$

该表示的核 $\ker P = H_G$, 为子群 H 在 G 中的核. 因此有 $P(G) \cong G/H_G$.

事实上, 从本质上说, 这个置换表示穷尽了所有的传递置换表示. 为了精确地说明这点, 我们需要引进置换群的置换同构的概念. 但这超出了本书的范围. 这里, 我们只讲述这个表示的一些简单的应用. 先看下面的命题.

命题 3.1 (Poincaré 论断) *设 G 为有限群, $H \leqslant G$, $|G:H| = n$, 则 $|G/H_G|$ 是 $(n!, |G|)$ 的因子.*

证明 考虑 G 在 H 上的置换表示 P, 有

$$G/\ker P = G/H_G \cong P(G) \lesssim S_n,$$

其中 "$\lesssim$" 表示左端同构于右端的一个子群. 由此即得所需之结论.

□

读者试证明下面的命题.

命题 3.2 设 G 是有限群, p 是 $|G|$ 的最小素因子. 又设 $H \leqslant G$, 且 $|G:H| = p$, 则 $H \trianglelefteq G$.

证明 由命题 3.1, $|G/H_G| \big| (p!, |G|) = p$. 这就迫使 $H_G = H$, 即 $H \trianglelefteq G$. □

下面引进可解群的概念, 并结合有限群可解性的判定来看群作用、 Sylow 定理和置换表示的应用.

设 G 为任意群, $a, b \in G$. 我们规定

$$[a, b] = a^{-1}b^{-1}ab,$$

叫做元素 a 和 b 的**换位子**. 再令

$$G' = \langle [a, b] \mid a, b \in G \rangle,$$

称为 G 的**换位子群**或**导群**. 易验证:

G' 是 G 的特征子群, 并且若 $N \trianglelefteq G$, 则 G/N 是交换群 $\Longleftrightarrow N \geqslant G'$.

由此, G 是交换群 $\Longleftrightarrow G' = 1$.

我们还可归纳地定义 G 的 n **阶换位子群**:

$$G^{(0)} = G, \quad G^{(n)} = (G^{(n-1)})', \quad n \geqslant 1.$$

定义 3.3 称群 G 为**可解群**, 如果存在正整数 n, 使 $G^{(n)} = 1$.

下面的定理的证明属直接验证, 从略.

定理 3.4 可解群的子群、商群和直积仍为可解群.

命题 3.5 (1) 设 $N \trianglelefteq G$, N 和 G/N 均可解, 则 G 可解;

(2) 设 $M \trianglelefteq G$, $N \trianglelefteq G$, G/M 和 G/N 均可解，则 $G/M \cap N$ 亦可解；

(3) 可解单群必为素数阶循环群.

证明 (1) 由定义立得.

(2) 考虑映射

$$\begin{aligned} G &\to G/M \times G/N, \\ g &\mapsto (gM, gN), \quad g \in G. \end{aligned}$$

这是 G 到 $G/M \times G/N$ 内的同态. 易见其同态核为 $M \cap N$. 由同态基本定理得 $G/M \cap N$ 与可解群 $G/M \times G/N$ 的一个子群同构，故亦为可解群.

(3) 首先，可解单群 G 的导群 $G' < G$, 于是有 $G' = 1$, 即 G 为交换群. 因此， G 的每个子群均为正规子群. 这样由 G 的单性，即得 G 为素数阶循环群. □

定理 3.6 有限 p 群 G 是可解群.

证明 由可解群的定义，只需证明如果 $G \neq 1$, 则 $G > G'$. 取 G 的一个极大子群 M. 由定理 2.12, $M \lhd G$ 且 $|G:M| = p$. 于是商群 G/M 是 p 阶循环群, 当然是交换群. 这推出 $M \geqslant G'$. 于是有 $G > G'$. □

下面再应用 Sylow 定理给出可解性的几个充分条件.

定理 3.7 设 p, q 是素数，则 pq 阶群 G 是可解群.

证明 若 $p = q$, 则 G 是 p 群. 由定理 3.6, G 可解，故可设 $p \neq q$, 并不妨设 $p > q$. 由 Sylow 第三定理， Sylow p 子群的个数 $n_p(G) = 1$. 于是，唯一的 Sylow p 子群 P 是 G 的正规子群，其商群 G/P 是 q 阶群. 因为 P 和 G/P 都是素数阶循环群, 故都是可解群. 由命题 3.5(1) 得 G 可解. □

定理 3.8 设 p, q 是素数，则 p^2q 阶群 G 可解.

证明 若 $p = q$, 则 G 是 p 群，故可解. 若 $p \neq q$, 我们分两种情况： (1) $p > q$; (2) $p < q$.

(1) $p > q$: 由 Sylow 第三定理， Sylow p 子群的个数 $n_p(G) = 1$. 于是，唯一的 Sylow p 子群 P 是 G 的正规子群，其商群 G/P 是 q 阶

群. 因为 P 是交换群 (定理 2.15), 而 G/P 是素数阶循环群, 故都是可解群. 由命题 3.5(1) 得 G 可解.

(2) $p < q$: 如果 Sylow q 子群 Q 正规, 则由 G/Q 是 p^2 阶群, 可解; 又 Q 可解, 得 G 可解.

如果 Sylow q 子群不正规, 则由 Sylow 第三定理, Sylow q 子群的个数 $n_q(G) = p^2$. 因为任两个 q 阶子群交为 1, G 中有 $p^2(q-1)$ 个 q 阶元素. 但 G 至少有一个 Sylow p 子群 P, 它含有 p^2 个元素. 这样 P 的元素加上 $p^2(q-1)$ 个 q 阶元素就已经有 $|G| = p^2q$ 个元素. 由此推出 G 只能有一个 Sylow p 子群 P, 它必为正规子群. 由 P 和 $G/P \cong Z_q$ 均可解, 得 G 可解. □

定理 3.9　*60 阶单群必同构于* A_5.

证明　考虑 60 阶单群 G 的传递置换表示. 由于 G 是单群, 每个置换表示都是忠实的, 因此 G 不能有到 S_n $(n \leqslant 4)$ 中的置换表示. 这说明 G 中不存在指数 $\leqslant 4$ 的子群.

如能证明 G 中存在指数为 5, 即 12 阶的子群 H, 那么 G 在 H 上的传递置换表示即把 G 嵌入到 S_5 中. 而易证 S_5 中只有一个 60 阶子群, 即 A_5, 故得 $G \cong A_5$. 下面证明 G 有 12 阶子群.

根据 Sylow 第三定理, G 中 Sylow 2 子群的个数 $n_2 = 3, 5$ 或 15. 因为 n_2 是 Sylow 2 子群的正规化子的指数, 前面已证 G 中无指数为 3 的子群, 故 n_2 只能为 5 或 15. 若 $n_2 = 5$, 则 G 中已有指数为 5 的子群. 若 $n_2 = 15$, 又假定 G 的任两个 Sylow 2 子群之交均为 1, 则 G 的 2 元素共 (即 G 的阶为 2 的方幂的元素) 有 $1 + 3 \times 15 = 46$ 个. 而由 Sylow 定理, G 的 Sylow 5 子群的个数 $n_5 = 6$, 非单位的 5 元素个数为 $4 \times 6 = 24$. 于是 2 元素与 5 元素总数已超过群阶, 故不可能. 这说明必有 G 的两个 Sylow 2 子群之交为 2 阶群 A. 考虑 A 的中心化子 $C_G(A)$. 它已含有两个 Sylow 2 子群, 故其阶 > 4, 并且是 4 的倍数. 但前面已证 G 中没有指数 $\leqslant 4$ 的子群, 于是推出 $|C_G(A)| = 12$. 证毕. □

例 3.10　*144 阶群* G *不可能为单群*.

证明　因 $144 = 2^4 \cdot 3^2$, 由 Sylow 定理, $n_3(G) = 4$ 或 16. 设

$P \in \mathrm{Syl}_3(G)$. 若 $n_3 = 4$, 则 $|G : N_G(P)| = 4$. 若令 $N_G(P)$ 的核为 C, 考虑 G 在 $N_G(P)$ 上的传递置换表示, 可得 $G/C \lesssim S_4$, 即 C 为 G 的非平凡正规子群, G 非单. 而若 $n_3 = 16$, 再分两种情形: (1) 假定任两个 Sylow 3 子群之交为 1, 则 G 的 3 元素个数为 $16\times(9-1)+1 = 129$. 这推出 G 中 2 元素个数至多为 $144-129+1 = 16$. 但 G 中有 16 阶子群, 即 Sylow 2 子群, 这就说明 Sylow 2 子群必唯一, 它是 G 的非平凡正规子群. (2) 存在两个 Sylow 3 子群, 其交为 $D > 1$. 这时必有 $|D| = 3$. 令 $H = N_G(D)$, 则 H 至少包含 G 的两个 Sylow 3 子群, 即 $n_3(H) > 1$. 但由 Sylow 定理, 有 $n_3(H) \geqslant 4$, $|H| = n_3(H) \cdot |N_H(P)| \geqslant 4 \cdot 3^2$, 于是 $|G : H| \leqslant 4$. 若 $H = G$, 则 $D \trianglelefteq G$, D 是 G 的非平凡正规子群; 而若 $H < G$, 则由命题 3.1, $|G/H_G|\big|4!$, 于是 H_G 是 G 的非平凡正规子群.

□

§2.4 算 子 群

首先我们引进算子群的概念. 回忆一下, 我们用 End(G) 表示群 G 的全体自同态的集合.

定义 4.1 设 G 是群, Ω 是一个集合. 对任一 $\alpha \in \Omega$, 指定一个群 G 的自同态: $g \mapsto g^\alpha$, $\forall g \in G$, 则称 G 为具有算子集 Ω 的**算子群**, 或称 G 为一个 **Ω 群**.

不改变问题的实质, 我们还可改换成另一种说法: 取 Ω 为 End(G) 的任一子集, 则 G 自然是 Ω 群, 记为 (G, Ω).

定义 4.2 (1) 算子群 G 的子群 H 叫做**可容许的** (或 **Ω 子群**), 如果 $H^\alpha \leqslant H$, $\forall \alpha \in \Omega$.

(2) 设 N 是 G 的可容许的正规子群 (或正规 Ω 子群), 则在商群 G/N 中规定

$$(gN)^\alpha = g^\alpha N, \quad g \in G,\ \alpha \in \Omega,$$

可使 G/N 成一 Ω 群, 叫做 G 关于 N 的 Ω **商群**. (请读者自行验证.)

(3) 称 Ω 群 G 为**不可约的**, 如果 G 没有非平凡的正规 Ω 真子群.

定义 4.3 给定两个 Ω 群 G_1, G_2, 称同态映射 ε: $G_1 \to G_2$ 为**算子同态** (或 Ω **同态**), 如果

$$g^{\alpha\varepsilon} = g^{\varepsilon\alpha}, \quad \forall \alpha \in \Omega,\ g \in G_1.$$

如果该映射又是双射, 则称其为**算子同构** (或 Ω 同构).

我们还称一个 Ω 群 G 到自身的 Ω 同态为 G 的 Ω **自同态**. 我们用 $\mathrm{End}_\Omega(G)$ 表示群 G 的全体 Ω 自同态的集合.

容易验证, Ω 群 G 的若干 Ω 子群的交仍为 G 之 Ω 子群; 而由 Ω 子群生成的子群亦为 G 之 Ω 子群.

例 4.4 (1) 若 $\Omega = \varnothing$, 则任一群 G 都是 Ω 群, 而 G 的任一子群 (商群) 也都是 G 的 Ω 子群 (Ω 商群).

(2) 对于任一给定之抽象群 G, 若取 $\Omega = \mathrm{Inn}(G)$ 使 G 为一 Ω 群, 则 G 的 Ω 子群即为通常的正规子群; 而若取 $\Omega = \mathrm{Aut}(G)$, 则 Ω 子群为通常的特征子群. 这样, 子群、正规子群和特征子群的概念都可统一在 Ω 子群之中.

例 4.5 设 F 是域, $V = V(n, F)$ 是 F 上 n 维线性空间, 则对 $f \in F$, 数乘映射 $v \mapsto fv$ ($\forall v \in V$) 是线性空间 V 的加法群 (也用 V 表示) 的自同态. 因此 V 可看成是具有算子集合 F 的算子群, 或称 V 为 F 群. V 的 F 子群即 V 作为线性空间的子空间. 而 V 的 F 商群即 V 作为线性空间的商空间.

例 4.6 设 R 是环, V 是 R 上的 (右) 模, 则对 $a \in R$, 映射 $v \mapsto va$ ($\forall v \in V$) 是模 V 的加法群 (也用 V 表示) 的自同态. 因此 V 可看成是具有算子集合 R 的算子群. V 的 R 子群即 V 作为模的子模. 而 V 的 R 商群即 V 作为模的商模.

注 4.7 对于 Ω 群 G, 在抽象代数 I 课程中讲述的关于抽象群的同态及同构定理对于 Ω 群也同样成立, 只要在其中把群、子群、同态、同构相应换成 Ω 群、Ω 子群、Ω 同态、Ω 同构即可. (请读者自行验证.)

下面, 我们继续讲述 Ω 群的理论. 首先引入对于无限 Ω 群的若

干有限性条件.

定义 4.8 (1) 关于 Ω 子群 (或正规 Ω 子群) 的**升链条件**: 对于由 G 的 Ω 子群 (或正规 Ω 子群) 组成的上升群列 (升链)

$$H_1 \leqslant H_2 \leqslant H_3 \leqslant \cdots,$$

总可找到正整数 k, 使 $H_k = H_{k+1} = \cdots$;

(2) 关于 Ω 子群 (或正规 Ω 子群) 的**降链条件**: 对于由 G 的 Ω 子群 (或正规 Ω 子群) 组成的下降群列 (降链)

$$G_1 \geqslant G_2 \geqslant G_3 \geqslant \cdots,$$

总可找到正整数 k, 使 $G_k = G_{k+1} = \cdots$.

定义 4.9 (1) 关于 Ω 子群 (或正规 Ω 子群) 的**极大条件**: 对于由 G 的 Ω 子群 (或正规 Ω 子群) 组成的任一非空集合 $\mathcal{S}$, 总存在极大元素 $M \in \mathcal{S}$. (即 M 满足: 由 $H \in \mathcal{S}$ 和 $M \leqslant H$ 可推出 $H = M$.)

(2) 关于 Ω 子群 (或正规 Ω 子群) 的**极小条件**: 对于由 G 的 Ω 子群 (或正规 Ω 子群) 组成的任一非空集合 $\mathcal{S}$, 总存在极小元素 $M \in \mathcal{S}$. (即 M 满足: 由 $H \in \mathcal{S}$ 和 $M \geqslant H$ 可推出 $H = M$.)

在习题中我们将证明升链条件和极大条件等价, 而降链条件和极小条件等价. 因此我们在下面只用升链条件和降链条件. 这些条件对于我们在下两节中研究的 Jordan-Hölder 定理和 Krull-Schmidt 定理具有重要的意义. 它们在本节下面要讲述的 Fitting 定理中也要用到.

下面是关于 Ω 群的 Ω 自同态的基本的知识. 我们恒假定 G 是 Ω 群, $\mathrm{End}(G)$ 和 $\mathrm{End}_\Omega(G)$ 分别是 G 的全体自同态和全体 Ω 自同态所组成的集合.

定义 4.10 称 $\mu \in \mathrm{End}(G)$ 为 G 的**正规自同态**, 如果 μ 与 G 的所有内自同构可交换.

命题 4.11 设 μ 是群 G 的正规自同态, 则 $G^\mu \trianglelefteq G$, 并且对任意的 $g \in G$ 有 $g^\mu g^{-1} \in C_G(G^\mu)$.

证明 对任意的 $g, h \in G$, 我们以 $\sigma(g)$ 表由 g 诱导出的 G 的内自

同构, 由 μ 是正规自同态, 便有

$$g^{-1}h^{\mu}g = h^{\mu\sigma(g)} = h^{\sigma(g)\mu} \in G^{\mu},$$

由此即得 $G^{\mu} \trianglelefteq G$. 又因

$$\begin{aligned} g^{\mu}g^{-1} \cdot h^{\mu}(g^{\mu}g^{-1})^{-1} &= g^{\mu}h^{\mu\sigma(g)}(g^{-1})^{\mu} = g^{\mu}h^{\sigma(g)\mu}(g^{-1})^{\mu} \\ &= (gh^{\sigma(g)}g^{-1})^{\mu} = h^{\mu}, \end{aligned}$$

并由 h 的任意性得 $g^{\mu}g^{-1} \in C_G(G^{\mu})$. □

下面考虑 G 的 Ω 自同态. 由定义 4.3, Ω 群 G 的 Ω 自同态就是与 Ω 中每个自同态可交换的自同态. 我们以 1 记 G 到自身的恒等映射, 而以 0 记把 G 的每个元素映到单位元素上的自同态. 显然, 1 和 0 都是 G 的 Ω 自同态.

命题 4.12　设 $\mu \in \mathrm{End}_{\Omega}(G)$, 则 G^{μ} 和 $\ker\mu$ 都是 G 的 Ω 子群. 又若 μ 是正规 Ω 自同构, 则 G^{μ} 和 $\ker\mu$ 都是 G 的正规 Ω 子群.

证明　对于任意的 $\alpha \in \Omega$, 因为

$$(G^{\mu})^{\alpha} = G^{\mu\alpha} = G^{\alpha\mu} \leqslant G^{\mu},$$

故 G^{μ} 是 G 的 Ω 子群. 又对任意的 $x \in \ker\mu$, 有 $x^{\mu} = 1$. 于是

$$(x^{\alpha})^{\mu} = x^{\alpha\mu} = x^{\mu\alpha} = 1^{\alpha} = 1,$$

即 $x^{\alpha} \in \ker\mu$. 这说明 $\ker\mu$ 是 G 的 Ω 子群. $\ker\mu$ 作为 μ 的核, 当然是 G 的正规子群. 最后, 若 μ 是正规自同态, 由命题 4.11, $G^{\mu} \trianglelefteq G$. 定理得证. □

关于正规 Ω 自同态最重要的结果是下面的两个定理.

定理 4.13 (Schur)　设 G 是不可约 Ω 群, μ 是 G 的正规 Ω 自同态. 若 $\mu \neq 0$, 则 μ 是 G 的 Ω 自同构, 并且 μ^{-1} 亦然.

证明　因为 μ 是 G 的正规 Ω 自同态, 由命题 4.12, G^{μ} 是 G 的正规 Ω 子群. 再由 G 的不可约性及 $\mu \neq 0$ 得 $G^{\mu} = G$. 另一方面, $\ker\mu$ 也是 G 的正规 Ω 子群, 再由 $\mu \neq 0$ 得 $\ker\mu \neq G$, 于是 $\ker\mu = 1$. 这样 μ 是 G 到自身上的一一映射, 即 μ 是 G 的自同构.

因为 μ 是 G 的自同构, 当然 μ^{-1} 亦然. 为完成证明, 还要证 μ^{-1}

是正规 Ω 自同态, 即 μ^{-1} 与每个 $\alpha \in \Omega$ 以及每个内自同构 $\sigma(g)$ 可交换. 这只需在等式

$$\mu\alpha = \alpha\mu$$

及

$$\mu\sigma(g) = \sigma(g)\mu$$

的两端同时左乘并右乘 μ^{-1} 即可得到

$$\alpha\mu^{-1} = \mu^{-1}\alpha$$

及

$$\sigma(g)\mu^{-1} = \mu^{-1}\sigma(g),$$

定理得证. □

定理 4.14 (Fitting 定理) 设 G 是 Ω 群, 满足关于正规 Ω 子群的两个链条件. 如果 μ 是正规 Ω 自同态, 则对充分大的正整数 k 有

$$G = G^{\mu^k} \times \ker \mu^k.$$

证明 容易看出, 对任意正整数 m, μ^m 也是 G 的正规 Ω 自同态. 于是可考虑正规 Ω 群列

$$G \geqslant G^{\mu} \geqslant G^{\mu^2} \geqslant \cdots,$$

根据降链条件, 存在正整数 m, 使

$$G^{\mu^m} = G^{\mu^{m+1}} = \cdots.$$

再考虑正规 Ω 群列

$$1 \leqslant \ker \mu \leqslant \ker \mu^2 \leqslant \cdots,$$

根据升链条件, 存在正整数 n, 使

$$\ker \mu^n = \ker \mu^{n+1} = \cdots.$$

取 $k=\max(m,n)$, 则有

$$\ker\,\mu^k=\ker\,\mu^{k+1}=\cdots$$

和

$$G^{\mu^k}=G^{\mu^{k+1}}=\cdots.$$

我们证明这时必有 $G=G^{\mu^k}\times\ker\,\mu^k$.

首先, G^{μ^k} 和 $\ker\,\mu^k$ 都是 G 的正规 Ω 子群. 为完成证明还只需证 $G^{\mu^k}\cap\ker\,\mu^k=1$ 和 $G=G^{\mu^k}\cdot\ker\,\mu^k$. 设 $g\in G^{\mu^k}\cap\ker\,\mu^k$, 则有 $g^{\mu^k}=1$, 并且存在 $h\in G$ 使 $h^{\mu^k}=g$. 于是 $h^{\mu^{2k}}=1$. 这样 $h\in\ker\,\mu^{2k}=\ker\,\mu^k$, 由此又得 $h^{\mu^k}=1$, 即 $g=1$. 这证明了 $G^{\mu^k}\cap\ker\,\mu^k=1$. 再设 $g\in G$, 则 $g^{\mu^k}\in G^{\mu^k}=G^{\mu^{2k}}$. 于是存在 $h\in G$ 使 $g^{\mu^k}=h^{\mu^{2k}}=(h^{\mu^k})^{\mu^k}$. 这时有 $g=(gh^{-\mu^k})^{\mu^k}\in\ker\,\mu^k$. 这证明了 $G=G^{\mu^k}\cdot\ker\,\mu^k$, 定理得证. □

§2.5 Jordan-Hölder 定理

代数的基本问题之一是代数系的分类问题, 群论也不例外. A. Cayley 在给出了抽象群的公理化定义以后, 于 1878 年明确地提出了对于一般的 n 阶有限群的同构分类问题. 和在抽象代数 I 中学过的循环群以及交换群分类的情形迥然不同, 人们发现一般群以至于一般有限群的分类问题都是惊人的复杂和困难. 我们将在以后再对这个问题作一简单介绍. 作为研究这一问题的基础, 我们在本节和下节中首先研究两个具有基本意义的群的构造定理, 即 Jordan-Hölder 定理和直积分解定理. 而在本节中则先讲述 Jordan-Hölder 定理.

在开始抽象的讲述和颇为枯燥的逻辑推导之前, 我们先来介绍一下 Jordan-Hölder 定理的基本想法.

设 G 是群. 若 G 有非平凡正规子群 N, 则可做商群 G/N. 从某种意义上来说, 我们可把 G 看成是由两个较小的群 N 和 G/N 合成的. (若用群论的术语, G 是 N 被 G/N 的扩张.) 假若 N 或 G/N 还有非平凡正规子群，这种“分解”还可以继续下去．在一定条件下，这个过程可以进行到底，即我们可以找到 G 的一个有限长的子群列

$$G = G_0 > G_1 > G_2 > \cdots > G_{r-1} > G_r = 1,$$

其中 $G_i \trianglelefteq G_{i-1}$ $(i = 1, \cdots, r)$, 并且商群 G_{i-1}/G_i 都没有非平凡正规子群，也就是说都是单群．因此我们可以认为，G 是由诸单群 G_{i-1}/G_i $(i = 1, \cdots, r)$ 合成的． Hölder 就把这样的群列叫做群 G 的**合成群列**，而把诸单群 G_{i-1}/G_i 叫做 G 的**合成因子**.

这时自然产生一个问题：群 G 的合成群列是否唯一？如果不唯一，又有哪些东西能被群 G 所唯一决定？ Jordan-Hölder 定理就回答了这个问题．它告诉我们，如果群 G 存在合成群列，则它们的长度是唯一确定的，并且 (从同构的意义上来说) 诸合成因子，若不计次序，也被群 G 所唯一决定．这很类似于正整数的素因子分解唯一性定理，即算术基本定理 (只要我们把群类比正整数，单群类比素数，合成群列类比正整数的一个素因子分解式)．我们知道，算术基本定理对算术来说具有基本的意义，因此可以想见 Jordan-Hölder 定理对群论的重要意义.

类似于合成群列，我们还可定义群 G 的**主群列**

$$G = H_0 > H_1 > H_2 > \cdots > H_{s-1} > H_s = 1,$$

它满足：每个子群 H_i 都是 G 的正规子群 (不仅是 H_{i-1} 的正规子群)，而在 H_{i-1} 和 H_i 之间不能再插入 G 的另一正规子群，亦即对 $i = 1, \cdots, s$, H_{i-1}/H_i 是 G/H_i 的极小正规子群．对于主群列，我们仍可提出上述对合成群列提出的唯一性问题， Jordan-Hölder 定理对它给出了类似合成群列的肯定的回答.

为了给合成群列和主群列一个统一的处理，并得出更广的结论，我们应用 §2.4 中引进的算子群的概念，假定考虑的所有群都是 Ω 群，而 Ω 是任一算子集合.

定义 5.1 设 G 是 Ω 群．称群列

$$G = G_0 \geqslant G_1 \geqslant G_2 \geqslant \cdots \geqslant G_r = 1 \tag{5.1}$$

为 G 的一个**次正规 Ω 群列**, 如果对于 $i=1,2,\cdots,r$, G_i 是 G 的 Ω 子群，且 $G_i \trianglelefteq G_{i-1}$.

我们又称 G 的次正规 Ω 群列 (5.1) 为 G 的一个**合成 Ω 群列**, 如果对于 $i=1,2,\cdots,r$, G_i 是 G_{i-1} 的真子群，并且 G_{i-1}/G_i 是不可约 Ω 群.

若取 $\Omega=\varnothing$, 上述定义就给出了抽象群的次正规群列和合成群列的概念. 而若取 $\Omega=\mathrm{Inn}(G)$, 则称 Ω 群 G 的次正规 Ω 群列为抽象群 G 的**正规群列**, 而称 Ω 群 G 的合成 Ω 群列为抽象群 G 的**主群列**, 这与本章开头时给出的主群列定义是一致的. 明显地，对于主群列，每个主因子 G_{i-1}/G_i 都是特征单群.

引理 5.2 (Zassenhaus)　*设 $H_1 \trianglelefteq H \leqslant G$, $K_1 \trianglelefteq K \leqslant G$, 则有*

$$H_1(H\cap K)/H_1(H\cap K_1) \cong K_1(H\cap K)/K_1(H_1\cap K).$$

如果上式中出现的群均为 Ω 群，则上述同构可为 Ω 同构.

证明　由 $K_1 \trianglelefteq K$, 有 $H\cap K_1 \trianglelefteq H\cap K$, 又有

$$H_1(H\cap K_1) \trianglelefteq H_1(H\cap K).$$

据第二同构定理，有

$$\begin{aligned}&H_1(H\cap K)/H_1(H\cap K_1)\\&\quad=H_1(H\cap K_1)(H\cap K)/H_1(H\cap K_1)\\&\quad\cong(H\cap K)/(H_1(H\cap K_1))\cap(H\cap K).\end{aligned}$$

因 $H\cap K_1 \leqslant H\cap K$, 有

$$\begin{aligned}H_1(H\cap K_1)\cap(H\cap K)&=(H\cap K_1)(H_1\cap(H\cap K))\\&=(H\cap K_1)(H_1\cap K).\end{aligned}$$

代入上式得

$$H_1(H\cap K)/H_1(H\cap K_1)\cong(H\cap K)/(H\cap K_1)(H_1\cap K).$$

同理

$$K_1(H\cap K)/K_1(H_1\cap K)\cong (H\cap K)/(H_1\cap K)(H\cap K_1),$$

故得结论.

又因同态定理及第一、第二同构定理对 Ω 群都成立，故此引理对 Ω 群亦成立. □

定理 5.3 (Schreier 加细定理) 设

$$G=G_0\geqslant G_1\geqslant\cdots\geqslant G_r=1$$

和

$$G=H_0\geqslant H_1\geqslant\cdots\geqslant H_s=1$$

是 Ω 群 G 的两个有限长的次正规 Ω 群列. 令

$$G_{ij}=G_i(G_{i-1}\cap H_j),\quad H_{ij}=H_j(G_i\cap H_{j-1}).$$

则在上述两个群列中插入

$$G_{i-1}=G_{i0}\geqslant G_{i1}\geqslant\cdots\geqslant G_{is}=G_i,\quad i=1,\cdots,r$$

和

$$H_{j-1}=H_{0j}\geqslant H_{1j}\geqslant\cdots\geqslant H_{rj}=H_j,\quad j=1,\cdots,s,$$

得到的加细了的两个群列仍为 G 的次正规 Ω 群列，并且

$$G_{i,j-1}/G_{ij}\cong H_{i-1,j}/H_{ij},\quad \forall\, i,j.$$

简言之，即：任两个次正规 Ω 群列都有同构的加细.

证明 显然，G_{ij} 和 H_{ij} 均为 G 的 Ω 子群. 因为 $H_j\trianglelefteq H_{j-1}$, 有

$$G_{i-1}\cap H_j\trianglelefteq G_{i-1}\cap H_{j-1},$$

因此

$$G_{ij}=G_i(G_{i-1}\cap H_j)\trianglelefteq G_i(G_{i-1}\cap H_{j-1})=G_{i,j-1}.$$

同理有 $H_{ij} \trianglelefteq H_{i-1,j}$. 于是上面作出的群列确为 G 的次正规 Ω 群列. 现在据引理 5.2,

$$\begin{aligned} G_{i,j-1}/G_{ij} &= G_i(G_{i-1} \cap H_{j-1})/G_i(G_{i-1} \cap H_j) \\ &\cong H_j(G_{i-1} \cap H_{j-1})/H_j(G_i \cap H_{j-1}) \\ &\cong H_{i-1,j}/H_{ij}. \end{aligned}$$

定理得证. □

定理 5.4 (Jordan-Hölder 定理) 设

$$G = G_0 > G_1 > \cdots > G_r = 1$$

和

$$G = H_0 > H_1 > \cdots > H_s = 1$$

是 Ω 群 G 的两个合成 Ω 群列, 则必有 $r = s$, 并且商群 G_i/G_{i+1} 和 H_j/H_{j+1} 适当编序后是同构的不可约 Ω 群. 称它们为 G 的 Ω**合成因子**.

证明 和上一定理相同, 作这两个群列的加细, 即插入子群 G_{ij} 和 H_{ij}. 由于原群列已是合成 Ω 群列, 故此加细实际上只是增添一些重复项而已. 据上一定理, 加细后的两个群列是同构的. 由此推知去掉重复项后仍然同构, 即得所需之结论. □

令 $\Omega = \varnothing$ 和 $\mathrm{Inn}(G)$, 由上一定理即得到关于抽象群的合成群列和主群列的相应定理.

下面研究合成 Ω 群列的存在性. 对于有限群来说, 它当然存在. 而对于无限 Ω 群 G 来说, 合成 Ω 群列的存在是有条件的. 即我们有下面的定理.

定理 5.5 Ω 群 G 存在合成 Ω 群列充分必要条件是 G 满足关于 Ω 子群的次正规 Ω 群列的升链条件和降链条件. 更精确地, 即

(1) 关于 Ω 子群的次正规 Ω 群列的**升链条件**: 对于由 G 的 Ω 子群组成的上升群列

$$H_1 \leqslant H_2 \leqslant H_3 \leqslant \cdots,$$

若对每个 i, 有 $H_{i+1} \trianglelefteq H_i$, 则可找到正整数 k, 使

$$H_k = H_{k+1} = \cdots.$$

(2) 关于 Ω 子群的次正规 Ω 群列的**降链条件**: 对于由 G 的 Ω 子群组成的下降群列

$$G_1 \geqslant G_2 \geqslant G_3 \geqslant \cdots,$$

若对每个 i, 有 $G_i \trianglelefteq G_{i+1}$, 则可找到正整数 k, 使

$$G_k = G_{k+1} = \cdots.$$

证明 充分性 首先我们证明若 $H \neq 1$ 是 G 的次正规 Ω 群列的一项, 则 H 存在一个极大的正规 Ω 子群. 这因为若 1 不是 H 的极大的正规 Ω 子群, 则存在 H 的正规 Ω 子群 H_1 使得 $1 < H_1 < H$. 若 H_1 也不是 H 的极大的正规 Ω 子群, 则可找到 H 的正规 Ω 子群 H_2 使得 $H_1 < H_2 < H$. 如果 H_2 还不是, 我们可找到 H_3, 满足 $H_2 < H_3 < H$. 一般地, 我们可找到一个升链

$$1 < H_1 < H_2 < H_3 < \cdots < H.$$

由 G 关于 Ω 子群的次正规 Ω 群列的升链条件, 上链必在有限步终止, 即 H 存在极大的正规 Ω 子群.

下面我们对 G 应用上述结果, 则 G 存在极大的正规 Ω 子群 G_1. 若 $G_1 \neq 1$, 则 G_1 存在极大的正规 Ω 子群 G_2. 这样继续下去, 我们得到一个降链

$$G > G_1 > G_2 > \cdots,$$

其中对每个 i 有 G_{i+1} 是 G_i 的正规 Ω 子群. 由 G 关于 Ω 子群的次正规 Ω 群列的降链条件, 上链必在有限步终止, 而且一定终止到单位子群 1. 这就证明了合成 Ω 群列的存在性.

必要性 假定 G 存在合成 Ω 群列

$$G = G_0 > G_1 > G_2 > \cdots > G_s = 1.$$

我们要证明 G 满足关于 Ω 子群的次正规 Ω 群列的升链条件和降链条件. 如若不然, 则 G 必有一个长度大于 s 的次正规 Ω 群列

$$G > H_1 > H_2 > \cdots > H_s > 1.$$

把它加细成 G 的合成群列, 其长度 $> s$, 与 Jordan-Hölder 定理相矛盾. □

有了 Jordan-Hölder 定理, 我们可以给有限可解群一个新的刻画. 这在以后经常要用到.

定理 5.6 设 G 为有限群, 则下述两条均为 G 可解之充要条件:

(1) G 的合成因子皆为素数阶循环群;

(2) G 的主因子皆为素数幂阶的初等交换群.

证明 (1) 充分性 取 G 的一个合成群列

$$G = G_0 > G_1 > \cdots > G_r = 1,$$

其中 G_{i-1}/G_i 是素数阶循环群, $i = 1, \cdots, r$. 这时可用归纳法证明对任意的 i 都有 $G^{(i)} \leqslant G_i$, 于是 $G^{(r)} = 1$, G 可解.

必要性 由 G 可解, 知每个合成因子 G_{i-1}/G_i 亦可解. 又由合成因子必为单群, 故必为素数阶循环群.

(2) 由 (1) 及推论 1.11 立得. □

本节的以下部分将介绍次正规子群的概念.

定义 5.7 设 G 是群, $H \leqslant G$, 称 H 为 G 的**次正规子群**, 并记做 $H \lhd\lhd G$, 如果 H 在 G 的某个次正规群列中出现.

显然, G 的正规子群都是次正规子群. 但由子群的正规性没有传递性, 即由 $K \trianglelefteq H$ 和 $H \trianglelefteq G$ 一般不能推出 $K \trianglelefteq G$, G 的次正规子群不一定都是正规子群.

定理 5.8 设 G 是群, $H \lhd\lhd G$, $K \lhd\lhd G$, 则 $H \cap K \lhd\lhd G$.

证明 因为 $H \lhd\lhd G$, $K \lhd\lhd G$, 可设 G 有次正规群列

$$G = H_0 \geqslant H_1 \geqslant \cdots \geqslant H_r = H \geqslant \cdots \geqslant 1$$

和

$$G = K_0 \geqslant K_1 \geqslant \cdots \geqslant K_s = K \geqslant \cdots \geqslant 1.$$

由 $H_i \trianglelefteq H_{i-1}$ $(i = 1, \cdots, r)$, 有 $K \cap H_i \trianglelefteq K \cap H_{i-1}$. 于是 K 有次正规群列

$$K = K \cap H_0 \geqslant K \cap H_1 \geqslant \cdots \geqslant K \cap H_r = K \cap H \geqslant \cdots \geqslant 1.$$

这得到 $K \cap H \lhd\lhd K$. 又, 显然次正规性具有传递性, 故由 $K \lhd\lhd G$ 和 $K \cap H \lhd\lhd K$ 可得 $K \cap H \lhd\lhd G$. □

下面我们不加证明地叙述

定理 5.9 设 G 是有限群, $H \lhd\lhd G$, $K \lhd\lhd G$, 则 $\langle H, K\rangle \lhd\lhd G$.

但有例子说明, 定理 5.9 对于无限群来说是不成立的.

§2.6 直积分解

本节来研究 Ω 群的直积分解, 主要目的是对具有关于正规 Ω 子群的两个链条件的 Ω 群证明 Krull-Schmidt 直积分解唯一性定理 (定理 6.9). 它在群表示论中有重要的应用.

定义 6.1 称 Ω 群 G 为**不可分解的**, 如果 G 不能表成两个非平凡 Ω 子群的直积.

我们首先证明下面的定理.

定理 6.2 设 G 是有限 Ω 群. 如果 G 具有关于正规 Ω 子群的降链条件, 则 G 可分解为有限个不可分解的 Ω 子群的直积.

证明 首先注意 G 的直因子 (直积分解式的因子) 是 G 的正规子群, 而 G 的直因子的直因子也是 G 的正规子群.

现在设 G 具有关于正规 Ω 子群的降链条件, 来证明 G 可分解为有限个不可分解的 Ω 子群的直积. 如果 G 是不可分解的, 结论当然成立. 若 G 可分解, 我们先来证明 G 有一不可分解的直因子. 首先, 我们有 $G = G_1 \times G_2$, 其中 G_1, G_2 是 G 的非平凡正规 Ω 子群. 如果 G_1 不可分解, 则结论成立; 如果 G_1 仍可分解, $G_1 = G_{11} \times G_{12}$

是 G_1 的非平凡 Ω 子群的直积分解式, 我们再来考查 G_{11}. 如果 G_{11} 还是可分解的, 继续做下去, 我们得到一个 G 的正规 Ω 子群的降链

$$G > G_1 > G_{11} > G_{111} > \cdots.$$

由降链条件, 它必在有限步终止, 譬如终止于 H_1, 则 H_1 是不可分解的. 这就证明了 G 至少存在一个不可分解的直因子.

现在设 $G = H_1 \times H_1^*$ 是 G 的非平凡 Ω 子群的直积分解式, 其中 H_1 是不可分解的. 如果 H_1^* 也是不可分解的, 结论成立. 若否, 则可设 $H_1^* = H_{11} \times H_{11}^*$, 其中 H_{11} 是不可分解的. 如果 H_{11}^* 还是可分解的, 有 $H_{11}^* = H_{111} \times H_{111}^*$, 其中 H_{111} 是不可分解的. 这样继续下去, 注意到 G 的直因子的直因子还是 G 的正规子群, 我们得到一个 G 关于正规 Ω 子群的降链

$$G > H_1^* > H_{11}^* > H_{111}^* > \cdots.$$

由降链条件, 它必在有限步终止, 譬如终止于不可分解的子群 H^*. 这就得到了 G 分解为有限个不可分解的 Ω 子群的直积式

$$G = H_1 \times H_{11} \times H_{111} \times \cdots \times H^*.$$

定理证毕. □

下面来研究分解的唯一性问题. 首先证明不可分解群下面的重要性质.

命题 6.3 设 G 是不可分解 Ω 群, 满足关于正规 Ω 子群的两个链条件. 若 μ 是 G 的正规 Ω 自同态, 则或者 μ 为自同构, 或者 $\mu^k = 0$, 对某正整数 k 成立.

证明 由 Fitting 定理 (定理 4.14), 对某正整数 k 有

$$G = G^{\mu^k} \times \ker \mu^k.$$

因为 G 不可分解, 或者 $G^{\mu^k} = 1$, 或者 $\ker \mu^k = 1$. 这就推出或者 $\mu^k = 0$, 或者 $\ker \mu \leqslant \ker \mu^k = 1$, 如果后者出现, 则有 $G^{\mu^k} = G$, 于是有 $G^\mu = G$, 即 μ 是自同构. □

定义 6.4 设 G 为群， $\mu,\nu\in \mathrm{End}(G)$. 称 μ,ν 为**可加的**, 并记 $\mu+\nu=\varepsilon$, 如果如下定义的映射 ε 仍为 G 之自同态:

$$\varepsilon: g\mapsto g^\mu g^\nu,\ \ \forall g\in G.$$

命题 6.5 设 $\mu,\nu\in \mathrm{End}(G)$, 则 μ,ν 可加的充要条件为 G^μ 与 G^ν 元素间可交换.

证明 根据 μ,ν 可加的定义,

$$\begin{aligned}\mu,\nu\text{可加} &\iff \varepsilon=\mu+\nu\ \text{是}\ G\ \text{的自同态}\\ &\iff (gh)^{\mu+\nu}=g^{\mu+\nu}h^{\mu+\nu},\ \ \forall g,h\in G\\ &\iff (gh)^\mu(gh)^\nu=g^\mu g^\nu h^\mu h^\nu,\ \ \forall g,h\in G\\ &\iff h^\mu g^\nu=g^\nu h^\mu,\ \ \forall g,h\in G.\end{aligned}$$

□

容易验证，若 G 为 Ω 群， $\mu,\nu\in\mathrm{End}_\Omega(G)$, 且 μ,ν 可加，则 $\mu+\nu\in\mathrm{End}_\Omega(G)$. 又若 μ,ν 为正规 Ω 自同态，则 $\mu+\nu$ 亦为正规 Ω 自同态.

命题 6.6 设 G 是不可分解的 Ω 群，满足关于正规 Ω 子群的两个链条件. 若 μ,ν 是 G 的可加的正规 Ω 自同态，且 $\varepsilon=\mu+\nu$ 是 G 的自同构，则 μ,ν 中至少有一个是 G 的自同构.

证明 令 $\mu'=\mu\varepsilon^{-1},\nu'=\nu\varepsilon^{-1}$. 因为 μ,ν 可加，由命题 6.5 有

$$h^\mu g^\nu=g^\nu h^\mu,\ \ \forall g,h\in G.$$

用 ε^{-1} 作用于上式两端，得到

$$h^{\mu'}g^{\nu'}=g^{\nu'}h^{\mu'},\ \ \forall g,h\in G,$$

即 μ',ν' 亦可加. 并且容易验证 μ',ν' 仍为 G 的正规 Ω 自同态，且满足 $\mu'+\nu'=1$. 于是有

$$\mu'\nu'=\mu'(1-\mu')=(1-\mu')\mu'=\nu'\mu',$$

其中映射 $1-\mu'$ 规定为

$$g^{1-\mu'} = g(g^{-1})^{\mu'} = g(g^{\mu'})^{-1}, \ \forall g \in G.$$

假定 μ', ν' 都不是 G 的自同构, 由命题 6.3, 对充分大的正整数 k 有 $\mu'^k = 0, \nu'^k = 0$. 于是

$$1 = (\mu' + \nu')^{2k} = \sum_{j=0}^{2k} \binom{2k}{j} \mu'^{2k-j} \nu'^j = 0,$$

矛盾. 故 μ', ν' 中至少有一个, 譬如 μ' 是自同构, 于是 $\mu = \mu'\varepsilon$ 也是 G 的自同构. □

应用归纳法易得到

命题 6.6′ 设 G 是不可分解 Ω 群, 满足关于正规 Ω 子群的两个链条件. 若 $\mu_1, \mu_2, \cdots, \mu_s$ 是 G 的两两可加的正规 Ω 自同态, 且 $\varepsilon = \mu_1 + \mu_2 + \cdots + \mu_s$ 是 G 的自同构, 则存在一个 μ_i $(1 \leqslant i \leqslant s)$ 是 G 的自同构.

(证明从略.)

下面考虑有限 Ω 群的直积分解. 我们先证明

引理 6.7 设 G 是 Ω 群, $G_1, \cdots, G_n$ 是 G 的 Ω 子群, 并且 $G = G_1 \times \cdots \times G_n$. 对于每个 $i = 1, 2, \cdots, n$, 如下定义 G 的射影 π_i: 若 $g = g_1 \cdots g_n$, 其中 $g_1 \in G_1, \cdots, g_n \in G_n$, 则规定 $g^{\pi_i} = g_i$. 我们有 $\pi_i \in \mathrm{End}_\Omega(G)$ $(i = 1, \cdots, n)$ 是 G 的两两可加的正规 Ω 自同态, 并且成立

$$\pi_1 + \cdots + \pi_n = 1;$$

$$\pi_i^2 = \pi_i, \ \ i = 1, \cdots, n;$$

$$\pi_i \pi_j = 0, \ \ i, j = 1, \cdots, n, \text{ 且 } i \neq j.$$

证明 设 $g = g_1 \cdots g_n, h = h_1 \cdots h_n$, 其中 $g_i, h_i \in G_i$, $i = 1, \cdots, n$. 则

$$gh = g_1 \cdots g_n h_1 \cdots h_n = g_1 h_1 \cdots g_n h_n.$$

所以

$$(gh)^{\pi_i} = g_i h_i = g^{\pi_i} h^{\pi_i},$$

即 π_i 是自同态. 又设 $\alpha \in \Omega$, 因 $G_i^\alpha \leqslant G_i$, 有

$$G^{\alpha\pi_i} = (G^\alpha)^{\pi_i} = (G_1^\alpha \cdots G_n^\alpha)^{\pi_i} = G_i^\alpha = G^{\pi_i \alpha},$$

故 $\pi_i \in \mathrm{End}_\Omega(G)$.

又因对 $i \neq j$, $G^{\pi_i} = G_i$ 和 $G^{\pi_j} = G_j$ 元素之间可交换, 由命题 6.5 得 π_i, π_j 可加.

最后, 等式 $\pi_1 + \cdots + \pi_n = 1$, $\pi_i^2 = \pi_i$, $\pi_i \pi_j = 0 (i \neq j)$ 属直接验证, 显然成立. 引理得证. □

因为在直积分解式中出现的子群皆为正规子群, 故可假定 Ω 包含 G 的全部内自同构. 这样 Ω 子群就都是正规子群, Ω 自同态也都是正规自同态. 这可使叙述得到简化. 因此在本节的以下部分, 我们恒作这样的假定.

引理 6.8 设 G, H 是 Ω 群. 如果 π 是 G 到 H 的 Ω 同态, μ 是 H 到 G 的 Ω 同态, 且 $\pi\mu$ 是 G 的自同构, 则 $H = G^\pi \times \ker \mu$.

证明 首先, G^π 和 $\ker \mu$ 都是 H 的 Ω 子群; 且因为我们假定 Ω 包含 H 的全体内自同构, 它们也都是 H 的正规子群. 因此为完成证明只需证 $G^\pi \cap \ker \mu = 1$ 和 $H = G^\pi \cdot \ker \mu$.

设 $h \in G^\pi \cap \ker \mu$. 则对某个 $g \in G$, 有 $h = g^\pi$, 同时又有 $h^\mu = g^{\pi\mu} = 1$. 因为 $\pi\mu$ 是 G 的自同构, 得 $g = 1$, 于是 $h = 1$. 这证明了 $G^\pi \cap \ker \mu = 1$.

又对任一 $h \in H$, 有 $h^\mu \in G$. 因 $\pi\mu$ 是 G 的自同构, 存在 $g \in G$ 使 $g^{\pi\mu} = h^\mu$, 故 $(hg^{-\pi})^\mu = 1$, 即 $hg^{-\pi} \in \ker \mu$. 于是由

$$h = hg^{-\pi} \cdot g^\pi \in \ker \mu \cdot G^\pi,$$

得 $H = G^\pi \cdot \ker \mu$. 至此已得 $H = G^\pi \times \ker \mu$. □

定理 6.9 (Krull-Schmidt 直积分解定理) 设 G 是 Ω 群, 具有关于正规 Ω 子群的两个链条件. 则 G 可分解为有限个不可分解的 Ω 子群的直积

$$G = G_1 \times \cdots \times G_r.$$

又若 $G = H_1 \times \cdots \times H_s$ 也是 G 的不可分解 Ω 子群的直积分解式，则有 $r = s$, 并且对诸 H_i 适当编序后有 Ω 同构 $G_i \cong H_i, i = 1, \cdots, r$.

证明 可分解的部分在定理 6.2 中已证，故只需证唯一性. 对 r 用归纳法. 当 $r = 1$, 这时 G 不可分解，结论显然成立. 下面设 $r > 1$. 假定 $\pi_1, \cdots, \pi_r$ 和 $\mu_1, \cdots, \mu_s$ 是对应于两个分解式的射影，有

$$1 = \pi_1 + \cdots + \pi_r = \mu_1 + \cdots + \mu_s;$$
$$\pi_i^2 = \pi,\ \mu_i^2 = \mu;\ \ \pi_i\pi_j = \mu_i\mu_j = 0,\ \ i \neq j.$$

由此推出

$$\pi_1 = (\mu_1 + \cdots + \mu_s)\pi_1 = \mu_1\pi_1 + \cdots + \mu_s\pi_1.$$

把上述映射限制在 G_1 上, 因 π_1 是 G_1 的自同构, 由命题 6.6′, $\mu_1\pi_1, \cdots, \mu_s\pi_1$ 中至少有一个是 G_1 的自同构. 不妨设 $\mu_1\pi_1$ 是 G_1 的自同构. 考虑映射

$$G_1 \xrightarrow{\mu_1} H_1 \xrightarrow{\pi_1} G_1,$$

由引理 6.8, $H_1 = G_1^{\mu_1} \times \ker \pi_1$. 又因 μ_1 必为单射， π_1 为满射，有 $G_1^{\mu_1} \neq 1, \ker \pi_1 \neq H_1$. 据 H_1 的不可分解性，得 $G_1^{\mu_1} = H_1, \ker \pi_1 = 1$. 这样 μ_1 是 G_1 到 H_1 的 Ω 同构， π_1 是 H_1 到 G_1 的 Ω 同构.

现在我们再证明 $\overline{G} = H_1(G_2 \times \cdots \times G_r)$ 也是直积，这只要证单位元素 1 的表法唯一. 令

$$1 = h_1 g_2 \cdots g_r,\ \ h_1 \in H_1,\ \ g_2 \in G_2, \cdots, g_r \in G_r,$$

以 π_1 作用在上式两端得 $h_1^{\pi_1} = 1$. 因 π_1 是 H_1 到 G_1 的同构，故得 $h_1 = 1$. 于是又有 $g_2 \cdots g_r = 1$, 从而得到 $g_2 = 1, \cdots, g_r = 1$. 这样

$$\overline{G} = H_1 \times G_2 \times \cdots \times G_r.$$

令

$$\rho = \pi_1\mu_1 + \pi_2 + \cdots + \pi_r,$$

则 ρ 是 G 到 $\overline{G}$ 的映射. 由 $H_1\times G_2\times\cdots\times G_r$ 是直积可推出 $\pi_1\mu_1,\pi_2,\cdots,\pi_r$ 两两可加, 于是 $\rho\in\mathrm{End}_\Omega(G)$. 并且易证 ρ 是单同态, 于是 ρ 是 G 到 $\overline{G}$ 上的同构. 考虑

$$G\geqslant G^\rho\geqslant G^{\rho^2}\geqslant\cdots,$$

由降链条件存在 k 使 $G^{\rho^k}=G^{\rho^{k+1}}=\cdots$, 故对 $g\in G$, 可找到 $\bar{g}\in G$ 使 $g^{\rho^k}=\bar{g}^{\rho^{k+1}}$. 从而推出 $(g\bar{g}^{-\rho})^{\rho^k}=1$. 由 ρ 是单射, $g\bar{g}^{-\rho}=1$, 这样就得到 $g=\bar{g}^\rho$, 故 $G^\rho=G$, 于是 ρ 又是满射, 即 $G=\overline{G}=H_1\times G_2\times\cdots\times G_r$. 于是

$$G/H_1\cong G_2\times\cdots\times G_r.$$

又因 $G=H_1\times H_2\times\cdots\times H_s$, 有

$$G/H_1\cong H_2\times\cdots\times H_s.$$

所以

$$G_2\times\cdots\times G_r\cong H_2\times\cdots\times H_s.$$

设 α 是上述同构的一个同构映射, 则有

$$G_2^\alpha\times\cdots\times G_r^\alpha=H_2\times\cdots\times H_s.$$

于是由归纳假设即得 $r=s$, 并对诸 H_i 适当编序后有 $G_2^\alpha\cong H_2,\cdots,G_r^\alpha\cong H_r$. 而因 $G_i^\alpha\cong G_i$, 故得 $G_i\cong H_i$ $(i=2,\cdots,r)$. 定理证毕. □

§2.7 有限群的分类问题简介

有限群论的基本问题之一是群的同构分类问题. 这个问题最一般的提法是: 给定正整数 n, 决定所有互不同构的 n 阶有限群. 一般来说, 这个问题是十分困难的. 迄今为止, 这方面最重要、最引人注目的结果是 20 世纪 80 年代基本完成的有限单群的分类. 这个结果的完成, 如果从 Galois 证明 A_n 是单群算起, 已经用了一个半世纪. 这个定理的证明散见于多达 15000 页论文中间, 目前, 人们正在

写一个统一的证明，但还没有写完．到 2005 年，已经出版了六卷，见：

D. Gorenstein, R. Lyons and R. Soloman, *The Classification of the Finite Simple Groups,* Number 1–6, Amer. Math. Soc., Survey and Monographs, Vol. 40, No. 1–6, 1995–2005.

由于这本书是针对专业人员的，有兴趣的普通读者可以参看下列介绍性的书：

D. Gorenstein, *Finite Simple Groups,* New York: Plenum Press, 1982.

除了深奥、难懂的有限单群的分类，人们还一直在试图做阶较小 (或者阶的素因子个数较少) 的有限群的构造和分类问题．这样的努力也是从群论刚形成时就开始了，最简单的，我们已经知道，素数 p 阶群一定是循环群，而 p^2 阶群是交换的，并且只有两种互不同构的类型．然而，在这个方面的进展也很缓慢．拿 p 群来说，至今只 (借助于计算机) 完成了阶至多为 p^7 群的分类．对于 2 群，情况稍微好一些，下表列出了我们已经知道的 2^n 阶群的同构类型的个数 $f(2^n)$. 我们也仅知道 $n \leqslant 10$ 的结果.

2^n	2	4	8	16	32
$f(2^n)$	1	2	5	14	51
2^n	64	128	256	512	1024
$f(2^n)$	267	2328	56092	10494213	49487365422

从上表看出， 1024 阶群竟有近 495 亿种互不同构的类型．这一结果是由 O'Brien 等计算群论专家得到的．事实上，他们还决定了所有阶 $\leqslant 2000$ 的群的同构类型的个数作为他们对于新的千年纪到来的献礼．见：

H.U. Besche, B. Eick and E.A. O'Brien, A millennium project: constructing small groups, *International Journal of Algebra and Computations,* 2002, 12: 623–644.

下表我们列出他们的部分结果 (阶 $\leqslant 100$ 的情况):

	+0	+1	+2	+3	+4	+5	+6	+7	+8	+9
0		1	1	1	2	1	2	1	5	2
10	2	1	5	1	2	1	14	1	5	1
20	5	2	2	1	15	2	2	5	4	1
30	4	1	51	1	2	1	14	1	2	2
40	14	1	6	1	4	2	2	1	52	2
50	5	1	5	1	15	2	13	2	2	1
60	13	1	2	4	267	1	4	1	5	1
70	4	1	50	1	2	3	4	1	6	1
80	52	15	2	1	15	1	2	1	12	1
90	10	1	4	2	2	1	231	1	5	2

在本节中我们将给出几个分类阶很小的有限群的例子，从中可以看出有限群分类的困难性. 因为我们不用计算机，群论知识又少，能做的情形是非常有限的.

首先我们来介绍几种由较小的群构造较大的群的方法. 最简单的是群的直积，对此读者已经非常熟悉. 下面我们再来介绍群的半直积以及循环群的循环扩张.

定义 7.1 设 N, F 为两个抽象群，$\alpha: F \to \mathrm{Aut}(N)$ 是同态映射，则 N **和** F **关于** α **的半直积** $G = N \rtimes_\alpha F$ 规定为

$$G = F \times N = \{(x, a) \mid x \in F, a \in N\},$$

运算为

$$(x, a)(y, b) = (xy, a^{\alpha(y)}b);$$

或者

$$G = N \times F = \{(a, x) \mid a \in N, x \in F\},$$

运算为

$$(a, x)(b, y) = (ab^{\alpha(x)^{-1}}, xy).$$

读者可直接验证如上规定的半直积确实构成群，并且两种形式规定的半直积是同构的. (因此我们在符号上不加区别，都用 G 表示.)

若把 F, N 分别与 $\{(x,1)|x \in F\}$, $\{(1,a)|a \in N\}$ (或者 $\{(1,x)|x \in F\}$, $\{(a,1)|a \in N\}$) 等同看待, 则 $G = NF = FN$, 且 $N \cap F = 1$. 反过来, 如果一个有限群 G 有一个正规子群 N 和一个子群 F 满足 $G = NF = FN$ 和 $N \cap F = 1$, 则 G 同构于 N 和 F 的半直积, 这时也称 G 是 N 和 F 的半直积.

对于半直积 $G = N \rtimes_\alpha F$, 若取 $\alpha = 0$, 即对每个 $x \in F$, $\alpha(x)$ 都是 N 的恒等映射, 则 G 就变成 N 和 F 的直积.

例 7.2 设 $p > q$ 是两个素数, 且 $q \mid p-1$. 设 $N = \langle a \rangle$ 和 $F = \langle b \rangle$ 分别是 p 阶群和 q 阶群. 因为 N 的自同构群 $\mathrm{Aut}(N) \cong Z_{p-1}$, 它有 q 阶元素. 设 σ 是其中之一. 规定 $\alpha: b \mapsto \sigma$, α 可扩展为 F 到 $\mathrm{Aut}(N)$ 内的同态, 于是由定义 7.1 构造出的半直积 $G = N \rtimes_\alpha F$ 是一个 pq 阶的非交换群. 事实上, 以任一 $\mathrm{Aut}(N)$ 中的 q 阶元素 σ^i $(1 \leqslant i \leqslant q-1)$ 来代替 σ, 得到的半直积都是同构的. 于是 pq 阶的非交换群在同构意义下只有一种.

证明 设 $a^\sigma = a^r$, 则 $r \not\equiv 1 \pmod p$ 但 $r^q \equiv 1 \pmod p$, 于是 G 是非交换群, 且 G 有定义关系

$$G = \langle a, b \mid a^p = b^q = 1, b^{-1}ab = a^r \rangle.$$

若以 $\tau = \sigma^i$ 代替 σ, 则得到的半直积为

$$G_1 = \langle a, b \mid a^p = b^q = 1, b^{-1}ab = a^{r^i} \rangle.$$

对于群 G, 其生成元 $\{a, b_1 = b^i\}$, 有关系

$$G = \langle a, b_1 \mid a^p = b_1^q = 1, b_1^{-1}ab_1 = a^{r^i} \rangle,$$

与 G_1 有相同的定义关系, 故这两个群 G 和 G_1 同构. □

下面我们再讲述有限循环群 N 的有限循环扩张, 即当 F 亦为有限循环群时 N 被 F 的扩张. 先解释一下群扩张的含义. 设 N 和 F 是两个群. 另一个群 G 叫做 N 被 F 的扩张, 如果 G 有一正规子群同构于 N, 并且商群 G/N 同构于 F. 循环群被循环群的扩张叫做**亚循环群**.

下面的 Hölder 定理决定了有限亚循环群的构造.

定理 7.3 设 $n, m \geqslant 2$ 为正整数, G 是 n 阶循环群 N 被 m 阶循环群 F 的扩张, 则 G 有如下定义关系:

$$G = \langle a, b \rangle, \quad a^n = 1, \quad b^m = a^t, \quad b^{-1}ab = a^r, \tag{7.1}$$

其中参数 n, m, t, r 满足关系式

$$r^m \equiv 1 \pmod{n}, \quad t(r-1) \equiv 0 \pmod{n}. \tag{7.2}$$

反之, 对每组满足 (7.2) 式的参数 n, m, t, r, (7.1) 式都确定一个 n 阶循环群被 m 阶循环群的扩张.

证明 设 G 是一个这样的扩张, $N = \langle a \rangle$, $a^n = 1$. 因为 G/N 是 m 阶群, 有 $b^m = a^t$, 其中 $G/N = \langle bN \rangle$. 又因 $N \trianglelefteq G$, 可设 $b^{-1}ab = a^r$. 这样 G 有形如 (7.1) 式的定义关系. 因为 b^m 与 a 可交换, $a = b^{-m}ab^m = a^{r^m}$, 推出 $r^m \equiv 1 \pmod{n}$. 又因为 b 与 a^t 可交换, $a^t = b^{-1}a^tb = a^{tr}$, 推出 $t(r-1) \equiv 0 \pmod{n}$. 故 (7.2) 式成立.

反过来, (7.1) 和 (7.2) 式的确给出一个 nm 阶的亚循环群. 因为这时可设 $G = \{b^j a^i \mid 0 \leqslant j \leqslant m-1, 0 \leqslant i \leqslant n-1\}$, 并规定

$$b^j a^i \cdot b^k a^s = b^{j+k} a^{ir^k + s}.$$

可以验证 G 对于上述乘法构成群, 并且 $N = \{a^i \mid 0 \leqslant i \leqslant n-1\}$ 是 G 的正规子群, 且 $G/N \cong Z_m$. (请读者自行验证, 细节从略.) □

为了研究较小阶群的构造, 我们再复述一下有限交换群的构造定理, 请参见第 1 章的定理 5.22.

定理 7.4 (1) 有限交换群 G 均可表成下列形状

$$G = \langle a_1 \rangle \times \langle a_2 \rangle \times \cdots \times \langle a_s \rangle,$$

其中 $o(a_i) \mid o(a_{i+1})$, $i = 1, 2, \cdots, s-1$, 并且数 s 和诸生成元的阶 $(o(a_1), o(a_2), \cdots, o(a_s))$ 是被群 G 所唯一确定的. 它们叫做群 G 的**型不变量**, 而元素 $\{a_1, \cdots, a_s\}$ 叫做 G 的一组**基底**.

(2) 有限交换 p 群 A 可以分解为循环子群的直积

$$A = \langle a_1 \rangle \times \cdots \times \langle a_s \rangle, \tag{7.3}$$

并且直因子的个数 s 以及诸直因子的阶 $p^{e_1}, \cdots, p^{e_s}$ (不妨设 $e_1 \leqslant \cdots \leqslant e_s$) 由 A 唯一决定，叫做 A 的型不变量. 而元素 $\{a_1, \cdots, a_s\}$ 叫做 A 的一组基底.

最后，我们举例来说明前述理论如何用来解决比较简单的群的同构分类问题.

例 7.5　决定所有的 12 阶群.

解　首先，由交换群分解定理，12 阶交换群只有两种类型，即 $Z_3 \times Z_4$ 和 $Z_3 \times Z_2 \times Z_2$. 故以下可假定该群 G 非交换. 这时 G 的 Sylow 2 子群和 Sylow 3 子群不能都在 G 中正规.

(1) 若 G 的 Sylow 3 子群 H 非正规，则显然 H 的核 $H_G = 1$, 于是 G 在 H 上的置换表示是 G 的忠实表示. 因为 $|G:H| = 4$, 有 $G \lesssim S_4$. 容易证明 S_4 中只有一个 12 阶子群 A_4 (请读者自证). 于是有 $G \cong A_4$.

(2) 若 G 的 Sylow 3 子群 H 在 G 中正规，则 G 的 Sylow 2 子群 S 不正规. 此时 $G = H \rtimes S$. 对子群 H 应用 N/C 定理，有

$$G/C_G(H) \lesssim \mathrm{Aut}(H) \cong Z_2.$$

由 G 非交换，只能有 $G/C_G(H) \cong Z_2$. 这时 $|C_G(H)| = 6$, 必有 $C_G(H) \cong Z_6$. 故 G 为 Z_6 被 Z_2 的扩张. 由定理 7.3, G 有定义关系：

$$u^6 = 1, \quad v^2 = u^t, \quad v^{-1}uv = u^r,$$
$$r \not\equiv 1 \pmod 6, \quad r^2 \equiv 1 \pmod 6, \quad t(r-1) \equiv 0 \pmod 6.$$

由上述同余式可解得 $r \equiv -1$, $t \equiv 3$ 或 $0 \pmod 6$. 这分别对应于 G 为 12 阶二面体群 D_{12} 和下面的群 (5), 叫做 12 阶广义四元数群. 又因为前者无 4 阶元，后者有 4 阶元，这两个群不会同构. (二面体群的定义见《抽象代数 I》第 1 章例 1.8.)

总结一下，12 阶群计有以下五种互不同构的类型：

交换群：

(1) $G \cong Z_3 \times Z_4$;

(2) $G \cong Z_6 \times Z_2$;

非交换群：

(3) $G \cong A_4$;

(4) $G = \langle u, v \rangle$, $u^6 = 1, v^2 = 1, v^{-1}uv = u^{-1}$;

(5) $G = \langle u, v \rangle$, $u^6 = 1, v^2 = u^3, v^{-1}uv = u^{-1}$.

例 7.6 决定所有的 8 阶群.

解 首先，由交换群分解定理，8 阶交换群只有三种类型，即 $Z_8, Z_4 \times Z_2$ 和 $Z_2 \times Z_2 \times Z_2$. 故以下可假定该群 G 非交换. 如果 G 中所有非单位元都是 2 阶的，则 G 是交换群. 于是我们可设 G 中存在 4 阶元. 又，如果 G 有 8 阶元，则 G 循环，亦交换. 故可设 G 没有 8 阶元.

任取 G 的一个 4 阶元 a, 它生成的子群 A 是 G 的极大子群. 由定理 2.12, $A \trianglelefteq G$, 且商群 G/A 是 2 阶循环群，于是 G 是亚循环群. 现在我们考虑两种不同的情况：

(1) $G \backslash A$ 中有 2 阶元：在其中取一 2 阶元 b, 并设 $b^{-1}ab = a^i$. 因为我们只考虑非交换，$i \neq 1$. 又因为共轭元素有相同的阶，只能有 $b^{-1}ab = a^{-1}$. 于是 G 有定义关系：

$$G = \langle a, b \,|\, a^4 = b^2 = 1, b^{-1}ab = a^{-1} \rangle.$$

这时 G 是 8 阶二面体群.

(2) $G \backslash A$ 中没有 2 阶元：在其中任取一 4 阶元 b, 并设 $b^{-1}ab = a^i$. 同样的道理我们也得到 $b^{-1}ab = a^{-1}$. 于是 G 有定义关系：

$$G = \langle a, b \,|\, a^4 = 1, b^2 = a^2, b^{-1}ab = a^{-1} \rangle.$$

这时 G 是《抽象代数 I》§1.3 后面的习题 11 定义的 8 阶的四元数群. □

§2.8 自由群和定义关系

给定集合 $X=\{x_1,\cdots,x_r\}$, 称其为字母表. 它的势 r 不一定有限或可数. 令 $X^{-1}=\{x_1^{-1},\cdots,x_r^{-1}\}$ 为另一集合, 并假定 $X\cap X^{-1}=\varnothing$. 再令 $S=X\cup X^{-1}$. 我们称有限序列 $w=a_1a_2\cdots a_n$ 为 X 上的**字**, 如果每个 $a_i\in S$. 并且规定空集也为字, 叫做**空字**. 规定两个字的乘积为它们的连写, 于是所有 X 上的字的集合 W 对所规定的乘法成一幺半群, 空字是其单位元素.

称两个字 w_1 和 w_2 (以及 w_2 和 w_1) 为**邻接的**, 如果它们有形状: $w_1=uv$, 而 $w_2=ux_ix_i^{-1}v$ 或 $ux_i^{-1}x_iv$, 其中 u,v 是 X 上的两个字, 而 $x_i\in X$. 又规定两个字 w_1 和 w_2 **等价**, 记做 $w_1\sim w_2$, 如果可找到有限多个字 $w_1=f_1,f_2,\cdots,f_{n-1},f_n=w_2$, 使对 $i=1,2,\cdots,n-1$, f_i 和 f_{i+1} 是邻接的. 易验证 "$\sim$" 是等价关系, 并且若 $w_1\sim w_1'$, $w_2\sim w_2'$, 则 $w_1w_2\sim w_1'w_2'$. 我们以 $[w]$ 记字 w 所在的等价类, 令 F 为所有等价类组成的集合, 规定等价类的乘法为

$$[w_1][w_2]=[w_1w_2],$$

就使 F 对此乘法成为一个群, 叫做 X 上的**自由群**. 读者可自行验证 F 确满足群的公理.

自由群 F 由集合 X (叫做**自由生成系**) 的势唯一确定. 即由两个等势的集合 X_1,X_2 作为自由生成系所得到的自由群是同构的. 这个势叫做自由群 F 的**秩**. 以后我们将秩为 r 的自由群记做 F_r.

定理 8.1 *任一可由 r 个元素生成的群都同构于 F_r 的商群.*

证明 设 $G=\langle a_1,\cdots,a_r\rangle$, 又设 r 秩自由群 F_r 的自由生成系为 $\{x_1,\cdots,x_r\}$. 规定映射 $\eta:[x_i]\mapsto a_i$, $i=1,2,\cdots,r$, 并把它扩展到 F_r 上. 易验证 η 是一同态映射, 于是

$$G\cong F_r/\ker\eta. \qquad \square$$

由这个定理可以看出 r 秩自由群在 r 元生成群中的地位.

应用自由群的概念可对群的生成系和定义关系给出更清楚的解释.

设 $G=\langle a_1,\cdots,a_r\rangle$. 作自由群 $F_r=\langle x_1,\cdots,x_r\rangle$. 由定理 8.1, $G\cong F_r/K$, 其中 K 是 F_r 的某个正规子群. 设

$$f(x_1,\cdots,x_r)=x_{i_1}^{n_1}\cdots x_{i_s}^{n_s}\in K,\quad i_1,\cdots,i_s\in\{1,\cdots,r\},$$

则在 G 中成立

$$f(a_1,\cdots,a_r)=a_{i_1}^{n_1}\cdots a_{i_s}^{n_s}=1,$$

我们称等式 $f(a_1,\cdots,a_r)=1$ 为 G 中的一个**关系** (有时也称自由群 F_r 中的元素 $f(x_1\cdots,x_r)$ 为 G 的一个关系). 我们又称由自由群 G 的关系组成的一个集合 $\{f_i(a_1,\cdots,a_r)=1|i\in I\}$ 为 G 的一个**定义关系组** (或称 $V=\{f_i(x_1,\cdots,x_r)|i\in I\}$ 为 G 的定义关系组), 如果 V 在 F_r 中的正规闭包 $V^{F_r}=K$.

但是, 具体由给定的生成系和定义关系组来决定群, 哪怕只是确定群的阶, 一般都是十分困难的. 读者试研究下面的几个简单的例子.

例 8.2 设 $G=\langle a\rangle$, 定义关系组为 $a^4=1$, $a^6=1$, 求 $|G|=?$

解 表面上看, 关系 $a^4=1$ 和 $a^6=1$ 是不相容的. 但由上述定义关系组的含意, 我们所求的群 G 应为秩为 1 的自由群即无限循环群 $F=\langle x\rangle$ 对于子群 $\langle x^4,x^6\rangle$ 在 F 中的正规闭包 $\langle x^4,x^6\rangle^F$ 的商群. 容易看出, $\langle x^4,x^6\rangle=\langle x^2\rangle$, 而因 F 交换, $\langle x^2\rangle$ 的正规闭包 $\langle x^2\rangle^F=\langle x^2\rangle$, 故

$$G\cong F/\langle x^2\rangle\cong Z_2.$$

于是 $|G|=2$. □

例 8.3 设 $G=\langle a,b\rangle$, 定义关系组为 $a^2=b^2=(ab)^n=1$, 则 $G\cong D_{2n}$.

证明 因为 $G=\langle a,b\rangle=\langle ab,b\rangle$, 而

$$b^{-1}(ab)b=b^{-1}a^{-1}=(ab)^{-1}\in\langle ab\rangle,$$

所以 $\langle ab\rangle \trianglelefteq G$. 于是 $G=\langle ab,b\rangle=\langle ab\rangle\cdot\langle b\rangle$, G 中每个元素都可表成 $(ab)^ib^j$ 的形状，其中 $i=0,1,\cdots,n-1$; $j=0,1$. 由此得出 $|G|\leqslant 2n$. 另一方面， $2n$ 阶二面体群 $D_{2n}=\langle x,y\mid x^n=y^2=1,y^{-1}xy=x^{-1}\rangle$ 对于另一组生成系 xy^{-1},y 有关系 $(xy^{-1})^2=y^2=(xy^{-1}\cdot y)^n=1$, 于是 D_{2n} 应为 G 的同态像. 但已有 $|G|\leqslant|D_{2n}|$, 故只能有 $|G|=2n$ 且 $G\cong D_{2n}$. □

例 8.4　设 $G=\langle a,b\rangle$, 定义关系组为 $a^3=b^2=(ab)^3=1$, 则 $G\cong A_4$.

证明　由 $a^3=1$ 和 $b^2=1$, G 中元素均可表成 a^i 或 $a^iba^{\pm1}b\cdots ba^j$ 之形状，其中 $i,j=0,\pm1$. 又由 $(ab)^3=1$ 得 $ababab=1$, 由此推出 $bab=(aba)^{-1}=a^{-1}ba^{-1}$, 和 $aba=(bab)^{-1}=ba^{-1}b$. 两式可统一写成 $ba^{\pm1}b=a^{\mp1}ba^{\mp1}$. 应用这个关系式可将 $a^iba^{\pm1}b\cdots ba^j$ 化成只含一个 b 的形状，即化成 a^iba^j 的形状，于是

$$G=\{a^i,a^iba^j\mid i,j=0,\pm1\}.$$

这样，$|G|\leqslant 3+3\times3=12$. 另一方面，在交错群 A_4 中，令 $x=(123)$, $y=(12)(34)$, 则 $xy=(243)$, 因此有关系 $x^3=y^2=(xy)^3=1$. 又显然有 $A_4=\langle x,y\rangle$, 于是 A_4 应为 G 之同态像. 但因 $|A_4|=12$, $|G|\leqslant12$, 这就迫使 $|G|=12$ 且 $G\cong A_4$. □

习　题

1. 证明定理 0.9.

2. 设 H, K 是有限群 G 的一对子群 (不一定不同), 我们称形如 HaK $(a\in G)$ 的子集为 G 关于子群对 H 和 K 的一个**双陪集**. 证明对于双陪集成立

$$HaK\cap HbK\neq\varnothing\Rightarrow HaK=HbK.$$

于是， G 可表成互不相交的若干双陪集的并：

$$G=Ha_1K\cup Ha_2K\cup\cdots\cup Ha_sK.$$

3. 证明交换单群必为素数阶循环群.

4. 证明有限多个阶互素的循环群的直积仍为循环群.

5. 设 G 是群， $g_1, g_2 \in G$. 若 $o(g_1) = n_1$, $o(g_2) = n_2$, $(n_1, n_2) = 1$, 且 $g_1g_2 = g_2g_1$, 则 $o(g_1g_2) = n_1n_2$. 并举例说明如果 $g_1g_2 \neq g_2g_1$, 则无此结论.

6. 若群 G 只有一个 2 阶元素 a, 则 $a \in Z(G)$.

7. 设 $H \leqslant G$, $K \leqslant G$, $a, b \in G$. 若 $Ha = Kb$, 则 $H = K$.

8. 设 A, B, C 为 G 之子群，并且 $A \leqslant C$, 则

$$AB \cap C = A(B \cap C).$$

9. 设 A, B, C 为群 G 之子群，并且 $A \leqslant B$. 如果 $A \cap C = B \cap C$, $AC = BC$, 则必有 $A = B$.

10. 设 G 是有限群， $N \trianglelefteq G$, $g \in G$. 若 $(o(g), |G/N|) = 1$, 则 $g \in N$.

11. 设 $H \trianglelefteq G$, $(|H|, |G/H|) = 1$, 则 $H \operatorname{char} G$.

12. 群 G 是交换群的充分必要条件是映射 $\alpha : g \mapsto g^{-1}$ $(\forall g \in G)$ 是 G 的自同构.

13. 若 $\mathrm{Aut}(G) = 1$, 则 $G = 1$ 或 Z_2.

14. 设 H 是群 G 的有限指数子群，则 H 包含一个 G 的正规子群 N, 它在 G 中也有有限指数.

15. 设 G 是群， H 是 G 的有限指数子群，且 $|G : H| = n$. 又设 $z \in Z(G)$, 则 $z^n \in H$.

16. 证明命题 0.26.

17. 找出 A_5, S_5 的全部共轭元素类. 并通过分析 A_5 中诸共轭类的长度证明它是单群.

18. 证明四元数群 Q_8 的每个子群都是正规子群.

19. 证明 $D_{2^{n+1}}$ $(n \geqslant 2)$ 的每个非循环真正规子群的指数皆为 2.

20. 有限群 G 是二面体群的充分必要条件是 G 可由两个 2 阶元素生成.

21. 证明有限交换群可由其所有最高阶元素生成.

22. 设交换 p 群 G 的型不变量为 (p^4,p^3), 问 G 包含多少个 p^2 阶子群？

23. 证明域的乘法群的有限子群皆为循环群.

24. 设 D_8 是 8 阶二面体群，证明 $\mathrm{Aut}(D_8) \cong D_8$.

25. 设 N 是群 G 的循环正规子群，则 N 的任一元素与 G' 的任一元素可交换.

26. 证明命题 2.7.

27. 证明 Frattini 论断的另一形式：设 $N \trianglelefteq G$, $P \in \mathrm{Syl}_p(N)$, 则 $G = N_G(P)N$.

28. 设 $P \in \mathrm{Syl}_p(G)$, $H \geqslant N_G(P)$, 则 $H = N_G(H)$.

29–33 题是关于无限 Ω 群的有限性条件的.

29. 证明任一 Ω 群关于 Ω 子群的升链条件和极大条件等价，而降链条件和极小条件等价.

30. 抽象群 G 满足关于子群的极大条件的充要条件为 G 的每个子群都是有限生成的.

31. 如果 Ω 群 G 满足关于 Ω 子群的极大 (或极小) 条件，则 G 的每个 Ω 子群和 Ω 商群也满足同一条件.

32. 设 N 是 Ω 群 G 的正规 Ω 子群，并且 N 和 G/N 都满足关于 Ω 子群的极大 (或极小) 条件，则 G 也满足同一条件.

33. 设群 G 满足关于正规子群的极大条件. 若 $N \trianglelefteq G$, 且 $G \cong G/N$, 则 $N = 1$.

34. 举有限群的例子说明，群的合成群列并不一定都是由某个主群列加细而得来的.

35. 设群 G 只有两个合成因子，且都同构于 A_5, 则 $G \cong A_5 \times A_5$.

36. 设 V 是复数域 $\mathbb{C}$ 上 n 维向量空间，则 V 的加法群可以看成是以 $\mathbb{C}$ 为算子集合的算子群. 任一线性变换 μ 可看做 V 的 $\mathbb{C}$ 同态. 试用这个例子解释 Fitting 定理 (定理 4.14).

37. 接上题，设 λ 是 μ 的一个特征根，1 是 V 的恒等变换. 令 $\beta = \lambda \cdot 1 - \mu$, 则 β 亦为 V 的 $\mathbb{C}$ 自同态. 由 Fitting 定理，存在正整数

k, 使

$$V = \ker \beta^k \oplus V^{\beta^k}.$$

证明 $\ker \beta^k$ 是 V 中对应于特征根 λ 的全体根向量组成的子空间, 即属于 λ 的根子空间. 从而推出 V 可分解为属于 μ 的不同特征值的根子空间的直和.

38. 应用 37 题和 Krull-Schmidt 定理证明复数域上矩阵的 Jordan 标准形的分解定理.

39. 设 G 是有限 p 群, $Z(G)$ 是循环群, 则 G 为不可分解群.

40. 决定 $4p$ 阶群的不同构的类型, 其中 p 是素数.

41. 定出所有阶 $\leqslant 30$ 的有限群 (16 阶和 24 阶群除外).

42. 对于 $n \leqslant 200, n \neq 60, 168$, 证明 n 阶群是可解的.

43. 证明 Sylow 2 子群和 Sylow 3 子群都不正规的 24 阶群 G 必同构于 S_4.

44. 设 $G = \langle a, b \rangle$, 定义关系组为 $a^3 = b^3 = (ab)^2 = 1$. 证明 $G \cong A_4$.

45. 设 $G = \langle a, b \rangle$, 定义关系组为 $a^3 = b^4 = (ab)^2 = 1$. 证明 $G \cong S_4$.

46. 设 Q_8 是 8 阶四元数群, 证明 $\mathrm{Aut}(Q_8) \cong S_4$.

第 3 章　Galois 理论

本章所要讨论的 Galois 理论是域论的核心内容．19 世纪以前代数学研究的主要问题是解代数方程．人们很早 (三千多年以前) 就已经知道了二次方程的求解公式，15 世纪末发现了三、四次方程的求解公式，但是始终得不到更高次数方程的一般求解方法．直到 19 世纪初，Ruffini 和 Abel 各自独立地证明了五次以上的方程没有一般的 (用四则运算和开方表达的) 求解公式．但是，这并不是说任一高次代数方程都不能用四则运算和开方求解 (例如，$x^n = a$ 的解为 $x = \mathrm{e}^{2k\pi\mathrm{i}/n}\sqrt[n]{a}$ $(k = 0, 1, \ldots n-1)$)．1828 年法国 17 岁的天才数学家 Galois 给出了一般的代数方程可以用四则运算和开方求解 (简称为用根式解) 的判定定理，即 Galois 定理．这个定理将方程的用根式解的可能性归结为一个由方程所决定的群的可解性．这样，一方面，代数方程的求解问题得到了理论上的彻底解决；另一方面，人们认识到了研究代数结构 (即具有满足某些基本性质的运算的集合，如群、环、域等) 的重要性．从此对代数结构的研究成为了代数学的主题，这就是所谓的 “近世代数” (或 “抽象代数”) 成为代数学的主体的开始．

我们首先回顾一下有关域的基本知识．

§3.0　域论知识的复习

本节主要简述在抽象代数 I 课程中读者已经学过的有关域的知识，可供读者自己检查是否已经熟知它们，教师不一定要讲解．

3.0.1　基本知识

定义 0.1　设 F 是至少含有两个元素的交换幺环．如果 F 的每

个非零元素在 F 中都有 (乘法) 逆元, 则称 F 是**域**. 只含有有限多个元素的域称为**有限域**, 否则称为**无限域**.

定义 0.2 域的**同态**就是环同态. 域的**同构**就是环同构.

由于同态的核是理想, 而域只有两个平凡理想 (即 0 理想和域自身), 所以域的同态只有两种, 即单同态 (核为 0 理想) 和零同态 (核为域自身).

定义 0.3 设 K 是域, $F \subseteq K$. 如果 F 关于 K 中的加法、乘法构成域, 则称 F 是 K 的**子域**, K 是 F 的**扩域**. 同时也称 K 是 F 的**域扩张**, 记为 K/F.

定义 0.4 设 K 是 F 的扩域, $S \subseteq K$. 所谓 F 上**由 S 生成的域**是指 K 中包含 S 的最小的 F 的扩域, 记为 $F(S)$. 若 $K = F(S)$, 则称 S 为 K **在 F 上的生成元集**, 亦称 K **在 F 上由 S 生成**. 可以由有限集合生成的 F 的扩域称为 F 上**有限生成**的域, 否则称为**无限生成**的域. 可以由一个元素组成的集合生成的扩域称为**单扩张**. 若 $S = \{\alpha_1, \cdots, \alpha_t\}$, 则记 $F(S) = F(\alpha_1, \cdots, \alpha_t)$.

定义 0.5 设 E, F 是域 K 的子域, 称 K 中包含 E 和 F 的最小的子域为 E 与 F 的**合成**, 记为 EF.

定义 0.6 设 K/F 是域扩张, $t_1, \cdots, t_n \in K$. 如果存在系数在 F 中的非零多项式 $f(x_1, \cdots, x_n)$, 使得 $f(t_1, \cdots, t_n) = 0$, 则称 $t_1, \cdots, t_n$ 在 F 上**代数相关**, 否则称 $t_1, \cdots, t_n$ 在 F 上**代数无关**. 特别地, 如果 K 中的一个元素 t 在 F 上是代数相关的 (即 t 是 $F[x]$ 中某个非零多项式的零点), 则称 t 是 F 上的**代数元**. K 中不是 F 上的代数元的元素称为 F 上的**超越元**. 如果 K 的所有元素都是 F 上的代数元, 则称 K/F 为**代数扩张**; 否则称为**超越扩张**.

定义 0.7 设 F 是域. 称满足 $p \cdot 1(=\underbrace{1 + \cdots + 1}_{p\text{ 个}}) = 0$ 的最小的正整数 p(必为素数) 为域 F 的**特征**, 并称 F 为**特征 p 的域**. 如果这样的正整数不存在, 则称 F 为**特征 0 的域**. 域 F 的特征记为 $\mathrm{char}F$ 或 $\chi(F)$.

命题 0.8　特征 $p(p>0)$ 的域必包含与 Z/pZ(记为 $\mathbb{F}_p$) 同构的子域；特征 0 的域必包含与 $\mathbb{Q}$ 同构的子域．$\mathbb{F}_p$ 和 $\mathbb{Q}$ 称为**素域**．

推论 0.9　有限域的特征为素数 p．

定义 0.10　设 K/F 是域扩张，$\alpha \in K$ 为 F 上的代数元．称 $F[x]$ 中满足 $f(\alpha)=0$ 的次数最低的首项系数为 1 的非零多项式 $f(x)$ 为 α **在** F **上的极小多项式**，记为 $\mathrm{Irr}(\alpha, F)$．

α 在 F 上的极小多项式必为 $F[x]$ 中的不可约多项式．因此 $\mathrm{Irr}(\alpha, F)$ 就是 $F[x]$ 中以 α 为零点的 (首项系数为 1 的) 不可约多项式．

定义 0.11　设 K/F 是域扩张，所谓 K/F 的**扩张次数**是指 K 作为 F 上的线性空间的维数，记为 $[K:F]$．如果 $[K:F]<\infty$，则称 K/F 为**有限扩张**；否则称为**无限扩张**．

命题 0.12　K/F 是有限扩张当且仅当 K/F 是有限生成的代数扩张．

命题 0.13　设 K/E 和 E/F 是域扩张，则 K/F 是有限扩张当且仅当 K/E 和 E/F 都是有限扩张．此时有 $[K:F]=[K:E][E:F]$．

定理 0.14　设 F 是域，$f(x)$ 是 $F[x]$ 中的不可约多项式，则存在 F 的含有 $f(x)$ 的零点的扩域 (此扩域可以具体地构造为 $F[x]/(f(x))$)．

命题 0.15　设 K/F 是代数单扩张，$K=F(\alpha)$, $f(x)=\mathrm{Irr}(\alpha, F)$，则有 $[K:F]=\deg f(x)$．

推论 0.16　设 K/F 是代数单扩张，则保持 F 中每个元素都不动的 K 的自同构的个数不超过 $[K:F]$．

定义 0.17　设 K/F 是有限扩张，$\alpha \in K$．K(作为 F-线性空间) 上的线性变换

$$\begin{aligned} K &\to K, \\ x &\mapsto \alpha x \end{aligned}$$

的迹和范数分别称为 α 在域扩张 K/F 下的**迹**和**范数**，记为 $\mathrm{tr}_{K/F}(\alpha)$ 和 $\mathrm{N}_{K/F}(\alpha)$．

命题 0.18　设 $K=F(\alpha)$ 是 F 的代数单扩张，$\mathrm{Irr}(\alpha, F)= x^n+a_1x^{n-1}+\cdots+a_n$，则

$$\mathrm{tr}_{K/F}(\alpha) = -a_1, \quad \mathrm{N}_{K/F}(\alpha) = (-1)^n a_n.$$

命题 0.19 设 K/E 和 E/F 是有限扩张, $\alpha, \beta \in K$, 则

(1) $\mathrm{tr}_{K/F}(\alpha) = \mathrm{tr}_{E/F}(\mathrm{tr}_{K/E}(\alpha))$;

(2) $\mathrm{N}_{K/F}(\alpha) = \mathrm{N}_{E/F}(\mathrm{N}_{K/E}(\alpha))$;

(3) $\mathrm{tr}_{K/F}(\alpha \pm \beta) = \mathrm{tr}_{K/F}(\alpha) \pm \mathrm{tr}_{K/F}(\beta)$;

(4) $\mathrm{N}_{K/F}(\alpha\beta) = \mathrm{N}_{K/F}(\alpha)\mathrm{N}_{K/F}(\beta)$;

(5) $\mathrm{tr}_{K/F}(a) = [K:F]a \quad (a \in F)$;

(6) $\mathrm{N}_{K/F}(a) = a^{[K:F]} \quad (a \in F)$.

3.0.2 正规扩张与分裂域

定义 0.20 设 K/F 是代数扩张. 如果对于 $F[x]$ 中任一不可约多项式 $f(x)$, K 含有 $f(x)$ 的一个零点蕴含 K 含有 $f(x)$ 的所有零点(即: 如果 $f(x)$ 在 $K[x]$ 中有一个一次因子, 则 $f(x)$ 在 $K[x]$ 中能分解为一次因子的乘积), 则称 K/F 为**正规扩张**.

定义 0.21 设 K/F 是域扩张, $f(x) \in F[x]$, K 含有 $f(x)$ 的所有的零点. 称 F 上由 $f(x)$ 的所有的零点生成的 K 的子域为 $f(x)$ 在 F 上的**分裂域**.

命题 0.22 设 F 是域, $f(x) \in F[x]$, 则 $f(x)$ 在 F 上的分裂域存在, 并且在同构意义下是唯一的.

定理 0.23 K/F 是有限正规扩张当且仅当 K 是 $F[x]$ 中某个多项式在 F 上的分裂域.

3.0.3 可分扩张与 Galios 扩张

定义 0.24 设 F 是域, $f(x)$ 为 $F[x]$ 中的不可约多项式, K 为 $f(x)$ 在 F 上的分裂域. 如果 $f(x)$ 在 $K[x]$ 中的所有因式都是单因式, 则称 $f(x)$ 是**可分多项式**, 否则称为**不可分多项式**.

命题 0.25 设 F 是域, $f(x)$ 为 $F[x]$ 中的不可约多项式, 则 $f(x)$ 是可分多项式当且仅当 $f'(x) \neq 0$, 这里 $f'(x)$ 是 $f(x)$ 的形式导数.

推论 0.25　特征 0 的域上的不可约多项式都是可分多项式.

定义 0.27　设 K/F 是代数扩张, $\alpha \in K$. 如果 $\mathrm{Irr}(\alpha, F)$ 是可分多项式, 则称 α 是 F 上的**可分元素**, 否则称为**不可分元素**.

定义 0.28　设 K/F 是代数扩张. 如果 K 的所有元素都是 F 上的可分元素, 则称 K/F 为**可分扩张**. 否则称为**不可分扩张**.

命题 0.29　设 K/F 是有限扩张, 则 K/F 是可分扩张当且仅当 $\mathrm{tr}_{K/F}: K \to F$ 是加法群的满同态.

定义 0.30　正规可分扩张称为 **Galois 扩张**. 设 K/F 是 Galois 扩张, 则称保持 F 的每个元素都不动的 K 的自同构 (在映射复合运算下构成的) 群为 K/F 的 **Galois 群**, 记为 $\mathrm{Gal}(K/F)$.

3.0.4　有限域

定理 0.31　设 K 是特征 p 的有限域, $[K : GF(p)] = n$, 其中 $GF(p)$ 表示 p 元有限域 (于是 K 由 p^n 个元素组成), 则 K 是多项式 $x^{p^n} - x$ 在 $GF(p)$ 上的分裂域. 由 p^n 个元素组成的有限域记为 $GF(p^n)$.

推论 0.32　$GF(p^n)/GF(p)$ 是 Galois 扩张.

命题 0.33　$GF(p^n)$ 的非零元素乘法群是循环群.

命题 0.34　(1) 映射

$$\begin{aligned} GF(p^n) &\to GF(p^n), \\ \alpha &\mapsto \alpha^p \end{aligned}$$

是 $GF(p^n)$ 的自同构, 称之为 **Frobenius 自同构**, 记为 Frob_p.

(2) $\mathrm{Gal}(GF(p^n)/GF(p))$ 是由 Frob_p 生成的 n 阶循环群.

§3.1　域 嵌 入

本节用域嵌入的语言给出域扩张的正规性和可分性的刻画. 由于域只有两个平凡理想, 所以域 (作为环) 的同态只有零同态和单同态. 我们所说的**域嵌入** 指的就是域的单同态, 也就是域到它在单同态下的像的同构.

如果 K 和 E 都是域 F 的扩域， $\sigma: K \to E$ 是一个域嵌入，并且 σ 在 F 上的限制是恒同映射 (即 $\alpha^\sigma = \alpha$ $(\forall\ \alpha \in F)$), 则称 σ 为一个 F-**嵌入**. 如果进一步地， σ 是同构，则称 σ 是 F-**同构**.

我们引入一个重要的概念.

定义 1.1 一个域称为**代数封闭的**, 如果它没有非平凡的代数扩张. 域 F 的**代数闭包**是指 F 上代数封闭的代数扩张.

容易看出，一个域 L 是代数封闭域当且仅当系数在 L 中任一多项式的全部零点都属于 L, 当且仅当系数在 L 中任一多项式在 $L[x]$ 中可以分解为一次因式的乘积.

我们将证明域的代数闭包的存在唯一性. 为此先证明一个引理. 此引理在域扩张的讨论中也有基本的重要性.

引理 1.2 设 K/F 是代数扩张， α 为 K 上的代数元， L 为 F 的扩域， $\sigma: K \to L$ 为 F-嵌入. 又设 α 在 K 上的极小多项式为 $f(x)$, L 包含 $f^\sigma(x)$ 的所有的零点 ($f^\sigma(x)$ 表示 σ 作用于 $f(x)$ 的系数所得到的多项式). 则 σ 可以扩充为 $K(\alpha)$ 到 L 的 F-嵌入. 进一步地，这种扩充与 $f^\sigma(x)$ 的零点一一对应.

证明 对于 $f^\sigma(x)$ 在 L 中的一个零点 β_i, 定义映射

$$\begin{aligned} \sigma_i:\ K(\alpha)\ &\to\ L, \\ g(\alpha)\ &\mapsto\ g^\sigma(\beta_i)\ \ (g(x) \in K[x]), \end{aligned}$$

其中 $g^\sigma(x)$ 为 σ 作用于 $g(x)$ 的系数所得到的多项式. 容易验证 σ_i 是 F-嵌入. 显然， $f^\sigma(x)$ 的不同的零点 β_i 和 β_j 对应的 σ_i 和 σ_j 也不同. 又易见 σ 的任一扩充必然将 α 映为 $f^\sigma(x)$ 的一个零点. 这就证明了 σ 的扩充与 $f^\sigma(x)$ 的零点一一对应. □

定理 1.3 域 F 的代数闭包存在，并且在 F-同构意义下是唯一的.

证明 以 S 记 F 上的所有代数扩张组成的集合. 显然 $S \neq \varnothing$. 在 S 上定义偏序关系为包含关系，即对于 $K_1, K_2 \in S$,

$$K_1 \leqslant K_2 \Longleftrightarrow K_1 \subseteq K_2.$$

设

$$K_1 \leqslant K_2 \leqslant \cdots$$

为 S 中的一个全序链. 易见所有 K_i 的并集 $\tilde{K} = \bigcup_i K_i$ 属于 S. 事实上, 任一 $\alpha \in \tilde{K}$ 必属于某个 K_i, 因而是 F 上的代数元. 又 $\tilde{K}$ 是域, 故 $\tilde{K}$ 是 F 的代数扩张, 即 $\tilde{K} \in S$. 显然 $K_i \subseteq \tilde{K}$ $(\forall i)$, 所以 $\tilde{K}$ 是上面的全序链在 S 中的一个上界. 根据 Zorn 引理, S 中有极大元. 设 L 为 S 中的一个极大元. 我们来证明 L 是 F 的代数闭包. 首先, 因为 $L \in S$, 所以 L/F 是代数扩张. 只要再证明 L 是代数封闭域. 设 E/L 是代数扩张, 由代数扩张的传递性, E/F 是代数扩张. 由 L 的极大性即知 $E = L$. 所以 L 是代数封闭域. 这就证明了 L 是 F 的代数闭包.

下面证明唯一性. 设 L 和 L' 都是 F 的代数闭包. 令

$$T = \{(K, \sigma) \mid K\text{为}L/F\text{的中间域},\ \sigma:\ K \to L'\text{为}F\text{-嵌入}\}.$$

则 $T \neq \varnothing$ (例如 T 中含有 F 到 L' 的恒同嵌入). 定义 T 上的偏序关系为: 对于 $(K_i, \sigma_i) \in T$ $(i = 1, 2)$,

$$(K_1, \sigma_1) \leqslant (K_2, \sigma_2) \Longleftrightarrow K_1 \subseteq K_2 \text{ 且 } \sigma_2|_{K_1} = \sigma_1.$$

设

$$(K_1, \sigma_1) \leqslant (K_2, \sigma_2) \leqslant \cdots$$

为 T 中的一个全序链. 令 $\hat{K} = \bigcup_i K_i$; $\hat{\sigma} : \hat{K} \to L'$ 定义为: 若 $\alpha \in K_i$, 则定义

$$\alpha^{\hat{\sigma}} := \alpha^{\sigma_i}.$$

易验证 $(\hat{K}, \hat{\sigma})$ 为全序链在 T 中的上界. 根据 Zorn 引理, T 中有极大元 $(E, \bar{\sigma})$. 我们只要证明 $E = L$, 且 $\bar{\sigma} : L \to L'$ 为 F-同构.

首先证明 $E = L$. 由 T 的定义知 $E \subseteq L$. 假若 $E \neq L$, 则存在 $\alpha \in L \setminus E$. 根据引理 1.2, $\bar{\sigma}$ 可扩充为 $E(\alpha)$ 到 L' 的 F-嵌入 σ^*. 于是 $(E, \bar{\sigma}) \lneqq (E(\alpha), \sigma^*)$, 矛盾于 $(E, \bar{\sigma})$ 的极大性. 这就证明了 $E = L$.

再证明 $\bar{\sigma}$ 是 F-同构. 为此只要证明 $\bar{\sigma}$ 是满射. 事实上, 由于 $\bar{\sigma}$ 是 L 到 $L^{\bar{\sigma}}$ 的同构, 而 L 是代数封闭域, 所以 $L^{\bar{\sigma}}$ 是代数封闭域 (详言之, 假若 $L^{\bar{\sigma}}$ 不是代数封闭域, 则存在次数大于 1 的不可约多项式 $f(x) \in L^{\bar{\sigma}}[x]$. 于是 $f^{(\bar{\sigma}|_{L^{\bar{\sigma}}})^{-1}}(x)$ 是 $L[x]$ 中次数大于 1 的不可约多项式, 这与 L 是代数封闭域矛盾). 由 L'/F 是代数扩张知 $L'/L^{\bar{\sigma}}$ 是代数扩张, 于是 $L^{\bar{\sigma}} = L'$. □

以后在我们谈到域的代数扩张时, 除了特别声明之外, 总认为是在基域的一个固定的代数闭包中进行的. 域 F 的代数闭包记为 $\bar{F}$.

以下我们用域嵌入刻画正规扩张和可分扩张.

引理 1.4 设 K/F 是代数扩张, E/K 是有限扩张, 则 K 到 $\bar{F}$ 的任一 F-嵌入都可以扩充为 E 到 $\bar{F}$ 的 F-嵌入.

证明 应用引理 1.2, 对 E 在 K 上的生成元的个数作归纳法. □

命题 1.5 设 $K \subset \bar{F}$, K/F 是有限扩张, 则 K/F 是正规扩张当且仅当对于 K 到 $\bar{F}$ 的任一 F-嵌入 σ, 都有 $K = K^{\sigma}$.

证明 对于任一 $\alpha \in K$, 以 $f_{\alpha}(x)$ 记 α 在 F 上的极小多项式.

首先设 K/F 是正规扩张. 设

$$f_{\alpha}(x) = x^t + a_1 x^{t-1} + \cdots + a_t \in F[x],$$

则 $\alpha^t + a_1\alpha^{t-1} + \cdots + a_t = 0$. 两端以 σ 作用. 由于 $a_i \in F$, 故有 $(\alpha^{\sigma})^t + a_1(\alpha^{\sigma})^{t-1} + \cdots + a_t = 0$. 即 α^{σ} 是 $f_{\alpha}(x)$ 的零点, 而 K/F 是正规扩张, 所以 $\alpha^{\sigma} \in K$. 这就证明了 $K^{\sigma} \subseteq K$. 又易见 $[K:F] = [K^{\sigma}:F]$, 故 $K = K^{\sigma}$.

反之, 设 $K = K^{\sigma}$, 其中 σ 为 K 到 $\bar{F}$ 的任一 F-嵌入. 为了证明 K/F 是正规扩张, 只要证明 $f_{\alpha}(x)$ 的所有零点都在 K 中. 任取 $f_{\alpha}(x)$ 的一个零点 $\beta \in \bar{F}$. 定义映射:

$$\begin{aligned} \tau:\ F(\alpha) &\to \bar{F}, \\ g(\alpha) &\mapsto g(\beta) \quad (g(x) \in F[x]), \end{aligned}$$

则 τ 是由 $F(\alpha)$ 到 $\bar{F}$ 的 F-嵌入. 由引理 1.4 知 τ 可以扩充为 K 到 $\bar{F}$ 的某个 F-嵌入, 记为 σ. 于是 $\beta = \alpha^\tau = \alpha^\sigma \in K^\sigma = K$. □

推论 1.6 设 K/F 是有限正规扩张, E 是中间域. 则 E 到 $\bar{F}$ 的任一 F-嵌入都可以扩充为 K 的 F-自同构.

证明 设 τ 是 E 到 $\bar{F}$ 的一个 F-嵌入. 由引理 1.4 知 τ 可以扩充为由 K 到 $\bar{F}$ 的某个 F-嵌入 σ. 由于 K/F 正规, 根据命题 1.5, 有 $K^\sigma = K$. 所以 σ 是 K 的 F-自同构. □

命题 1.7 设 K/F 是有限扩张, 则 K/F 是可分扩张当且仅当 K 到 $\bar{F}$ 的 F-嵌入的个数等于 $[K:F]$.

证明 设 $K = F(\alpha_1, \cdots, \alpha_t)$. 令 $K_i = F(\alpha_1, \cdots, \alpha_i)$ $(i = 1, \cdots, t)$. 以 n_i 记 K_i 到 $\bar{F}$ 的 F-嵌入的个数. 我们断言

$$n_i \leqslant [K_i : F],$$

且 "=" 成立当且仅当 $\alpha_1, \cdots, \alpha_i$ 皆为 F 上的可分元.

对 i 作归纳法. 由引理 1.2 知, $K_1 = F(\alpha_1)$ 到 $\bar{F}$ 的 F-嵌入与 $f_1(x) = \mathrm{Irr}(\alpha, F)$ 在 $\bar{F}$ 中的零点一一对应. 所以 n_1 等于 $f_1(x)$ 在 $\bar{F}$ 中的零点的个数 (记为 r_1). 而 $r_1 \leqslant \deg f_1(x) (= [K_1 : F])$, 且 "=" 成立当且仅当 α_1 为 F 上的可分元. 所以我们的断言在 $i = 1$ 时成立.

现在设断言对于 $i-1$ 成立 $(1 < i \leqslant t)$. 设 K_{i-1} 到 $\bar{F}$ 的所有 F-嵌入为 $\{\sigma_j \mid j = 1, \cdots, n_{i-1}\}$. 令 $f_i(x)$ 为 α_i 在 K_{i-1} 上的极小多项式, r_i 为 $f_i(x)$ 在 $\bar{F}$ 中的零点的个数. 显然 r_i 也是 $f_i^{\sigma_j}(x)$ 在 $\bar{F}$ 中的零点的个数 $(\forall\, j = 1, \cdots, n_{i-1})$. 根据引理 1.2, 任一 σ_j 可以扩充为 r_i 个由 $K_i = K_{i-1}(\alpha_i)$ 到 $\bar{F}$ 的 F-嵌入. 所以

$$n_i = n_{i-1} r_i \leqslant [K_{i-1} : F][K_i : K_{i-1}],$$

其中 "=" 成立当且仅当 $n_{i-1} = [K_{i-1} : F]$ 并且 $r_i = [K_i : K_{i-1}]$, 当且仅当 $\alpha_1, \cdots, \alpha_{i-1}, \alpha_i$ 皆为 F 上的可分元. 这就证明了我们的断言.

现在证明命题 1.7. 若 K/F 是可分扩张, 则生成元 $\alpha_1, \cdots, \alpha_t$ 当然都是 F 上的可分元. 由上面的断言即知 K 到 $\bar{F}$ 的 F-嵌入的个数

n_t 等于 $[K:F]$. 反之, 若 K/F 不是可分扩张, 则存在 F 上的不可分元 $\beta \in K$. 将 β 扩充为 K 的一组 F-生成元 $\beta_1=\beta, \beta_2, \cdots, \beta_s$. 由上面的断言即知 K 到 $\bar{F}$ 的 F-嵌入的个数小于 $[K:F]$. □

推论 1.8 设 $K=F(\alpha_1, \cdots, \alpha_t)$, 则 K/F 是可分扩张当且仅当 $\alpha_1, \cdots, \alpha_t$ 皆为 F 上的可分元.

证明 在命题 1.7 的证明中的断言里取 $i=t$, 再应用该断言及命题的结论即可.

推论 1.9 设 K/F 为域扩张, 则 K 中在 F 上可分的元素的全体构成 K 的一个子域 (称为 F 在 K 中的**可分闭包**).

证明 只要证明 K 中在 F 上可分的元素在 K 的运算下封闭. 设 $\alpha, \beta \in K$, 都在 F 上可分. 根据推论 1.8, $F(\alpha, \beta)/F$ 是可分扩张. 而 $\alpha \pm \beta$, $\alpha\beta$ 和 α/β $(\beta \neq 0)$ 都属于 $F(\alpha, \beta)$, 故都是 F 上的可分元. □

在本节最后, 我们给出单扩张定理 (由一个元素生成的域扩张称为**单扩张**).

定理 1.10 任一有限可分扩张都是单扩张.

证明 设 K/F 是有限可分扩张. 如果 F 是有限域, 则 K 也是有限域. 于是 K 的非零元素乘法群 $K^\times$ 是循环群. 设 α 为 $K^\times$ 的一个生成元, 则显然有 $K=F(\alpha)$, 即 K/F 是单扩张.

现在设 F 是无限域. 设 α, β 为 F 上的可分元. 我们来证明 $F(\alpha, \beta)/F$ 为单扩张. 以 $f(x)$ 和 $g(x)$ 分别记 α 和 β 在 F 上的极小多项式, 它们在 $\bar{F}$ 中的零点分别为 $\alpha_1=\alpha, \alpha_2, \cdots, \alpha_m$ 和 $\beta_1=\beta, \beta_2, \cdots, \beta_n$. 考虑

$$\alpha_1 + y\beta_1 = \alpha_i + y\beta_j, \quad i=1,2,\cdots,m,\ j=2,\cdots,n.$$

因为 F 为无限域, 故必存在 $c \in F$, 使得 $y=c$ 不是这 $m(n-1)$ 个方程中任何一个的解. 令 $\gamma=\alpha_1+c\beta_1$. 易见 $f(\gamma-cx)$ 与 $g(x)$ 仅有一个公共零点 β_1. 而 $x-\beta_1$ 是 $g(x)$ 的单因式, 所以 $x-\beta_1$ 是 $f(\gamma-cx)$ 与 $g(x)$ 的最大公因式. 于是存在 $u(x), v(x) \in F(\gamma)[x]$, 使得

$$u(x)f(\gamma-cx)+v(x)g(x)=x-\beta_1.$$

由于此式左端属于 $F(\gamma)[x]$, 所以 $\beta = \beta_1 \in F(\gamma)$. 亦有 $\alpha = \alpha_1 = \gamma - c\beta_1 \in F(\gamma)$. 这说明 $F(\alpha,\beta) \subseteq F(\gamma)$. 又显然有 $F(\alpha,\beta) \supseteq F(\gamma)$, 所以 $F(\alpha,\beta) = F(\gamma)$ 是单扩张.

反复应用 $F(\alpha,\beta)$ 是单扩张这一结果即可证明本定理. □

§3.2 Galois 扩张

我们回想一下有关 Galois 扩张和 Galois 群的概念 (见定义 0.30). 我们用 $\mathrm{Aut}K$ 表示域 K 的自同构群.

定义 2.1 设 F 是域, K 是 F 的扩域, 令

$$\mathrm{Gal}(K/F) = \{\sigma \in \mathrm{Aut}K \mid \sigma\text{在}F\text{上的限制是恒同映射}\}.$$

称 $\mathrm{Gal}(K/F)$ 为 K/F 的 **Galois 群**. 对于 $\mathrm{Aut}K$ 的任一子群 H, 令

$$K^H = \{\alpha \in K \mid \alpha^\sigma = \alpha,\ \forall\ \sigma \in H\}.$$

(易验证 K^H 是 K 的子域) 称 K^H 为 H 的**不动域**.

对于任一域扩张 K/F, 显然有

$$K^{\mathrm{Gal}(K/F)} \supseteq F.$$

定义 2.2 域的正规可分扩张称为**Galois 扩张**. 特别地, 有限正规可分扩张称为**有限 Galois 扩张**.

命题 2.3 设 F 是域, K/F 是有限扩张, 则以下三条等价:

(1) K/F 是 Galois 扩张;

(2) $K^{\mathrm{Gal}(K/F)} = F$;

(3) $|\mathrm{Gal}(K/F)| = [K:F]$.

证明 (1) $\Rightarrow$ (2). 只要证明 $K^{\mathrm{Gal}(K/F)} \subseteq F$. 对于任一 $\alpha \in K \setminus F$, 设 α 在 F 上的极小多项式为 $f(x)$, 则 $\deg f(x) > 1$. 由于 $f(x) = 0$ 在 K 中有零点 α, 而 K/F 正规可分, 所以 $f(x) = 0$ 在 K 中至少还有一个零点 $\beta \neq \alpha$. 于是有 F-同构

$$\tau:\ F(\alpha)\ \to\ F(\beta),$$

$$g(\alpha) \mapsto g(\beta) \quad (g(x) \in F[x]).$$

根据推论 1.6, τ 可以扩充为 $\sigma \in \mathrm{Gal}(K/F)$. 显然 $\alpha^\sigma = \beta \neq \alpha$, 即 $\alpha \notin K^{\mathrm{Gal}(K/F)}$. 这就证明了 $K^{\mathrm{Gal}(K/F)} \subseteq F$.

(2) $\Rightarrow$ (3). 由于 K 到 $\bar{F}$ 的 F-嵌入的个数不超过 $[K:F]$, 所以只要证明 $|\mathrm{Gal}(K/F)| \geqslant [K:F]$. 假设 $|\mathrm{Gal}(K/F)| < [K:F]$. 令 $\mathrm{Gal}(K/F) = \{\sigma_1, \cdots, \sigma_t\}$, $\{\varepsilon_1, \cdots, \varepsilon_n\}$ 为 K 的一组 F-基, 则 $t < n$. 考虑域 K 上的矩阵

$$\begin{pmatrix} \varepsilon_1^{\sigma_1} & \varepsilon_2^{\sigma_1} & \cdots & \varepsilon_n^{\sigma_1} \\ \varepsilon_1^{\sigma_2} & \varepsilon_2^{\sigma_2} & \cdots & \varepsilon_n^{\sigma_2} \\ \vdots & \vdots & & \vdots \\ \varepsilon_1^{\sigma_t} & \varepsilon_2^{\sigma_t} & \cdots & \varepsilon_n^{\sigma_t} \end{pmatrix}.$$

其列数大于行数, 所以列向量线性相关. 取列向量的极大线性无关组, 无妨设之为前 r 列向量. 于是第 $r+1$ 个列向量可以唯一地表为前 r 列向量的 K-线性组合, 即存在唯一的一组 $a_i \in K$ $(1 \leqslant i \leqslant r)$, 使得

$$\begin{cases} \varepsilon_{r+1}^{\sigma_1} = a_1\varepsilon_1^{\sigma_1} + \cdots + a_r\varepsilon_r^{\sigma_1}, \\ \varepsilon_{r+1}^{\sigma_2} = a_1\varepsilon_1^{\sigma_2} + \cdots + a_r\varepsilon_r^{\sigma_2}, \\ \cdots\cdots\cdots\cdots\cdots\cdots\cdots\cdots \\ \varepsilon_{r+1}^{\sigma_t} = a_1\varepsilon_1^{\sigma_t} + \cdots + a_r\varepsilon_r^{\sigma_t}. \end{cases}$$

以任一 σ_j $(1 \leqslant j \leqslant t)$ 作用此式, 除了其右端的 a_i $(1 \leqslant i \leqslant r)$ 变成 $a_i^{\sigma_j}$ 之外, 其余的改变只是各等式位置的一个置换. 由 a_i $(1 \leqslant i \leqslant r)$ 的唯一性, 即得 $a_i^{\sigma_j} = a_i$. 所以 $a_i \in K^{\mathrm{Gal}(K/F)} = F$. 这矛盾于 $\{\varepsilon_1, \cdots, \varepsilon_{r+1}\}$ 的 F-线性无关性.

(3) $\Rightarrow$ (1). 易见 K/F 可分 (否则, 由命题 1.7, 有 K 到 $\bar{F}$ 的 F-嵌入的个数小于 $[K:F]$, 更有 $|\mathrm{Gal}(K/F)| < [K:F]$). 根据定理 1.10, 可设 $K = F(\alpha)$. 以 $f(x)$ 记 α 在 F 上的极小多项式,则 $\deg f(x) = [K:F]$ (记之为 n). 因为 $\mathrm{Gal}(K/F)$ 中任一元素 σ 将 α 映到 $f(x)$ 的零点, 所以 $f(x)$ 在 $\bar{F}$ 中的 n 个零点必都在 K 内 (否则 $|\mathrm{Gal}(K/F)| < n$). 故 K 是 $f(x)$ 的分裂域. 即 K/F 正规. □

定义 2.4 设 K/F 为 Galois 扩张. 如果 $\mathrm{Gal}(K/F)$ 是交换群, 则称 K/F 为 **Abel 扩张**. 如果 $\mathrm{Gal}(K/F)$ 是循环群, 则称 K/F 为**循环扩张**.

定理 2.5 (Galois 基本定理) 设 K/F 是有限 Galois 扩张, 则

(1) K/F 的中间域集 $\{L\}$ 与 $\mathrm{Gal}(K/F)$ 的子群集 $\{H\}$ 之间的映射

$$\begin{aligned} L &\mapsto \mathrm{Gal}(K/L), \\ H &\mapsto K^H \end{aligned}$$

是一一对应;

(2) 对于任一 $\sigma \in \mathrm{Gal}(K/F)$, 有 $K^{(\sigma^{-1}H\sigma)} = (K^H)^\sigma$;

(3) H 是 $\mathrm{Gal}(K/F)$ 的正规子群当且仅当 K^H/F 是正规扩张.

证明 (1) 我们只要说明这两个映射是互逆的, 即说明

$$L = K^{\mathrm{Gal}(K/L)}, \quad H = \mathrm{Gal}(K/K^H).$$

事实上, 由于 K/F 是有限 Galois 扩张, 即 K/F 是有限正规可分扩张, 所以 K/L 更是有限正规可分扩张, 即是有限 Galois 扩张. 由命题 2.3, 即知 $L = K^{\mathrm{Gal}(K/L)}$. 再证明 $H = \mathrm{Gal}(K/K^H)$. 显然 K^H 的元素在 H 作用下不动, 所以 $H \subseteq \mathrm{Gal}(K/K^H)$, 故 $|H| \leqslant |\mathrm{Gal}(K/K^H)|$. 由于 K/K^H 是有限 Galois 扩张, 由命题 2.3, 有 $|\mathrm{Gal}(K/K^H)| = [K : K^H]$, 所以我们只要证明 $|H| \geqslant [K : K^H]$ 即可. 为此, 设 $H = \{\sigma_1, \cdots, \sigma_t\}$. 由于 K/F 是有限可分扩张, 故为单扩张. 设 $K = K^H(\alpha)$. 显然, 多项式

$$f(x) = (x - \alpha^{\sigma_1}) \cdots (x - \alpha^{\sigma_t})$$

在 H 下不变, 所以 $f(x) \in K^H[x]$. 又 $f(x)$ 以 α 为零点, 故 α 在 K^H 上的极小多项式 (记为 $g(x)$) 整除 $f(x)$. 于是

$$[K : K^H] = \deg g(x) \leqslant \deg f(x) = t = |H|.$$

这就完成了 (1) 的证明.

(2) 对于 $\alpha \in K$, 有

$$\begin{aligned}\alpha \in K^{(\sigma^{-1}H\sigma)} &\iff \alpha^{\sigma^{-1}\tau\sigma} = \alpha \quad (\forall\, \tau \in H)\\ &\iff (\alpha^{\sigma^{-1}})^{\tau} = \alpha^{\sigma^{-1}} \quad (\forall\, \tau \in H)\\ &\iff \alpha^{\sigma^{-1}} \in K^H\\ &\iff \alpha \in (K^H)^{\sigma},\end{aligned}$$

所以 $K^{(\sigma^{-1}H\sigma)} = (K^H)^{\sigma}$.

(3) 设 $H \trianglelefteq \mathrm{Gal}(K/F)$, 则 $\sigma^{-1}H\sigma = H$ $(\forall\, \sigma \in \mathrm{Gal}(K/F))$. 由 (2), 有

$$K^H = K^{(\sigma^{-1}H\sigma)} = (K^H)^{\sigma} \quad (\forall\, \sigma \in \mathrm{Gal}(K/F)).$$

根据推论 1.6, 由 K^H 到 $\bar{F}$ 的任一 F- 嵌入 τ 都可扩充为某个 $\sigma \in \mathrm{Gal}(K/F)$. 所以

$$(K^H)^{\tau} = (K^H)^{\sigma|_{K^H}} = (K^H)^{\sigma} = K^H.$$

由命题 1.5 即知 K^H/F 是正规扩张.

反之, 若 K^H/F 是正规扩张, 则对于任意的 $\sigma \in \mathrm{Gal}(K/F)$ 以及 $x \in K^H$, 有 $x^{\sigma} \in K^H$. 于是 x^{σ} 在 H 中的任一元素 τ 的作用下不变. 故

$$x^{\sigma\tau\sigma^{-1}} = x^{\sigma\sigma^{-1}} = x \quad (\forall\, x \in K^H),$$

即有 $\sigma\tau\sigma^{-1} \in H$ $(\forall\, \sigma \in \mathrm{Gal}(K/F),\ \tau \in H)$. 所以 $H \trianglelefteq \mathrm{Gal}(K/F)$. □

说明 定理 2.5 的结论 (1) 中所述的对应称为 **Galois 对应**. 如果我们把 K/F 的中间域集和 $\mathrm{Gal}(K/F)$ 的子群集都视为包含序关系下的格, 则上述对应是格的反同构.

下面我们给出 Galois 群的两个常用的性质.

命题 2.6 设 K/E 是域扩张, K/F 和 E/F 都是有限 Galois 扩张, 则 $\mathrm{Gal}(E/F) \cong \mathrm{Gal}(K/F)/\mathrm{Gal}(K/E)$.

证明 考虑映射

$$\pi:\ \mathrm{Gal}(K/F) \to \mathrm{Gal}(E/F),$$

$$\sigma \mapsto \sigma|_E.$$

显然 π 是群同态. 由推论 1.6 知 π 是满射. 又有

$$\ker \pi = \{\sigma \in \mathrm{Gal}(K/F) \mid \sigma|_E = \mathrm{id}\} = \mathrm{Gal}(K/E).$$

根据群同态基本定理，即得命题的结论. □

命题 2.7 设 E/F 是代数扩张，K/F 是有限 Galois 扩张，$K \cap E = F$，则 KE/E 是有限 Galois 扩张，并且 $\mathrm{Gal}(KE/E) \cong \mathrm{Gal}(K/F)$ (KE 表示 K 与 E 的复合域).

证明 我们首先证明 KE/E 是有限 Galois 扩张. 由于 K/F 是有限可分扩张，根据单扩张定理，存在 $\alpha \in K$，使得 $K = F(\alpha)$. 显然 $KE = E(\alpha)$. 由于 α 是 F 上的可分元，所以也是 E 上的可分元. 由推论 1.8 即知 KE/E 是有限可分扩张. 以 $f(x)$ 记 α 在 F 上的极小多项式. 显然 KE 是 $f(x)$ 在 E 上的分裂域，所以 KE/E 是正规扩张. 这就证明了 KE/E 是有限 Galois 扩张.

下面证明 $\mathrm{Gal}(KE/E) \cong \mathrm{Gal}(K/F)$. 定义映射：

$$\phi:\ \mathrm{Gal}(KE/E) \rightarrow \mathrm{Gal}(K/F),$$
$$\sigma \mapsto \sigma|_K.$$

显然 ϕ 是群同态. 又易见 ϕ 是单射. 事实上，如果 $\sigma \in \ker\phi$，则 $\sigma|_K = \mathrm{id}$. 又有 $\sigma|_E = \mathrm{id}$(因为 $\sigma \in \mathrm{Gal}(KE/E)$)，所以 $\sigma|_{KE} = \mathrm{id}$，即 σ 为 $\mathrm{Gal}(KE/E)$ 的恒等元. 故 ϕ 是单射. 只要再证明 ϕ 是满射. 为此，只要证明 $|\mathrm{Gal}(KE/E)| = |\mathrm{Gal}(K/F)|$，即证明 $[KE:E] = [K:F]$. 由于 $K = F(\alpha)$，且 $f(x)$ 为 α 在 F 上的极小多项式，所以 $[K:F] = \deg f(x)$. 故只要证 $[KE:E] = \deg f(x)$. 因为 $KE = E(\alpha)$，所以只要证明 $f(x)$ 也是 α 在 E 上的极小多项式，即证明 $f(x)$ 在 $E[x]$ 中不可约. 假设 $f(x) = g(x)h(x)$，其中 $g(x), h(x)$ 为系数在 E 中的次数大于 0 的多项式. 由于 K/F 是正规扩张，所以 $f(x)$ 的所有的零点都属于 K. 而 $g(x)$ 和 $h(x)$ 的系数都是 $f(x)$ 的某些零点的多项式，故这些系数也都在 K 中. 于是这些系数都属于 $E \cap K = F$，即 $g(x), h(x) \in F[x]$. 这

与 $f(x)$ 在 $F[x]$ 中不可约相矛盾. 这就证明了 $f(x)$ 在 $E[x]$ 中不可约, 从而 $[KE:E]=[K:F]$. □

推论 2.8 设 E/F 是代数扩张, K/F 是有限 Galois 扩张, 则 KE/E 是有限 Galois 扩张, 并且 $\mathrm{Gal}(KE/E)$ 同构于 $\mathrm{Gal}(K/F)$ 的一个子群.

证明 令 $F'=E\cap K$, 则 E/F' 是代数扩张, K/F' 是有限 Galois 扩张. 由命题 2.7 知 KE/E 是有限 Galois 扩张, 并且 $\mathrm{Gal}(KE/E)\cong\mathrm{Gal}(K/F')$. 显然 $\mathrm{Gal}(K/F')$ 是 $\mathrm{Gal}(K/F)$ 的一个子群. □

§3.3 用根式解方程的判别准则

用根式解方程的一般过程离不开单位根 (即方程 x^n-1 的零点, 其中 n 为任一正整数). 我们先讨论由单位根生成的扩域.

3.3.1 分圆域

定义 3.1 设 n 为正整数. 有理数域 $\mathbb{Q}$ 上多项式 x^n-1 的分裂域称为 n 次**分圆域**.

x^n-1 在 $\mathbb{Q}$ 的代数闭包 $\bar{\mathbb{Q}}$(可以视为复数域的子域) 中有 n 个零点. 这 n 个零点显然构成一个乘法循环群 (例如, $\mathrm{e}^{2\pi\mathrm{i}/n}$ 就是一个生成元), 称为 n 次**单位根群**, 记为 μ_n, 其生成元称为 n 次**本原单位根**. 如果我们用 ζ 记一个确定的 n 次本原单位根, 则全部 n 次本原单位根的集合为

$$\Theta_n=\{\zeta^i\mid 1\leqslant i<n,\ \ (i,n)=1\}.$$

令

$$\Phi_n(x)=\prod_{\zeta^i\in\Theta_n}(x-\zeta^i).$$

我们称 $\Phi_n(x)$ 为 n 次**分圆多项式**. 由于 x^n-1 的任一零点都是某个

d 次本原单位根 $(d|n)$, 所以

$$x^n - 1 = \prod_{d|n} \Phi_d(x).$$

由此易见 $\Phi_n(x)$ 必是首 1 有理整系数多项式. 事实上, $\Phi_1(x) = x-1$, 是首 1 有理整系数的; 对 n 作归纳法, 设 $\Phi_d(x)$ $(d < n)$ 全是首 1 有理整系数的, 则

$$\Phi_n(x) = \frac{x^n - 1}{\prod_{d|n, d<n} \Phi_d(x)} = \frac{x^n - 1}{g(x)}.$$

因为 $g(x)$ 是首 1 有理整系数的, 且 $g(x)|x^n - 1$, 所以 $\Phi_n(x)$ 也是首 1 有理整系数多项式.

命题 3.2 $\Phi_n(x)$ 是 $\mathbb{Q}[x]$ 中的不可约多项式.

证明 设 $\Phi_n(x)$ 在 $\mathbb{Q}[x]$ 中有分解

$$\Phi_n(x) = g(x)h(x),$$

其中 $g(x)$ 是 $\mathbb{Q}[x]$ 中次数 $\geqslant 1$ 的不可约多项式. 由 Gauss 引理, 不失普遍性, 可设 $g(x), h(x) \in \mathbb{Z}[x]$, 而且是首 1 的. 设 ζ 是 $g(x)$ 的一个零点. 我们断言: 对于每一满足 $p \nmid n$ 的素数 p, ζ^p 仍是 $g(x)$ 的零点.

假设断言不成立. 由于 ζ^p 是 $\Phi_n(x)$ 零点, 所以 ζ^p 是 $h(x)$ 的零点, 即 $g(x)$ 与 $h(x^p)$ 有公共零点 $x = \zeta$. 考虑映射

$$\begin{aligned} \pi:\ \mathbb{Z}[x] &\rightarrow GF(p)[x], \\ f(x) &\mapsto \bar{f}(x), \end{aligned}$$

其中 $GF(p)$ 为含 p 个元素的有限域, $\bar{f}(x)$ 表示 $f(x)$ 的各项系数都 $\bmod p$ 所得到的 $GF(p)$ 上的多项式. 显然 π 是环同态. 于是 $\bar{g}(x)$ 与 $\bar{h}(x^p)$ 仍有公共零点. 而 $\bar{h}(x^p) = \bar{h}(x)^p$, 所以 $\bar{g}(x)$ 与 $\bar{h}(x)$ 有公共零点, 故 $\bar{\Phi}_n(x)$ 有重因子. 但 $\bar{\Phi}_n(x)$ 是 $x^n - 1$(看做 $GF(p)[x]$ 的元素) 的因子, 而 $(x^n - 1)' = nx^{n-1} \neq 0$, 这意味着 $x^n - 1$ 无重因子, 矛盾. 这就证明了我们的断言.

现在设 $\zeta^i \in \Theta_n$, 则 $(i,n)=1$. 设 $i=p_1\cdots p_t$ 为 i 的素因子分解式，则 $p_j \nmid n$. 反复应用我们的断言即知 ζ^i 是 $g(x)$ 的零点. 于是 $g(x)=\Phi_n(x)$. □

由命题 3.2 我们知道： $\Phi_n(x)$ 是 n 次本原单位根 ζ 在有理数域 $\mathbb{Q}$ 上的极小多项式. 显然 n 次分圆域是 $\mathbb{Q}$ 上添加 ζ 得到的域 $\mathbb{Q}(\zeta)$, 所以 $[\mathbb{Q}(\zeta):\mathbb{Q}]=\varphi(n)$(这里 φ 是 Euler φ 函数). 由于 $\mathbb{Q}(\zeta)$ 是 $\Phi_n(x)$ 的分裂域，所以 $\mathbb{Q}(\zeta)/\mathbb{Q}$ 是 Galois 扩张，其 Galois 群中的元素被 ζ 的像完全确定. 而 ζ 的像可以取 $\Phi_n(x)$ 的任一零点，所以

$$\mathrm{Gal}(\mathbb{Q}(\zeta)/\mathbb{Q})=\{\sigma_i:\ \mathbb{Q}(\zeta)\to\mathbb{Q}(\zeta)\mid \zeta^{\sigma_i}=\zeta^i, 1\leqslant i<n, (i,n)=1\}.$$

易见 $\sigma_i\sigma_j=\sigma_j\sigma_i$, 即 $\mathrm{Gal}(\mathbb{Q}(\zeta)/\mathbb{Q})$ 是一个交换群. 综上所述，我们有

命题 3.3 *n 次分圆域是 $\mathbb{Q}$ 上的 $\varphi(n)$ 次 Abel 扩张，且有群同构：*

$$\begin{aligned}\mathrm{Gal}(\mathbb{Q}(\zeta)/\mathbb{Q}) &\to (Z/nZ)^{\times},\\ \sigma_i &\mapsto i,\end{aligned}$$

其中 σ_i 的含义如前所述，即 $\zeta^{\sigma_i}=\zeta^i$, $(Z/nZ)^{\times}$ 为整数 $\bmod n$ 的剩余类环的可逆元素乘法群.

3.3.2 方程可用根式解的判别准则

为简单起见，本节中设所有的域的特征皆为 0. 我们将要给出特征 0 的域上的多项式可用根式解的判别准则，这当然包含了有理系数多项式的情形.

设 F 是一个域. 设 $f(x)\in F[x]$ 为系数在 F 中的多项式. 显然 $f(x)$ 的零点集合等于 $f(x)$ 的不可约因子的零点集合的并集. 所以在讨论 $f(x)$ 的零点时无妨假定 $f(x)$ 是 $F[x]$ 中的不可约多项式.

所谓 $f(x)$ 可用根式解即是说从 $f(x)$ 的系数出发，通过有限次加减乘除以及开方运算可以求出 $f(x)$ 的零点. 用域扩张的语言来说，就是 $f(x)$ 的零点含于基域 F 上逐次添加形如 $\sqrt[n_i]{\alpha_i}$ 的元素所得

到的有限扩张，其中 α_i 一般而言不一定是 F 中的元素，而是属于 F 的有限次上述扩张 (例如，$F=\mathbb{Q}, 2+\sqrt{1+\sqrt{2}}\in\left(\mathbb{Q}(\sqrt{\alpha_1})\right)\left(\sqrt{\alpha_2}\right)$，其中 $\alpha_1=2, \alpha_2=1+\sqrt{2}\in\mathbb{Q}(\alpha_1)$). 为了刻画这种扩张，我们引入

定义 3.4　设 F 是一个域. 形如 $F(\sqrt[n]{\alpha})/F$ (其中 $\alpha\in F$) 的扩张称为**根式扩张**.

这样，系数在 F 中的多项式 $f(x)$ 可用根式解就等同于：$f(x)$ 的全部零点属于 F 的某个扩域 L, 其中 L 满足条件：存在一个有限的域扩张链

$$F=F_0\subset F_1\subset\cdots\subset F_r=L,$$

其中 F_{i+1}/F_i 都是根式扩张 $(i=0,\cdots,r-1)$.

显然，任一域上添加任一单位根所得到的扩张都是根式扩张.

设 $F(\sqrt[n]{\alpha})/F$ 是根式扩张 (其中 $\alpha\in F$), $n=p_1p_2\cdots p_t$ 为 n 的素因子分解式 (当然这些素因子可能有相同的). 令

$$\alpha_1=\sqrt[p_1]{\alpha},\quad \alpha_2=\sqrt[p_2]{\alpha_1},\quad \cdots,\quad \alpha_t=\sqrt[p_t]{\alpha_{t-1}},$$
$$F_1=F(\alpha_1),\quad F_2=F_1(\alpha_2),\quad \cdots,\quad F_t=F_{t-1}(\alpha_t),$$

则 F_i/F_{i-1} 都是素数次根式扩张 (或平凡扩张). 所以 $F\left(\sqrt[n]{\alpha}\right)=F_t$ 是 F 经过 (有限次) 素数次根式扩张的结果. 这就是说，根式扩张的基本形式是素数次根式扩张. 关于素数次根式扩张，我们有以下的重要定理：

定理 3.5　设 p 为素数，域 F 含有所有 p 次单位根，$[K:F]=p$. 则 K/F 是根式扩张当且仅当它是循环扩张.

证明　设 ζ 为 F 中的一个 p 次本原单位根.

设 K/F 是根式扩张，$K=F(\sqrt[p]{\alpha})(\alpha\in F)$. $\sqrt[p]{\alpha}$ 在 F 上的极小多项式为 $x^p-\alpha$, 其全部根为 $\{\zeta^i\sqrt[p]{\alpha}\mid 0\leqslant i\leqslant p-1\}$, 都属于 K, 故 K/F 是 Galois 扩张. 以 σ 记由 $\sqrt[p]{\alpha}\mapsto\zeta\sqrt[p]{\alpha}$ 给出的 K 的 F- 自同构. 易见 $\mathrm{Gal}(K/F)=\langle\sigma\rangle$. 所以 K/F 是循环扩张.

反之，设 K/F 是循环扩张，$\mathrm{Gal}(K/F)=\langle\sigma\rangle$. 任取 $\theta\in K\setminus F$.

由于 K/F 为素数次扩张，故有 $K = F(\theta)$. 观察 **Lagrange 预解式**

$$(\zeta, \theta) = \theta + \zeta\theta^{\sigma} + \cdots + \zeta^{p-1}\theta^{\sigma^{p-1}}.$$

我们有

$$(\zeta, \theta)^{\sigma} = \theta^{\sigma} + \zeta\theta^{\sigma^2} + \cdots + \zeta^{p-2}\theta^{\sigma^{p-1}} + \zeta^{p-1}\theta = \zeta^{-1} \cdot (\zeta, \theta),$$

于是

$$((\zeta, \theta)^p)^{\sigma} = ((\zeta, \theta)^{\sigma})^p = (\zeta^{-1} \cdot (\zeta, \theta))^p = (\zeta, \theta)^p.$$

故 $(\zeta, \theta)^p \in F$. 如果 $(\zeta, \theta) \notin F$, 则 $K = F((\zeta, \theta)) = F(\sqrt[p]{(\zeta, \theta)^p})$ 为 F 上的根式扩张. 所以问题归结为证明某个 Lagrange 预解式不属于 F.

考虑以下 $p-1$ 个 Lagrange 预解式

$$(\zeta^i, \theta) = \theta + \zeta^i\theta^{\sigma} + \cdots + \zeta^{i(p-1)}\theta^{\sigma^{p-1}} \quad (1 \leqslant i \leqslant p-1).$$

将这 $p-1$ 个等式与

$$(1, \theta) = \theta + \theta^{\sigma} + \cdots + \theta^{\sigma^{p-1}}$$

相加. 由于 $1 + \zeta^j + \zeta^{2j} + \cdots + \zeta^{(p-1)j} = 0$ $(\forall\, j = 1, \cdots, p-1)$, 故有

$$(1, \theta) + (\zeta, \theta) + \cdots + (\zeta^{p-1}, \theta) = p\theta.$$

注意到此式左端的第一项在 σ 下不变，故属于 F. 而 $p\theta \notin F$, 所以

$$(\zeta, \theta) + \cdots + (\zeta^{p-1}, \theta) \notin F.$$

于是必有某个 $(\zeta^i, \theta) \notin F$ $(1 \leqslant i \leqslant p-1)$. □

现在我们可以证明 Galois 关于一元代数方程可用根式解的判定定理了.

定理 3.6 (Galois 定理) *设 F 是特征 0 的域，$f(x) \in F[x]$, E 是 $f(x)$ 在 F 上的分裂域，则 $f(x)$ 可用根式解的充分必要条件是 $\mathrm{Gal}(E/F)$ 为可解群.*

证明　*必要性*　因为 $f(x)$ 可用根式解，故存在域扩张链

$$F = F_0 \subset F_1 \subset \cdots \subset F_r,$$

其中 F_i/F_{i-1} 都是根式扩张 $(i = 1, \cdots, r)$(无妨假定 $[F_i : F_{i-1}] = p_i$ 都是素数), 且 F_r 含有 $f(x)$ 的全部零点.

以 M 记 F_r 在 F 上的正规闭包. 设 m 为 $p_1, \cdots, p_r$ 中出现的不同素数的乘积. 以 ζ_m 记 m 次本原单位根. 令 $F_i' = F_i(\zeta_m)$ $(0 \leqslant i \leqslant r)$. 容易看出 $\zeta_m \in M$.

对于任一 i $(1 \leqslant i \leqslant r)$, 由于 F_i/F_{i-1} 是素数次根式扩张，故 $F_i = F_{i-1}(\beta_i)$, 其中 β_i 为二项式 $x^{p_i} - \alpha_{i-1}$ 的一个零点 $(\alpha_{i-1} \in F_{i-1})$. 若 $\beta_i \in F_{i-1}'$, 则 $F_i' = F_{i-1}'$, $\mathrm{Gal}(F_i'/F_{i-1}') = \{\mathrm{id}\}$, 当然是循环群. 否则 $F_i' = F_{i-1}'(\beta_i)$ 为 p_i 次根式扩张. 由于 F_i' 含有 p_i 次单位根，由定理 3.5 即知 $\mathrm{Gal}(F_{i+1}'/F_i')$ 是循环群. 于是域扩张链

$$F = F_0 \subseteq F_0' \subseteq F_1' \subseteq \cdots \subseteq F_r' \tag{3.1}$$

中任意相邻的两个域对应的 Galois 群都是循环群，更是交换群.

我们断言 $\mathrm{Gal}(M/F_r')$ 是可解群. 由于 $F_i = F_{i-1}(\beta_i)$ $(1 \leqslant i \leqslant r)$, 所以 M(作为 F_r 在 F 上的正规闭包) 是 F 上添加所有 β_i $(1 \leqslant i \leqslant r)$ 在 $\mathrm{Gal}(M/F)$ 作用下的像得到的扩张. 将这些像依次记为

$$\beta_{11}, \cdots, \beta_{1s_1}, \beta_{21}, \cdots, \beta_{rs_r}, \tag{3.2}$$

其中 $\beta_i = \beta_{i1}, \cdots, \beta_{is_i}$ 为 β_i 在 $\mathrm{Gal}(M/F)$ 作用下的不同的像，则

$$M = F_r'(\{\beta_{ij} \mid 1 \leqslant i \leqslant r, 1 \leqslant j \leqslant s_i\}).$$

以 M_{ij} 记 F_r' 上添加 (3.2) 式中 β_{ij} 之前 (包括 β_{ij}) 诸元素所得到的扩张 (于是 $M_{rs_r} = M$). 为证明我们的断言, 只要证 $\mathrm{Gal}(M_{ij}/M_{ij-1})$ $(j > 1)$ 和 $\mathrm{Gal}(M_{i+11}/M_{is_i})$ $(i > 1)$ 都是循环群. 事实上，如果 $M_{ij} \neq M_{ij-1}$, 则 $M_{ij} = M_{ij-1}(\beta_{ij})$, 其中 $\beta_{ij} = \beta_i^\sigma$(对于某个 $\sigma \in \mathrm{Gal}(M/F)$). 由于 β_i 满足 $\beta_i^{p_i} = \alpha_{i-1}$(其中 $\alpha_{i-1} \in F_{i-1}$), 所以 $\beta_{ij}^{p_i} = \alpha_{i-1}^\sigma$. 而 α_{i-1}^σ

$\in F_{i-1}^{\sigma} \subseteq M_{i-1s_{i-1}}^{\sigma} = M_{i-1s_{i-1}}$，且 $M_{i-1s_{i-1}}$ 含有 p_i 次单位根，所以 $M_{i-1s_{i-1}}(\beta_{ij})/M_{i-1s_{i-1}}$ 为 p_i 次循环扩张．于是由

$$M_{ij} = M_{ij-1} \cdot M_{i-1s_{i-1}}(\beta_{ij})$$

知 M_{ij}/M_{ij-1} 是 Galois 扩张，且

$$\mathrm{Gal}(M_{ij}/M_{ij-1}) \leqslant \mathrm{Gal}(M_{i-1s_{i-1}}(\beta_{ij})/M_{i-1s_{i-1}}).$$

但是 $M_{ij} \neq M_{ij-1}$，所以 $\mathrm{Gal}(M_{ij}/M_{ij-1})$ 为 p_i 阶循环群．类似地容易证明 $\mathrm{Gal}(M_{i+11}/M_{is_i})$ $(i > 1)$ 为循环扩张．这就证明了我们的断言．

由此断言和 (3.1) 式中任意相邻的两个域对应的 Galois 群都是交换群，我们得知 $\mathrm{Gal}(M/F)$ 是可解群．注意到 $f(x)$ 在 F 上的分裂域 E 的 Galois 群 $\mathrm{Gal}(E/F)$ 是 $\mathrm{Gal}(M/F)$ 的商群，即知 $\mathrm{Gal}(E/F)$ 是可解群．

充分性　设 $\mathrm{Gal}(E/F)$ 为可解群，$[E:F]=n$. 同上，令 ζ_n 为 n 次本原单位根，则

$$\mathrm{Gal}(E(\zeta_n)/F(\zeta_n)) \cong \mathrm{Gal}(E/(E \cap F(\zeta_n))) \leqslant \mathrm{Gal}(E/F).$$

故 $\mathrm{Gal}(E(\zeta_n)/F(\zeta_n))$ 为可解群．设

$$\mathrm{Gal}(E(\zeta_n)/F(\zeta_n)) = G_0 \rhd G_1 \rhd \cdots \rhd G_t = \{1\}$$

为 $\mathrm{Gal}(E(\zeta_n)/F(\zeta_n))$ 的一个合成群列，且 $[G_{i-1}:G_i] = p_i (1 \leqslant i \leqslant r)$ 皆为素数．以 L_i 记 G_i 的不动域，则 $[L_i : L_{i-1}] = [G_{i-1} : G_i] = p_i$. 而 $G_{i-1} \rhd G_i$ 意味着 L_i/L_{i-1} 为正规扩张，故 L_i/L_{i-1} 为 p_i 次循环扩张．此外，$p_i \big| |G_0|$，$|G_0| = [E(\zeta_n) : F(\zeta_n)] \big| [E:F] = n$, 所以 $p_i \big| n$. 于是 $\zeta_{p_i} \in L_{i-1}$. 由定理 3.5 即知 L_i/L_{i-1} 为根式扩张．这样，域扩张链

$$F \subseteq F(\zeta_n) \subseteq L_1 \subseteq \cdots \subseteq L_t = E(\zeta_n)$$

中每个域都是前一个域的根式扩张. 而 $f(x)$ 的全部零点都含于 $E(\zeta_n)$ 中, 所以 $f(x)$ 可用根式解. □

§3.4 n 次一般方程的群

为简单起见, 我们设 F 是特征 0 的域,

$$f(x) = x^n + a_1 x^{n-1} + \cdots + a_n \in F[x]$$

为不可约多项式. 我们通常所说的 $f(x)$ 的 "求根公式" 是指用系数 $a_1, \cdots, a_n$ 的有限次四则运算以及开方把方程 $f(x) = 0$ 的根表达出来的公式. 这里的系数 $a_1, \cdots, a_n$ 可以取域 F 中的任意元素. 这就是说, 出现在求根公式中的系数 $a_1, \cdots, a_n$ 应当视为不定元. 鉴于这种考虑, 我们引入 "一般方程" 的概念. 所谓域 F 上的 n **次一般方程**是指

$$f(x) = x^n + t_1 x^{n-1} + \cdots + t_n = 0,$$

其中 $t_1, \cdots, t_n$ 是 F 上的代数无关元, $f(x)$ 是 $F(t_1, \cdots, t_n)[x]$ 中的不可约多项式.

我们考查上述的 $f(x)$ 在 (n 元有理分式域)$F(t_1, \cdots, t_n)$ 上的分裂域 E. 设

$$f(x) = (x - x_1) \cdots (x - x_n), \quad x_1, \cdots, x_n \in E,$$

则有

$$\begin{cases} t_1 = -\sigma_1(x_1, \cdots, x_n) = -(x_1 + \cdots + x_n), \\ t_2 = \sigma_2(x_1, \cdots, x_n) = x_1 x_2 + \cdots + x_{n-1} x_n, \\ \cdots\cdots\cdots\cdots\cdots\cdots\cdots\cdots\cdots\cdots\cdots\cdots \\ t_n = (-1)^n \sigma_n(x_1, \cdots, x_n) = (-1)^n x_1 x_2 \cdots x_n, \end{cases}$$

其中 σ_i $(1 \leqslant i \leqslant n)$ 为 $x_1, \cdots, x_n$ 的第 i 个初等对称多项式. 于是 $F(x_1, \cdots, x_n) \supset F(t_1, \cdots, t_n)$. 由此即知 $E = F(x_1, \cdots, x_n)$, 亦知

$x_1, \cdots, x_n$ 在 F 上代数无关 (否则与 $t_1, \cdots, t_n$ 在 F 上代数无关矛盾). 对于 n 元对称群 S_n 中任一元素 τ, 定义映射

$$\begin{aligned}\tilde{\tau}:\ E &\to E,\\ x_i &\mapsto x_{i^\tau} \quad (1 \leqslant 1 \leqslant n),\\ a &\mapsto a \quad (a \in F).\end{aligned}$$

由于 $x_1, \cdots, x_n$ 在 F 上代数无关, 所以 $\tilde{\tau}$ 是 E 的自同构. 记 E 中在所有 $\tilde{\tau}$ $(\tau \in S_n)$ 下不动的元素的集合 (即 $\{\tilde{\tau} \mid \tau \in S_n\}$ 的不动域) 为 E_0. 显然 σ_i $(1 \leqslant i \leqslant n)$ 在 $\tilde{\tau}$ 下不动 $(\forall\ \tau \in S_n)$, 所以 $F(t_1, \cdots, t_n) \subseteq E_0$; 反之, E_0 的任意元素是 $x_1, \cdots, x_n$ 在 F 上的对称多项式的商, 故可表示为 σ_i $(1 \leqslant i \leqslant n)$ 的多项式有理分式, 因而属于 E_0. 这就说明了 $E_0 = F(t_1, \cdots, t_n)$. 又显然有 $\{\tilde{\tau} \mid \tau \in S_n\}$ 同构于 S_n, 于是有

定理 4.1 域 F 上的 n 次一般方程的分裂域的 Galois 群同构于 S_n.

当 $n \geqslant 5$ 时, S_n 不是可解群, 根据定理 3.6, 我们得到

推论 4.2 (Abel 定理) 当 $n \geqslant 5$ 时, 域 F 上的 n 次一般方程不是根号可解的.

对于具体的 (域上的) 不可约多项式, 一般来讲, 求它的分裂域的 Galois 群并不是一件容易的事情. 在基域是有理数域 $\mathbb{Q}$ 的情形, 下面的定理很有用.

定理 4.3 设 $f(x)$ 是不可约有理整系数多项式, p 是不整除 $f(x)$ 的判别式的素数. 以 $\bar{f}(x)$ 记 $f(x)$ 的各项系数 $\bmod p$ 所得到的有限域 $GF(p)$ 上的多项式. 则 $\bar{f}(x)$ 在 $GF(p)$ 上的分裂域的 Galois 群是 $f(x)$ 在 $\mathbb{Q}$ 上的分裂域的 Galois 群的子群.

更加困难的问题是: 给定一个域 F 和一个有限群 G, 如何构造 F 的一个 Galois 扩张 E, 使得 $\mathrm{Gal}(E/F) \cong G$? 这就是所谓的 “Galois 反问题”. 人们甚至不知道这种 Galois 扩张是否存在. 这方面的一个重要结果是

定理 4.4 对于任意的正整数 n, 存在有理数域 $\mathbb{Q}$ 上的 Galois 扩张，其 Galois 群同构于对称群 S_n.

定理 4.3 和定理 4.4 的证明可以参见聂灵沼、丁石孙著的《代数学引论》(第二版) (高等教育出版社，2000).

§3.5 Galois 群的上同调群

本节主要的内容是介绍群的上同调群的基本概念，进而证明循环扩张的 Galios 群的一维上同调群是平凡的 (即 Hilbert 定理 90). 在通常的教科书中，一维上同调群的定义并不是作为一般的上同调群的特殊情形给出的. 我们将介绍 n 维上同调群的概念. 应当指出，这里所说的 “群的上同调” 是 “模的上同调” 的特例，而模的上同调是代数学的重要分支 —— 同调代数的主要研究对象之一.

3.5.1 群的上同调

在拓扑学中，拓扑空间的上同调群是通过上链复形定义的，而上链复形是由链复形给出的. 类似地，从一个群 G 出发，可以自然地构造一个链复形 (即下面给出的 $\mathbb{Z}$ 作为平凡 $\mathbb{Z}[G]$ 模的自由化解)，进而定义上链复形和上同调群.

设 G 是群. 对于任意整数 $i \geqslant 0$, 如通常一样，令

$$G^{i+1} = \overbrace{G \times G \times \cdots \times G}^{i+1 \text{ 个} G}.$$

又令 $P_i = \mathbb{Z}[G^{i+1}]$. 定义 G 在 G^{i+1} 上的作用为

$$(\sigma_0, \sigma_1, \cdots, \sigma_i)\sigma = (\sigma_0\sigma, \sigma_1\sigma, \cdots, \sigma_i\sigma),$$

其中 $\sigma \in G$, $(\sigma_0, \sigma_1, \cdots, \sigma_i) \in G^{i+1}$. 这个作用的 $\mathbb{Z}$- 线性扩张给出群环 $\mathbb{Z}[G]$ 在 P_i 上的作用，使得 P_i 成为自由 $\mathbb{Z}[G]$ 模，此自由模的基可以取为

$$\{(\sigma_0, \sigma_1, \cdots, \sigma_{i-1}, 1) \mid (\sigma_0, \cdots, \sigma_{i-1}) \in G^i\}.$$

对于任一 $i \geqslant 0$, 定义映射

$$\begin{aligned} d_i: P_{i+1} &\rightarrow P_i, \\ (\sigma_0, \sigma_1, \cdots, \sigma_i) &\mapsto \sum_{j=0}^{i} (-1)^j (\sigma_0, \cdots, \sigma_{j-1}, \sigma_{j+1}, \cdots, \sigma_i). \end{aligned}$$

容易看出 d_i 是 $\mathbb{Z}[G]$ 模同态. 考虑序列

$$\cdots \xrightarrow{d_2} P_2 \xrightarrow{d_1} P_1 \xrightarrow{d_0} P_0 \xrightarrow{\varepsilon} \mathbb{Z} \longrightarrow 0, \tag{5.1}$$

其中 ε 的定义为

$$\begin{aligned} \varepsilon: \ P_0(=\mathbb{Z}[G]) &\rightarrow \mathbb{Z}, \\ \sum_{j=1}^{m} a_j \sigma_j &\mapsto \sum_{j=1}^{m} a_j \quad (a_j \in \mathbb{Z}, \sigma_j \in G). \end{aligned}$$

如果将 $\mathbb{Z}$ 视为平凡 $\mathbb{Z}[G]$ 模 (即 G 中任一元素在 $\mathbb{Z}$ 上的作用都是 $\mathbb{Z}$ 上的恒同映射), 则 ε 是 $\mathbb{Z}[G]$ 模同态. 于是 (5.1) 是 $\mathbb{Z}[G]$ 模序列.

不难验证序列 (5.1) 是正合的. 事实上, 对于任一正整数 i, 通过直接计算可知 $d_i d_{i-1} = 0$ ($\forall i = 0, 1, \cdots$), 即 $\operatorname{im} d_i \subseteq \ker d_{i-1}$. 反之, 设有限和

$$S = \sum_{(j_0, j_1, \cdots, j_i)} a_{j_0, j_1, \cdots, j_i} (\sigma_{j_0}, \sigma_{j_1}, \cdots, \sigma_{j_i}) \in \ker d_{i-1},$$

则

$$\sum_{(j_0, j_1, \cdots, j_i)} a_{j_0, j_1, \cdots, j_i} (\sigma_{j_0}, \sigma_{j_1}, \cdots, \sigma_{j_i})^{d_{i-1}} = 0, \tag{5.2}$$

这就是说, 以

$$(\sigma_{j_0}, \sigma_{j_1}, \cdots, \sigma_{j_i})^{d_{i-1}} = \sum_{k=0}^{i} (-1)^k (\sigma_{j_0}, \cdots, \sigma_{j_{k-1}}, \sigma_{j_{k+1}}, \cdots, \sigma_{j_i})$$

代入 (5.2) 式的左端, 按 G^i 中的元素合并同类项, 得到的各项系数皆为零. 注意在

$$\left(\sum_{(j_0, j_1, \cdots, j_i)} a_{j_0, j_1, \cdots, j_i} (\sigma, \sigma_{j_0}, \sigma_{j_1}, \cdots, \sigma_{j_i}) \right)^{d_i} \tag{5.3}$$

的展开式中 ($\forall\ \sigma \in G$), 除了各 $a_{j_0,j_1,\cdots,j_i}(\sigma,\sigma_{j_0},\sigma_{j_1},\cdots,\sigma_{j_i})^{d_i}$ 的第一项之和 (等于 S) 之外，剩下的部分 (在合并同类项后) 各项的系数恰与 (5.2) 式的左端展开后的相应项 (即去掉 $(\sigma,\sigma_{j_0},\cdots,\sigma_{j_{k-1}},\sigma_{j_{k+1}},\cdots,\sigma_{j_i})$ 中的 σ) 的系数相差一个负号，故这些系数皆为零. 这说明 (5.3) 式等于 S. 于是 $S \in \mathrm{im}\ d_i$, 即有 $\ker d_{i-1} \subseteq \mathrm{im}\ d_i$. 这就证明了序列 (5.1) 在 P_i ($i \geqslant 1$) 处正合. 类似地可证 (5.1) 在 P_0 处正合. 在 $\mathbb{Z}$ 处正合是显然的.

称序列 (5.1) 为 $\mathbb{Z}$ 作为平凡 $\mathbb{Z}[G]$ 模的**自由化解** (或**自由完全表现**).

现在设 A 为任一 $\mathbb{Z}[G]$ 模. 将函子 $\mathrm{Hom}_{\mathbb{Z}[G]}(\bullet, A)$ 应用于序列 (5.1)(除去最后一项), 我们得到序列

$$\cdots \xleftarrow{d_2^*} \mathrm{Hom}(P_2,A) \xleftarrow{d_1^*} \mathrm{Hom}(P_1,A) \xleftarrow{d_0^*} \mathrm{Hom}(P_0,A). \tag{5.4}$$

此序列一般而言不再是正合的 (见第一章定理 7.2 后面的**注意**). 但是，不难看出对于任一 $i = 0,1,\cdots$, 有

$$d_i^* d_{i+1}^* = 0,$$

即 $\mathrm{im} d_i^* \subseteq \ker d_{i+1}^*$. 我们称序列 (5.4) 为一个**上链复形**.

定义 5.1 对于 $i > 0$, $\ker d_i^*$ 称为 G 的取值在 A 中的 i 维**上闭链**, 记为 $Z^i(G,A)$; $\mathrm{im}\ d_{i-1}^*$ 称为 G 的取值在 A 中的 i 维**上边缘**, 记为 $B^i(G,A)$; 商群 $Z^i(G,A)/B^i(G,A)$ 称为 G 的取值在 A 中的 i 维**上同调群**, 记为 $H^i(G,A)$. G 的取值在 A 中的 0 维**上同调群** $H^0(G,A)$ 定义为 $\ker d_0^*$.

注意: 通常 (对于非交换群 G 而言), $H^i(G,A)$ 只有交换群结构, 而没有 $\mathbb{Z}[G]$ 模结构.

为了将上同调群清楚地表达出来，我们将 P_i 换一个写法. 作为自由 $\mathbb{Z}[G]$ 模， P_i 的基取为

$$\{(\sigma_1\sigma_2\cdots\sigma_i, \sigma_2\cdots\sigma_i, \cdots, \sigma_{i-1}\sigma_i, \sigma_i, 1) |\ \sigma_1,\cdots,\sigma_i \in G\}.$$

以下将 $(\sigma_1\sigma_2\cdots\sigma_i, \sigma_2\cdots\sigma_i, \cdots, \sigma_{i-1}\sigma_i, \sigma_i, 1)$ 记为 $[\sigma_1,\cdots,\sigma_i]$($P_0$ 的基记为 $[\ ]$). 在此记号下，自由化解序列中的模同态 $d_{i-1}:\ P_i \to P_{i-1}$

在基上的作用为

$$
\begin{aligned}
&[\sigma_1,\ \sigma_2,\ \cdots,\ \sigma_i]^{d_{i-1}}\\
&\quad=(\sigma_1\sigma_2\cdots\sigma_i,\ \sigma_2\cdots\sigma_i,\ \cdots,\ \sigma_{i-1}\sigma_i,\ \sigma_i,\ 1)^{d_{i-1}}\\
&\quad=(\sigma_2\cdots\sigma_i,\ \cdots,\ \sigma_{i-1}\sigma_i,\ \sigma_i,\ 1)\\
&\qquad+\sum_{j=2}^{i}(-1)^{j-1}(\sigma_1\sigma_2\cdots\sigma_i,\ \cdots,\ \sigma_{j-1}\cdots\sigma_i,\ \sigma_{j+1}\cdots\sigma_i,\ \sigma_i,\ 1)\\
&\qquad+(-1)^i(\sigma_1\sigma_2\cdots\sigma_i,\ \sigma_2\cdots\sigma_i,\ \cdots,\ \sigma_{i-1}\sigma_i,\ \sigma_i)\\
&\quad=[\sigma_2,\ \cdots,\ \sigma_i]+\sum_{j=2}^{i}(-1)^{j-1}[\sigma_1,\ \cdots,\ \sigma_{j-1}\sigma_j,\ \cdots,\ \sigma_i]\\
&\qquad+(-1)^i[\sigma_1,\ \cdots,\ \sigma_{i-1}]\sigma_i.
\end{aligned}
$$

于是，对于任一 $\varphi_{i-1}\in \mathrm{Hom}_{\mathbb{Z}[G]}(P_{i-1},A)$, 有

$$
\begin{aligned}
&[\sigma_1,\sigma_2,\cdots,\sigma_i]^{(\varphi_{i-1}^{d_{i-1}^*})}=([\sigma_1,\sigma_2,\cdots,\sigma_i]^{d_{i-1}})^{\varphi_{i-1}}\\
&\quad=[\sigma_2,\cdots,\sigma_i]^{\varphi_{i-1}}+\sum_{j=2}^{i}(-1)^{j-1}[\sigma_1,\ \cdots,\ \sigma_{j-1}\sigma_j,\ \cdots,\ \sigma_i]^{\varphi_{i-1}}\\
&\qquad+(-1)^i([\sigma_1,\ \cdots,\ \sigma_{i-1}]\sigma_i)^{\varphi_{i-1}}\\
&\quad=[\sigma_2,\cdots,\sigma_i]^{\varphi_{i-1}}+\sum_{j=2}^{i}(-1)^{j-1}[\sigma_1,\ \cdots,\ \sigma_{j-1}\sigma_j,\ \cdots,\ \sigma_i]^{\varphi_{i-1}}\\
&\qquad+(-1)^i([\sigma_1,\ \cdots,\ \sigma_{i-1}]^{\varphi_{i-1}})\sigma_i.
\end{aligned}
$$

具体写出 $d_i^*(i=0,1)$ 的表达式. 对于任一 $\xi\in \mathrm{Hom}_{\mathbb{Z}[G]}(P_0,A)$ 以及 $[\sigma]\in P_1$, 有

$$[\sigma]^{(\xi^{d_0^*})}=([\sigma]^{d_0^*})^{\xi}=[\ ]^{\xi}-([\ ]\sigma)^{\xi}=[\ ]^{\xi}-([\ ]^{\xi})\sigma.$$

对于任一 $\xi\in \mathrm{Hom}_{\mathbb{Z}[G]}(P_1,A)$ 以及 $[\sigma_1,\sigma_2]\in P_2$, 类似地有

$$[\sigma_1,\sigma_2]^{(\xi^{d_1^*})}=[\sigma_2]^{\xi}-[\sigma_1\sigma_2]^{\xi}+([\sigma_1]^{\xi})\sigma_2.$$

由此可知

$$B^1(G,A)=\mathrm{im}\ d_0^*$$

$$= \{\xi:\ G \to A \mid \text{存在 } a \in A, \text{使得 } \sigma^\xi = a - a\sigma\ (\forall\ \sigma \in G)\},$$

$$\begin{aligned} Z^1(G,A) &= \ker d_1^* \\ &= \{\xi:\ G \to A \mid (\sigma_1\sigma_2)^\xi = (\sigma_1^\xi)\sigma_2 + \sigma_2^\xi\ (\forall\ \sigma_1, \sigma_2 \in G)\} \end{aligned} \tag{5.5}$$

(对于 $i > 1$, 可类似地计算 $B^i(G,A)$, $Z^i(G,A)$, 但是表达式随 i 的增大变得复杂). 这样, 我们得到了群 G 的一维上同调群的表达式

$$H^1(G,A) = Z^1(G,A)/B^1(G,A),$$

其中 $Z^1(G,A)$ 和 $B^1(G,A)$ 如 (5.5) 式所示.

关于 $H^0(G,A)$, 我们有

$$H^0(G,A) = \ker d_0^* = \{\xi:\ G \to A \mid ([\ ]^\xi)\sigma = [\ ]^\xi\ (\forall\ \sigma \in G)\},$$

其中的 $[\ ]^\xi$ 是 A 中的元素, 而条件 $([\ ]^\xi)\sigma = [\ ]^\xi$ $(\forall\ \sigma \in G)$ 是说该元素在 G 的所有元素作用下都不动. 显然这样的元素与 $H^0(G,A)$ 中的元素 (模同态) 一一对应, 并且此对应是一个交换群同构. 因此我们经常将 $H^0(G,A)$ 与 A 中的 G-不动元组成的子群等同起来, 此子群常记为 A^G.

关于上同调群的两个重要的结果是 (在此我们不给出证明):

定理 5.2 设 G 是群,

$$0 \longrightarrow A \longrightarrow B \longrightarrow C \longrightarrow 0$$

是 $\mathbb{Z}[G]$ 模短正合列, 则有交换群的长正合列

$$\begin{aligned} 0 &\longrightarrow A^G \longrightarrow B^G \longrightarrow C^G \longrightarrow H^1(G,A) \longrightarrow H^1(G,B) \\ &\longrightarrow H^1(G,C) \longrightarrow H^2(G,A) \longrightarrow \cdots. \end{aligned}$$

定理 5.3 设 G 是群, $H \trianglelefteq G$, A 是 $\mathbb{Z}[G]$ 模, 则有交换群的正合列

$$0 \longrightarrow H^1(G/H, A^H) \longrightarrow H^1(G,A) \longrightarrow H^1(H,A).$$

3.5.2 Galois 群的一维上同调群

本节将证明域的有限 Galois 扩张的 Galois 群的取值在域中的一维上同调群是平凡的.

设 K/F 是 Galios 扩张, 则 $K^{\times} = K\backslash\{0\}$(作为乘法群) 在 $\mathrm{Gal}(K/F)$ 自然的作用下 (即对于 $\sigma \in \mathrm{Gal}(K/F)$ 和 $x \in K^{\times}$, 定义 σ 在 x 上的作用 $x\sigma$ 为 x^{σ}) 是 $\mathbb{Z}[\mathrm{Gal}(K/F)]$ 模. 于是可以考虑 $\mathrm{Gal}(K/F)$ 的取值在 $K^{\times}$ 中的上同调群.

定理 5.4 设 K/F 是有限 Galois 扩张, 则 $H^1(\mathrm{Gal}(K/F), K^{\times}) = \{1\}$.

为证明此定理, 我们需要一个引理.

引理 5.5 设 K/F 是有限 Galois 扩张, 则 Galois 群 $\mathrm{Gal}(K/F)$ 的元素 $\sigma_1, \cdots, \sigma_n$ 是 K- 线性无关的, 即: 如果 $a_1, \cdots, a_n \in K$ 使得

$$a_1 x^{\sigma_1} + \cdots + a_n x^{\sigma_n} = 0 \quad (\forall\ x \in K), \tag{5.6}$$

则 $a_1 = \cdots = a_n = 0$.

证明 假若存在不全为零的 $a_1, \cdots, a_n \in K$ 使得 (5.6) 式成立, 设 m 是使得 (5.6) 式成立的最小项数, 即存在 K 中的元素 $b_1, \cdots, b_m$ $(b_i \neq 0,\ \forall 1 \leqslant i \leqslant m)$, 使得

$$b_1 x^{\sigma_{i_1}} + \cdots + b_m x^{\sigma_{i_m}} = 0 \ \ (\forall\ x \in K) \tag{5.7}$$

(其中 $i_1, \cdots, i_m$ 为不超过 n 的两两不同的正整数), 并且

$$c_1 x^{\sigma_{j_1}} + \cdots + c_{m-1} x^{\sigma_{j_{m-1}}} = 0 \ \ (\forall\ x \in K)$$

(其中 $\{j_1, \cdots, j_{m-1}\}$ 为 $\{1, \cdots, n\}$ 的任一子集, $c_1, \cdots, c_{m-1} \in K$) 蕴含着 $c_1 = \cdots = c_{m-1} = 0$. 由于 $\sigma_{i_1} \neq \sigma_{i_2}$, 所以存在 $y \in K$, 使得 $y^{\sigma_{i_1}} \neq y^{\sigma_{i_2}}$. 将 xy 代入 (5.7) 式, 得

$$b_1 (xy)^{\sigma_{i_1}} + b_2 (xy)^{\sigma_{i_2}} + \cdots + b_m (xy)^{\sigma_{i_m}} = 0 \ \ (\forall\ x \in K).$$

以 $y^{\sigma_{i_1}}$ 乘 (5.7) 式, 得

$$b_1 (xy)^{\sigma_{i_1}} + b_2 y^{\sigma_{i_1}} x^{\sigma_{i_2}} + \cdots + b_m y^{\sigma_{i_1}} x^{\sigma_{i_m}} = 0 \ \ (\forall\ x \in K).$$

以上两式相减，得

$$b_2(y^{\sigma_{i_1}} - y^{\sigma_{i_2}})x^{\sigma_{i_2}} + \cdots + b_m(y^{\sigma_{i_1}} - y^{\sigma_{i_m}})x^{\sigma_{i_m}} = 0 \quad (\forall\, x \in K),$$

其中 $x^{\sigma_{i_2}}$ 的系数 $b_2(y^{\sigma_{i_1}} - y^{\sigma_{i_2}}) \neq 0$, 这矛盾于 m 的最小性. □

现在我们证明定理 5.4.

定理 5.4 的证明 为简单起见，我们记 $G = \mathrm{Gal}(K/F)$. 只要证明 $Z^1(G, K^\times) = B^1(G, K^\times)$. 为此，只要证 $Z^1(G, K) \subseteq B^1(G, K)$. 设 $\xi \in Z^1(G, K^\times)$, 则

$$(\sigma\tau)^\xi = (\sigma^\xi)^\tau \cdot \tau^\xi \quad (\forall\, \sigma, \tau \in G). \tag{5.8}$$

为证明 $\xi \in B^1(G, K)$, 只要证存在 $a \in K^\times$, 使得

$$\tau^\xi = a \cdot (a^\tau)^{-1} \quad (\forall\, \tau \in G).$$

由引理 5.5 知，存在 $x \in K$, 使得

$$b = \sum_{\sigma \in G} \sigma^\xi x^\sigma \neq 0.$$

对于任一 $\tau \in G$, 由 (5.8) 式，有

$$b^\tau = \sum_{\sigma \in G} (\sigma^\xi)^\tau x^{\sigma\tau} = \sum_{\sigma \in G} ((\sigma\tau)^\xi (\tau^\xi)^{-1}) x^{\sigma\tau} = b \cdot (\tau^\xi)^{-1}.$$

取 $a = b$ 即可. □

推论 5.6 (Hilbert 定理 90) 设 K/F 是有限循环扩张, $\mathrm{Gal}(K/F) = \langle\sigma\rangle$, $a \in K^\times$. 则 $\mathrm{N}_{K/F}\, a = 1$ 的充分必要条件是存在 $x \in K^\times$, 使得 $a = x/x^\sigma$.

证明 由定义 $\mathrm{N}_{K/F} x = \prod\limits_{\tau \in G} x^\tau$ 立得定理中条件的充分性. 反之，设 $|G| = n$, 则

$$\prod_{j=0}^{n-1} a^{\sigma^j} = \mathrm{N}_{K/F}\, a = 1. \tag{5.9}$$

令

$$\xi: G \to K^\times,$$
$$\sigma^i \mapsto \prod_{j=0}^{i-1} a^{\sigma^j}.$$

容易验证 ξ 是一个映射. 事实上, 若 $\sigma^i = \sigma^k$, 则不妨设 $i = k + tn$(t 为非负整数). 于是

$$(\sigma^i)^\xi = \prod_{j=0}^{i-1} a^{\sigma^j} = \prod_{j=0}^{k-1} a^{\sigma^j} \prod_{j=k}^{i-1} a^{\sigma^j} = (\sigma^k)^\xi \prod_{j=k}^{k+tn-1} a^{\sigma^j}.$$

由 (5.9) 式, 有

$$\prod_{j=k}^{k+tn-1} a^{\sigma^j} = \left(\prod_{j=0}^{n-1} a^{\sigma^j}\right)^{\sigma^k} \cdots \left(\prod_{j=0}^{n-1} a^{\sigma^j}\right)^{\sigma^{(t-1)n+k}} = 1,$$

所以 $(\sigma^i)^\xi = (\sigma^k)^\xi$. 这就证明了 ξ 是一个映射. 易见 $\xi \in Z^1(G, K^\times)$:

$$(\sigma^i\sigma^k)^\xi = (\sigma^{i+k})^\xi = \prod_{j=0}^{i+k-1} a^{\sigma^j} = \prod_{j=0}^{k-1} a^{\sigma^j} \prod_{j=k}^{i+k-1} a^{\sigma^j} = (\sigma^k)^\xi((\sigma^i)^\xi)^{\sigma^k}.$$

由于 $H^1(G, K^\times) = \{1\}$, 所以 $\xi \in B^1(G, K^\times)$, 即存在 $x \in K^\times$, 使得 $\sigma^\xi = x/x^\sigma$. 而 $\sigma^\xi = a$, 故 $a = x/x^\sigma$. □

最后我们指出: K 作为加法群当然也是 $\mathbb{Z}[\mathrm{Gal}(K/F)]$ 模, 因此可考虑 $\mathbb{Z}[\mathrm{Gal}(K/F)]$ 的取值在加法群 K 中的上同调群 $H^i(\mathrm{Gal}(K/F), K)$ ($i \geqslant 1$). 结论是: 这些上同调群都是平凡的. 证明此结论的一条途径是应用 正规基定理, 即: 如果 K/F 是有限 Galois 扩张, 则存在 $x \in K$, 使得 $\{x^\sigma | \sigma \in \mathrm{Gal}(K/F)\}$ 构成 K(作为 F-线性空间) 的一组基. 但是, 一般而言, $H^i(\mathrm{Gal}(K/F), K^\times)$ 当 $i > 1$ 时不一定是平凡的 ($H^2(\mathrm{Gal}(K/F), K^\times)$ 称为 K/F 的 **Brauer 群**).

习　题

1. 证明有理数域 $\mathbb{Q}$ 的代数闭包 $\bar{\mathbb{Q}}$ 是可列集.

2. 证明实数域 $\mathbb{R}$ 的自同构群 $\mathrm{Aut}(\mathbb{R}/\mathbb{Q})$ 只含有恒同映射.

3. 设 K/F 是有限可分扩张, $\alpha \in K$, K 到 $\bar{F}$ 的全部 F-嵌入为 $\sigma_1, \cdots, \sigma_n$. 证明 α 在域扩张 K/F 下的迹和范数分别为

$$\mathrm{tr}_{K/F}(\alpha) = \sum_{i=1}^{n} \alpha^{\sigma_i} \quad \text{和} \quad \mathrm{N}_{K/F}(\alpha) = \prod_{i=1}^{n} \alpha^{\sigma_i}.$$

4. 设 K/F 是超越单扩张, $K = F(\alpha)$. 证明: 对于任一 $\beta \in K \backslash F$, 映射

$$\begin{aligned} K &\to K, \\ g(\alpha) &\mapsto g(\beta), \quad g(x) \in F(x) \end{aligned}$$

都是 K 到自身的 F-嵌入.

5. 设 $K/GF(p)$ 是超越单扩张, $K = GF(p)(\alpha)$. 以 E_n 记多项式 $x^{p^n} - \alpha$ 在 K 上的分裂域 (n 为正整数). 证明 $|\mathrm{Aut}(E_n/K)| = 1$.

6. 设 K/F 是代数扩张. 如果 K 到 $\bar{F}$ 的域嵌入只有一个, 则称 K/F 为**纯不可分扩张**. 设 E/F 是代数扩张, 以 L 记 F 在 E 中的可分闭包, 证明 E/L 是纯不可分扩张.

7. 设 α 是域 F 上的不可分 (代数) 元, $\mathrm{char} F = p$. 证明 $\mathrm{Irr}(\alpha, F)$ 形如 $f(x^p)$, 其中 $f(x)$ 为系数在 F 中的多项式.

8. 设 K/F 是有限扩张. 证明 K/F 是可分扩张当且仅当 $\mathrm{tr}_{K/F}$ 是满射.

9. 设 K/F 是可分扩张, E/F 是纯不可分扩张. 证明 $K \cap E = F$.

10. 证明特征不等于 2 的域上的二次扩张一定是 Galois 扩张.

11. 令 $\zeta_n = \mathrm{e}^{\frac{2\pi \mathrm{i}}{n}}$. 证明 $\mathbb{Q}(\zeta_n + \zeta_n^{-1}) = \mathbb{Q}(\zeta_n) \cap \mathbb{R}$.

12. 设 $K = \mathbb{Q}(\sqrt{2}, \sqrt{3})$.

(1) 求一个元素 $\alpha \in K$, 使得 $K = \mathbb{Q}(\alpha)$;

(2) 求 $\mathrm{Gal}(K/\mathbb{Q})$ 的全部子群以及子群的不动域.

13. 设 $K = \mathbb{Q}(\sqrt[4]{2})$.

(1) 求 K 在 $\mathbb{Q}$ 上的正规闭包 E;

(2) 求 $\mathrm{Gal}(E/\mathbb{Q})$ 的全部元素、全部子群以及子群的不动域.

14. 求多项式 x^3-3x+1 在 $\mathbb{Q}$ 上的分裂域 (在 $\mathbb{Q}$ 上的) Galios 群的全部子群以及子群的不动域:

15. 证明多项式 $f(x)=x^6+18x^4+6x^3+2x^2+7x+15$ 在 $\mathbb{Q}$ 上的分裂域 (在 $\mathbb{Q}$ 上的) Galois 群同构于 S_6.(提示:首先证明 $f(x)$ 不可约 (为此考虑 $f(x)(\mathrm{mod}\ 2)$). 再应用定理 4.3 (取素数 $p=3,5$) 以及关于对称群的结果:如果 S_n 的一个子群 G 是传递的,且 G 包含一个对换和一个 $n-1$ 轮换,则 $G=S_n$.)

16. 求多项式 x^5-2 在 $\mathbb{Q}(\sqrt{5})$ 上的分裂域 K 以及 $\mathrm{Gal}(K/\mathbb{Q}(\sqrt{5}))$.

17. 构造一个根式扩张链 $F\subset F_1\subset\cdots\subset F_n$, 满足条件:存在 F_n/F 的一个中间域 K, 使得由 F 到 K 没有根式扩张链.

18. 设 G 是群, A 是 $\mathbb{Z}[G]$ 模. 写出 $H^2(G,A)$.

19. 设 K/F 是有限 Galois 扩张 (则加法群 K 是 $\mathbb{Z}[\mathrm{Gal}(K/F)]$ 模). 证明 $H^1(\mathrm{Gal}(K/F),K)=\{0\}$.

20. (**Hilbert 定理 90 的加法形式**) 设 K/F 是有限循环扩张, $\mathrm{Gal}(K/F)=\langle\sigma\rangle$, $\alpha\in K$. 证明 $\mathrm{tr}_{K/F}(\alpha)=0$ 当且仅当存在 $\theta\in K$, 使得 $\alpha=\theta-\theta^\sigma$.

第 4 章　结合代数与有限群的表示论

有限群的表示论是群论和代数的一个重要分支，它对群论本身以及物理、化学等其他学科有着广泛的应用. 它是 19 世纪末由 G. Frobenius 所创立，当时的 W. Burnside 等人也作出了很大的贡献. 到了 20 世纪初，所谓**常表示** (ordinary representation) 的理论可以认为已经完成. 那时， Burnside 和 Frobenius 证明了两个著名的定理，使人们看到群表示，特别是群特征标的理论对于有限群论来说是何等重要！从 20 世纪 30 年代开始， R. Brauer 等人又进而发展了所谓**模表示**(modular representation) 的理论，它对于有限群论特别是有限单群的分类问题又提供了一个有力的工具.

讲述有限群表示论的较好的方法是把有限群的表示和结合代数的表示一起来讲，而连接二者的桥梁是群代数的概念. 为此，我们首先引进结合代数、结合代数的表示以及结合代数上的模的概念.

§4.1　代 数 与 模

根据我们的需要，我们只叙述域上的有限维结合代数的概念.

定义 1.1　设 F 是域， A 是 F 上的有限维向量空间，同时又是一个 (有单位元 1 的) 环. 假定对任意的 $f \in F$, $x, y \in A$, 恒有

$$(fx)y = f(xy) = x(fy),$$

则称 A 为一个域 F 上的**结合代数**, 简称 F **代数**或**代数**.

我们称其为结合代数, 是因为其乘法有结合律, 这是相对于非结合代数诸如 Lie 代数等而言的. 在本书中我们不研究非结合代数, 因此常简称结合代数为代数或 F 代数， F 代数最典型的例子是:

例 1.2　设 $V = V(n, F)$ 是 F 上 n 维向量空间，则 V 到自身的

全体线性变换的集合 $\mathrm{End}_F(V)$ 在通常定义的加法、乘法和数乘之下构成一 F 代数. 它的维数是 n^2, 并且与 F 上的全体 $n\times n$ 矩阵组成的 F 代数 $M_n(F)$ 同构, 后者的运算为矩阵的加法、乘法和数乘.

和环一样, 对于 F 代数来说也有诸如子代数、(左、右、双边) 理想、商代数、代数同态等概念, 并成立同态基本定理. 我们简单叙述如下:

设 A 是 F 代数, B 是 A 作为向量空间的子空间, 如果 B 同时也是 A 作为环的子环 (要求有 1) 或 (左、右、双边) **理想**, 则称 B 为 F 代数 A 的子代数或 (左、右、双边) 理想. 再设 B 是 A 的 (双边) 理想, 则 A 作为环的商环 A/B 自然有一线性空间的结构 (或者 A 作为线性空间的商空间 A/B 自然有一环的结构), 这使 A/B 亦成一 F 代数, 叫做 A 关于理想 B 的**商代数**. 关于 F 代数的同态以及同态基本定理也和环十分相似, 这里不再仔细叙述. 我们只提醒读者注意一点: 因为 F 代数有单位元 1, 我们要求**代数同态**除保持运算外还把单位元映到单位元, 也要求**子代数**包含原代数的单位元 1.

例如, $F\cdot 1=\{f\cdot 1 \mid f\in F\}$ 是 A 的子代数, A 的中心 $Z(A)=\{a\in A \mid ax=xa, \forall x\in A\}$ 也是 A 的子代数, 并且 $F\cdot 1\subseteq Z(A)$.

代数 A 叫做**可除代数**, 如果 A 对于加法和乘法来说组成一个体. 显然, $F\cdot 1$ 是 A 的一个可除子代数.

另一个在本章中非常重要的结合代数的例子是有限群的群代数.

定义 1.3 设 F 是域, $G=\{1{=}a_1,a_2,\cdots,a_g\}$ 是一个有限群, 其中 $g=|G|$. 令

$$F[G]=\left\{\sum_{i=1}^{g} f_i a_i \,\middle|\, f_i\in F\right\}$$

是 G 中元素用 F 中元素 (以下叫做数) 作系数的所有形式线性组合. 规定

$$\sum_i f_i a_i=\sum_i f_i' a_i \Longleftrightarrow f_i=f_i',\ \ \forall i,$$

并在 $F[G]$ 中如下自然地规定加法和数乘：

$$\sum_i f_i a_i + \sum_i f_i' a_i = \sum_i (f_i + f_i') a_i, \quad \forall f_i, f_i' \in F,$$

$$f\left(\sum_i f_i a_i\right) = \sum_i (f f_i) a_i, \quad \forall f_i, f \in F,$$

这使得 $F[G]$ 成为 F 上 g 维向量空间. 再规定乘法为

$$\left(\sum_i f_i a_i\right)\left(\sum_j f_j' a_j\right) = \sum_{i,j} (f_i f_j')(a_i a_j),$$

则易证 $F[G]$ 成为一个 g 维 F 代数，叫做群 G 在 F 上的**群代数**.

群代数概念的意义在于通过它把群和代数，因而也把群的表示和代数的表示联系了起来. 而代数作为环和向量空间有更丰富的代数结构，因而也更便于对它进行研究.

下面定义代数的表示.

定义 1.4　设 A 是一个 F 代数，V 是 F 上的 n 维向量空间. 我们称代数同态 $X : A \to \mathrm{End}_F(V)$ 为 A 的一个**线性表示**, 而称 $\mathbf{X} : A \to M_n(F)$ 为 A 的一个**矩阵表示**.

我们称 V 为**表示空间**, $n = \dim_F V$ 为**表示的级**. 表示 X 的**核** $\ker X$ 即代数同态的核, 它是 A 的一个 (双边) 理想. 如果 $\ker X = \{0\}$, 即映射 X 是单射，则称 X 为 A 的一个**忠实表示**.

A 的两个表示 $X_1 : A \to \mathrm{End}_F(V_1)$ 和 $X_2 : A \to \mathrm{End}_F(V_2)$ 称为**等价的**, 记做 $X_1 \sim X_2$, 如果存在向量空间的同构 $S : V_1 \to V_2$, 使

$$X_1(a)S = SX_2(a), \quad \forall a \in A.$$

我们通常称这个事实为下面的图表是交换的：

$$\begin{array}{ccc} V_1 & \xrightarrow{S} & V_2 \\ \downarrow{\scriptstyle X_1(a)} & & \downarrow{\scriptstyle X_2(a)} \\ V_1 & \xrightarrow{S} & V_2 \end{array}$$

显然，等价表示的级必然相等.

读者容易看出，**矩阵表示 $\mathbf{X}_1$ 和 $\mathbf{X}_2$ 的等价** 可定义为存在满秩矩阵 $\mathbf{S}$ 使

$$\mathbf{S}^{-1}\mathbf{X}_1(a)\mathbf{S} = \mathbf{X}_2(a), \quad \forall a \in A.$$

因此，等价的矩阵表示可以看做是同一个线性表示在不同的基之下的矩阵形式. 反过来，等价的线性表示在适当选取的两个表示空间的基之下可以有相同的矩阵形式. 由于这个理由，在表示论中，我们常把等价的表示看做是同样的.

下面我们引进代数 A 上的模的概念，把 A 的表示和 A 模建立对应关系，以便能用模论的方法来研究表示论.

定义 1.5 设 A 是一个 F 代数，V 是 F 上 n 维向量空间. 假如对每个 $v \in V$, $x \in A$, 有唯一确定的元素 $vx \in V$, 并且对所有的 $x, y \in A$, $v, w \in V, f \in F$, 下述条件成立：

(1) $(v+w)x = vx + wx$;

(2) $v(x+y) = vx + vy$;

(3) $(vx)y = v(xy)$;

(4) $(fv)x = f(vx) = v(fx)$;

(5) $v \cdot 1 = v$,

则称 V 为一个**(右)A 模**.

容易看出，上述条件 (1) 和 (4) 的前半表明任意的 $x \in A$ 在 V 上作用都是 V 的一个线性变换，我们用 $X(x)$ 表示. 而条件 (2), (3) 和 (4) 的后半表明对应 $x \mapsto X(x)$ 保持加法、乘法和数乘运算，条件 (5) 又表明这个对应 X 把 A 的单位元 1 变到 $\mathrm{End}_F(V)$ 的单位元，于是 X 是 A 到 $\mathrm{End}_F(V)$ 内的代数同态. 由此看来，一个 A 模 V 可看成是一个向量空间 V 加上一个代数同态 $X: A \to \mathrm{End}_F(V)$, 这个同态 X 就给出了 A 的一个表示. 而且反过来，由 A 的任一线性表示 X 出发，规定

$$vx = v^{X(x)}, \quad \forall x \in A, v \in V,$$

可使 V 成为一个 A 模，叫做表示 X 的**表示模**. 这样，对代数 A 的表示的研究和 A 模的研究就可以等同起来了.

定义 1.6 设 V 是一个 A 模，W 是 V(作为线性空间) 的一个子空间. 如果 W 在 A 的作用下不变，即满足

$$wa \in W, \quad \forall w \in W,\ a \in A,$$

则称 W 为 V 的一个 A **子模**.

明显地，$\{0\}$ 和 V 都是 V 的 A 子模，叫做 V 的**平凡 A 子模**.

设 W 是 A 模 V 的非平凡 A 子模. 则把 $X(a)$ 限制在 W 上亦为 W 的一个线性变换 $X(a)|_W$, 并且映射

$$Y : a \mapsto X(a)|_W, \quad \forall a \in A$$

也是 A 的表示，叫做由 X 在 W 上诱导的表示. 它的表示模是 W.

我们再考虑商空间 V/W. 若规定

$$(v + W)a = va + W, \quad \forall v \in V,\ a \in A,$$

则可使商空间 V/W 亦成一 A 模，叫做 V 对 W 的商模，它所对应的表示设为 $Z : A \to \mathrm{End}_F(V/W)$.

如果在 V 中取一组基 $e_1, \cdots, e_m, \cdots, e_n$, 使 $e_1, \cdots, e_m$ 为 W 的基，于是 $e_{m+1} + W, \cdots, e_n + W$ 就是 V/W 的一组基. 这时 $X(a)$ 在这组基之下所对应的矩阵 $\mathbf{X}(a)$ 应有下列形状：

$$\mathbf{X}(a) = \begin{pmatrix} \mathbf{Y}(a) & \mathbf{0} \\ * & \mathbf{Z}(a) \end{pmatrix}, \tag{1.1}$$

其中 $\mathbf{Y}, \mathbf{Z}$ 分别为表示 Y, Z 对应的矩阵，而 $\mathbf{0}$ 是 m 行、$(n-m)$ 列的零矩阵.

定义 1.7 设 $X : A \to \mathrm{End}_F(V)$ 是代数 A 的表示，V 是相应的 A 模，如果 V 中存在一个非平凡 A 子模 W, 则称表示 X 以及 A 模 V 为**可约的**; 否则称为**不可约的**. (注意，我们规定不可约模都是非零模.) 而如果 V 可表成它的两个非平凡 A 子模 W 和 W' 的直

和: $V = W \oplus W'$, 则称表示 X 以及 A 模 V 为**可分解的**; 否则称为**不可分解的**. 又, 如果对 V 的任一 A 子模 W, 都存在一个 V 的 A 子模 W', 使得 $V = W \oplus W'$, 则称表示 X 以及 A 模 V 为**完全可约的**.

假定 V 是可分解的, 设 $V = W \oplus W'$. 我们在 W 和 W' 中各取一组基, 并把它们合并成 V 的一组基. 则 $X(a)$ 在这组基下的矩阵 $\mathbf{X}(a)$ 有形状

$$\mathbf{X}(a) = \begin{pmatrix} \mathbf{Y}(a) & \mathbf{0} \\ \mathbf{0} & \mathbf{Z}(a) \end{pmatrix}. \tag{1.2}$$

在这种情况下, 我们也称表示 X 为前面规定的表示 Y 和 Z 的直和, 记做 $X = Y \oplus Z$.

例 1.8 设 A 是一个 F 代数, 则 A 作为 F 上的向量空间可以自然地看成一个 A 模, 即规定 A 的元素在 A 上的作用为右乘变换. 这个 A 模叫做代数 A 的 (右) **正则 A 模**, 我们用符号 A° 来表示.

下面提一下模同态的概念. 设 V, W 是两个 A 模. 我们以 $\mathrm{Hom}_F(V, W)$ 表示 V 到 W 的线性映射的全体. 设 $\varphi \in \mathrm{Hom}_F(V, W)$, 同时满足

$$(vx)^\varphi = (v^\varphi)x, \quad \forall\, v \in V,\ x \in A,$$

则称 φ 为 A 模 V 到 A 模 W 的一个 A **模同态**. 易验证 φ 的核 $\ker\varphi$ 是 V 的一个 A 子模, 像集 V^φ 是 W 的一个 A 子模, 并且 $V^\varphi \cong V/\ker\varphi$. V 到 W 的所有 A 模同态的集合记做 $\mathrm{Hom}_A(V, W)$, 它是 $\mathrm{Hom}_F(V, W)$ 的子集. 而 A 模 V 到自身的 A 模同态, 即 V 的 A **模自同态**的全体记做 $\mathrm{End}_A(V)$, 它是 $\mathrm{End}_F(V)$ 的子集. 如果 A 模同态和 A 模自同态都是一一映射, 则称其为 A **模同构**和 A **模自同构**. 容易看出, 两个 A 模是同构的当且仅当它们对应的表示是等价的 (习题 1).

容易验证, $\mathrm{Hom}_A(V, W)$ 在如下定义的加法和数乘之下成为 F 上的一个向量空间: 对于 $\varphi, \psi \in \mathrm{Hom}_A(V, W)$, $f \in F$, $v \in V$, 规定

$$v^{f\varphi} = fv^\varphi, \quad v^{(\varphi+\psi)} = v^\varphi + v^\psi.$$

而 $\mathrm{End}_A(V)$ 不仅是一个 F 向量空间，而且若以映射的合成作为乘法还组成一个 F 代数，读者试证明 $\mathrm{End}_A(V)$ 恰为 $X(A)$ 在 $\mathrm{End}_F(V)$ 中的中心化子，即 $\mathrm{End}_A(V)$ 由 $\mathrm{End}_F(V)$ 中与 $X(A)$ 元素间可交换的全体变换所组成 (习题 2).

还有一个重要概念是下面的定义 1.9.

定义 1.9　设 V 是一个 A 模，称

$$\mathrm{Ann}(V) = \{x \in A \mid vx = 0,\ \forall v \in V\}$$

为 V 的**零化子**.

容易验证， $\mathrm{Ann}(V)$ 是 A 的双边理想. 事实上，如果用 X 表示对应于 A 模 V 的 A 的表示，则 $\mathrm{Ann}(V) = \ker X$, 且 $A/\mathrm{Ann}(V)$ 同构于 A 在 X 下的像 $X(A)$, 它是 $\mathrm{End}_F(V)$ 的一个子代数. 并且 A 模 V 亦可看成是一个 $X(A)$ 模.

还容易验证，同构的 A 模有相同的零化子 (习题 3). 这个事实以后常常要用到.

§4.2　不可约模和完全可约模

代数表示论的基本问题之一是决定代数 A 在域 F 上的所有不等价的不可约表示，而这等价于决定所有互不同构的不可约 A 模. 为了解决这个问题，我们先来研究不可约模的性质. 回忆一下，我们称 A 模 V 为不可约的，如果 $V \neq \{0\}$, 且除掉 $\{0\}$ 和 V 本身外， V 没有其他的 A 子模. 不可约模的基本性质是下面的 Schur 引理.

引理 2.1 (Schur 引理)　*设 V, W 是不可约 A 模，则 $\mathrm{Hom}_A(V,W)$ 的每个非零元素在 $\mathrm{Hom}_A(W,V)$ 中有逆.*

证明　设 $\varphi \in \mathrm{Hom}_A(V,W)$, 且 $\varphi \neq 0$, 则 $\ker\varphi$ 是 V 的子模且 $\neq V$. 而 V^{φ} 是 W 的子模且 $\neq \{0\}$, 由 V 和 W 的不可约性即得到 $\ker\varphi = 0$, $V^{\varphi} = W$. 于是 φ 是 V 到 W 的一一映射，因而是 A 模同构. 于是 φ 存在逆映射 $\varphi^{-1} \in \mathrm{Hom}_A(W,V)$.　□

由 Schur 引理立即得到

推论 2.2 设 V 是不可约 A 模，则 $\mathrm{End}_A(V)$ 是 F 上可除代数.

定理 2.3 设 V 同推论 2.2, 又设 F 是代数封闭域，则 $\mathrm{End}_A(V) = F\cdot 1 = \{f\cdot 1 \mid f\in F\}$, 这里 1 表 V 的恒等变换.

证明 显然 $F\cdot 1\subseteq \mathrm{End}_A(V)$. 今设 $0\neq\varphi\in\mathrm{End}_A(V)$. 因为 φ 是有限维向量空间 V 的线性变换，且 F 是代数封闭域，则 φ 在 F 中有特征值 λ. 这时 $\varphi-\lambda\cdot 1$ 是降秩变换. 但由推论 2.2, $\mathrm{End}_A(V)$ 的每个非零元素都是满秩的，故必有 $\varphi-\lambda\cdot 1=0$, 即 $\varphi=\lambda\cdot 1\in F\cdot 1$. □

定理 2.3 的矩阵形式是下面的定理.

定理 2.3′ 设 $\mathbf{X}$ 是代数封闭域 F 上的结合代数 A 的 n 级不可约矩阵表示，又设 $\mathbf{S}$ 是一个 $n\times n$ 矩阵，它满足

$$\mathbf{SX}(a)=\mathbf{X}(a)\mathbf{S},\quad \forall a\in G,$$

则 $\mathbf{S}$ 为纯量方阵.

下面研究完全可约 A 模. 回忆一下，称 A 模 V 为完全可约的，如果对 V 的任一子模 W, 都存在另一子模 U 使 $V=W\oplus U$.

注意，按照这个定义，不可约模都是完全可约模；并且容易验证完全可约模的子模也是完全可约模. (见习题 4.)

下面的定理给出了完全可约模的两个充要条件.

定理 2.4 设 V 是 A 模，则下列陈述等价：

(1) V 是完全可约模；

(2) V 是不可约模的和；

(3) V 是不可约模的直和.

证明 (1) ⇒ (2): 用对 $n=\dim_F V$ 的归纳法. 任取 V 的一个不可约子模 $W\neq\{0\}$, 则由完全可约性知：存在 V 的子模 U 使 $V=W\oplus U$. 这时有 $\dim_F U<n$. 根据归纳假设，U 可表成不可约模的和，于是 V 有同样的表示.

(2) ⇒ (3): 设 $V=\sum\limits_i V_i$, V_i 是不可约的 A 模. 假设 W 是 V 的能表成某些 V_i 的直和的 (在包含关系之下) 极大的子模，我们断言必有 $W=V$. 若否，必有某个 $V_j\not\subseteq W$. 则由 V_j 的不可约性有 $V_j\cap W=\{0\}$. 于是 V_j+W 仍为直和，与 W 的极大性相矛盾.

$(3) \Rightarrow (1)$: 设 $V = \bigoplus_i V_i$ 是不可约 A 模 V_i 的直和. 又设 W 是 V 的任一子模. 取 U 为 V 的满足 $U \cap W = \{0\}$ 的 (在包含关系之下) 极大的子模. 我们断言必有 $V = W + U$, 从而 $V = W \oplus U$. 若否, 必有某个直和加项 $V_j \not\subseteq W \oplus U$, 于是由 V_j 的不可约性有 $V_j \cap (W \oplus U) = \{0\}$, 即 $V_j + (W \oplus U) = V_j \oplus W \oplus U$ 是直和. 这时将有 $W \cap (V_j \oplus U) = \{0\}$, 与 U 的选择相矛盾. □

对于任意的 F 代数 A 来说, 不一定每个 A 模都是完全可约的. 于是我们有

定义 2.5 称 F 代数 A 为**半单代数**, 如果任一 A 模 V 都是完全可约的.

定理 2.6 设 A 为 F 代数. 如果右正则模 A° 是完全可约的, 则 A 为半单代数.

证明 由定义 2.5, 只需证任一 A 模 V 都是完全可约的. 因为任一 A 模 V 都可表成若干个循环模 (即由一个元素生成的模) 的和, 根据定理 2.4(2), 又只需对 $V = vA$ 是循环模的情形来证明. 考虑映射 $\varphi : a \mapsto va$, $\forall a \in A$. 首先, $\varphi \in \mathrm{Hom}_F(A^\circ, V)$, 即 φ 是线性映射. 又因对任意的 $a, x \in A$, $(ax)^\varphi = v(ax) = (va)x = a^\varphi x$, 则 φ 是正则模 A° 到 V 上的 A 模同态, 即 $\varphi \in \mathrm{Hom}_A(A^\circ, V)$. 于是由同态基本定理有 $V \cong A^\circ/\ker\varphi$, 这里 $\ker\varphi$ 是正则模 A° 的子模. 根据 A° 的完全可约性, 有 A° 的子模 U 使得 $A^\circ = \ker\varphi \oplus U$. 于是有 $U \cong A^\circ/\ker\varphi \cong V$. 因为 U 作为完全可约模 A° 的子模仍为完全可约的 (习题 4), 故 V 亦完全可约. □

§4.3 半单代数的构造

决定结合代数 A 的所有不可约表示一般来说是非常困难的, 但对于半单代数来说则比较容易, 这因为半单代数的构造是很简单的. 本节的目的即通过分析半单代数 A 的构造来找出所有互不同构的不可约 A 模.

引理 3.1 设 A 是 F 代数，V 是不可约 A 模，则 V 同构于正则模 A° 的一个商模. 而如果 A 是半单代数，则 V 同构于正则模 A° 的一个不可约子模.

证明 任取 $0 \neq v \in V$, 则循环模 vA 是 V 的非零子模. 由 V 的不可约性有 $vA = V$. 考虑映射 $\varphi : a \mapsto va$, $\forall a \in A$. 由定理 2.6 的证明，易见 $\varphi \in \mathrm{Hom}_A(A^\circ, V)$. 于是有 $V \cong A^\circ/\ker\varphi$. 这证明了引理的前半.

再设 A 是半单代数，则正则模 A° 是完全可约的. 与定理 2.6 的证明相同，存在 A° 的子模 U 使 $A^\circ = \ker\varphi \oplus U$, 这推出 $V \cong U$. 再由 V 的不可约性得 U 的不可约性. 这证明了引理的后半. □

这个引理告诉我们，对于半单代数 A, 所有的不可约 A 模都同构于正则模 A° 的子模，因此，为了找出所有互不同构的不可约 A 模，只需在正则模 A° 中去找.

根据第 2 章学过的 Krull-Schmidt 定理，正则模 A° 作为具有两个链条件的算子群，它的分成不可分解子模 (因 A 半单，即不可约子模) 的直和分解式从本质上来说是唯一的. 也就是说，若不计同构以及直和因子的次序是唯一确定的. 设下面的 (3.1) 式是这样一种分解：

$$A^\circ = M_{11} \oplus \cdots \oplus M_{1k_1} \oplus M_{21} \oplus \cdots \oplus M_{2k_2} \oplus \cdots \oplus M_{s1} \oplus \cdots \oplus M_{sk_s}, \quad (3.1)$$

其中 $M_{ij} \cong M_{i1} = M_i$, $j = 1, \cdots, k_i, i = 1, \cdots, s$, 并且 $M_1, \cdots, M_s$ 彼此互不同构. 令

$$M_i(A) = M_{i1} \oplus \cdots \oplus M_{ik_i}, \quad i = 1, \cdots, s, \quad (3.2)$$

于是又有

$$A^\circ = M_1(A) \oplus M_2(A) \oplus \cdots \oplus M_s(A). \quad (3.3)$$

由 Krull-Schmidt 定理，在上面诸分解式中出现的数 s 和 $k_1, \cdots, k_s$ 都是唯一确定的. 并且，只可能有 s 个 (有限多个) 互不同构的不可约 A 模，$M_1, \cdots, M_s$ 就是一组完全代表系. 更进一步，我们还有

引理 3.2　对于 $i = 1, \cdots, s$,

(1) (3.3) 式中的 $M_i(A)$ 恰为 A° 中所有与 M_i 同构的子模之和，因而被 A 所唯一确定;

(2) 对于 $i \neq j$, $M_i(A) \cap M_j(A) = \{0\}$;

(3) $M_i(A)$ 不仅是 A 模,而且还可看成是 E 模,这里 $E = \mathrm{End}_A(A^\circ)$.

证明　(1) 若有 A° 的子模 $M \cong M_i$, 但 $M \not\subseteq M_i(A)$, 则 $M + M_i(A) = M \oplus M_i(A)$. 由 A° 的完全可约性，有 A° 的子模 U 使 $A^\circ = M \oplus M_i(A) \oplus U$. 把它们都分解为不可约子模的直和，则得到一个含有至少 $k_i + 1$ 个同构于 M_i 的不可约子模 的直和分解式，与 Krull-Schmidt 定理相矛盾．这样 $M \subseteq M_i(A)$, 即 $M_i(A)$ 是 A° 中所有同构于 M_i 的子模的和．

(2) 由于 (3.3) 式是直和分解，由直和的定义即得．

(3) 为使 $M_i(A)$ 成为 E 模，首先对任意的 $x \in M_i(A)$, $\varphi \in E$, 规定 $x\varphi = x^\varphi$. 我们只需再证明 $M_i(A)^\varphi \subseteq M_i(A)$. 由 (1), $M_i(A)$ 为 A° 中同构于 M_i 的子模之和．设 M 是一个这样的子模，我们只需证明 $M^\varphi \subseteq M_i(A)$. 若 $M^\varphi = \{0\}$, 当然有上述结论；而若 $M^\varphi \neq \{0\}$, 因为 M 是不可约的，由 Schur 引理，φ 是 M 到 M^φ 上的同构．于是 $\ker \varphi = \{0\}$, $M^\varphi \cong M \cong M_i$, 因而有 $M^\varphi \subseteq M_i(A)$, 得证．□

定理 3.3 (Wedderburn 定理)　设 A 是域 F 上半单代数，则

(1) (3.3) 式中每个 $M_i(A)$ 是 A 作为代数的双边理想．

(2) 对于任意不可约 A 模 W, 如果 $W \cong M_i$, 则

$$\mathrm{Ann}(W) = M_1(A) \oplus \cdots \oplus M_{i-1}(A) \oplus M_{i+1}(A) \oplus \cdots \oplus M_s(A); \quad (3.4)$$

又设 X_i 是由 W 得到的 A 的表示，则 $X_i(A) \cong M_i(A)$.

(3) 每个 $M_i(A)$ 是 A 的极小 (双边) 理想，并且 $M_i(A)$ 是 F 上的单代数，即没有非平凡双边理想的代数．这样，域 F 上任一半单代数都可分解为单代数的直和．

证明　(1) 正则模 A° 的每个子模都是 A (作为代数) 的右理想，因此 $M_i(A)$ 是 A 的右理想．又对于任一 $x \in A$, A 的左乘变

换 $\varphi_x : a \mapsto xa,\ a \in A$, 显然是正则模 A° 的一个 A 模同态, 即 $\varphi_x \in E = \mathrm{End}_A(A^\circ)$. 根据引理 3.2(3), $M_i(A)$ 也是 E 模, 于是 $M_i(A)\varphi_x = M_i(A)^{\varphi_x} \subseteq M_i(A)$. 这说明 $xM_i(A) \subseteq M_i(A)$, 即 $M_i(A)$ 也是 A 的左理想.

(2) 因为同构的 A 模有相同的零化子, 故可设 $W = M_i \subseteq M_i(A)$. 由 (1), $M_i(A)$ 是 A 的双边理想, 故对 $i \neq j$, 有

$$M_i(A)M_j(A) \subseteq M_i(A) \cap M_j(A) = \{0\}.$$

于是

$$\mathrm{Ann}(W) \supseteq M_1(A) \oplus \cdots \oplus M_{i-1}(A) \oplus M_{i+1}(A) \oplus \cdots \oplus M_s(A).$$

又, 设 $0 \neq x \in M_i(A)$, 我们证明 $x \notin \mathrm{Ann}(W)$. 若否, 则由 $Wx = \{0\}$ 推知对任一 $j = 1, \cdots, k_i$, 有 $M_{ij}x = \{0\}$, 于是有 $M_i(A)x = \{0\}$. 又, 刚才已证对 $j \neq i$ 有 $M_j(A)x = \{0\}$, 于是据 (3.3) 式有 $Ax = \{0\}$. 但 $x = 1 \cdot x \in Ax = \{0\}$, 这样得到 $x = 0$, 矛盾.

至此我们即可断言 (3.4) 式成立. 若否, 有

$$x \notin M_1(A) \oplus \cdots \oplus M_{i-1}(A) \oplus M_{i+1}(A) \oplus \cdots \oplus M_s(A).$$

但 $x \in \mathrm{Ann}(W)$, 则 x 的第 i 个分量 $x_i \neq 0$ 且 $x_i \in \mathrm{Ann}(W)$, 矛盾.

最后, 由 (3.4) 式即可得到

$$X_i(A) \cong A/\mathrm{Ann}(W) \cong M_i(A).$$

(3) 首先我们要证明 $M_i(A)$ 是 F 代数. 根据定义 1.1, 只需证它对乘法有单位元. 由 (3.3) 式, 可设 A 的单位元 1 有分解

$$1 = e_1 + e_2 + \ldots + e_s,\quad e_i \in M_i(A),\quad i = 1, 2, \ldots, s.$$

于是 e_i 就是 $M_i(A)$ 对乘法的单位元. (请读者自行验证.)

下面证明 $M_i(A)$ 是单代数. 假定 $M_i(A)$ 非单, 即它有非平凡双边理想 I, 则由 (3.3) 式, I 也是 A 的双边理想. 取 $M_i(A)$ 的一个不

可约 A 子模 $W \not\subseteq I$, 则由 W 的不可约性有 $W \cap I = \{0\}$. 再由 I 是双边理想，有 $WI \subseteq W \cap I = \{0\}$, 于是 $I \subseteq \mathrm{Ann}(W)$, 与 (2) 矛盾. □

为了进一步弄清半单代数 A 的结构，还要研究单代数 $M_i(A)$ 的构造. 由上面的定理 3.3 知，$M_i(A) \cong X_i(A)$, 这里 X_i 是由不可约 A 模 M_i 得到的 A 的表示. 因此我们只需研究 $X_i(A)$ 的构造. 我们有下面的

定理 3.4 (双中心化子定理)　设 A 是半单 F 代数，M_i 是不可约 A 模，令 $E_i = \mathrm{End}_A(M_i)$, 则 M_i 亦可看成 E_i 模，并且有 $\mathrm{End}_{E_i}(M_i) = X_i(A)$.

证明　首先注意，定理中并未假定 $M_i \subseteq A^\circ$. 但因把 M_i 换成与它同构的 A 模后并不影响结论的正确性，因而不失普遍性可设 $M_i \subseteq A^\circ$, 并且就是前面规定的 M_i, 这时有 $M_i \subseteq M_i(A)$, 且 $M_i(A) \cong X_i(A)$.

把 M_i 看成 E_i 模，由 $E_i = \mathrm{End}_A(M_i)$ 的定义知 E_i 恰为 $X_i(A)$ 在 $\mathrm{End}_F(M_i)$ 中的中心化子. 于是 $X_i(A) \subseteq \mathrm{End}_{E_i}(M_i)$. 双中心化子定理是说在 $\mathrm{End}_F(M_i)$ 中与 E_i 可交换的线性变换的全体也正好是 $X_i(A)$. 为证这点，只需证明相反方向的包含关系，即 $X_i(A) \supseteq \mathrm{End}_{E_i}(M_i)$. 我们设 $\theta \in \mathrm{End}_{E_i}(M_i)$, 有

$$(v^\alpha)^\theta = (v^\theta)^\alpha, \quad \forall \alpha \in E_i,\ v \in M_i.$$

给定一个 $v \in M_i$, 考虑 M_i 到 A 的映射 $\alpha_v : x \mapsto vx, x \in M_i$. 因为 M_i 是 A 的右理想，有 $vx \in M_i$, 故 α_v 是 M_i 到 M_i 的映射. 明显地，α_v 是 M_i 的线性映射，即 $\alpha_v \in \mathrm{End}_F(M_i)$. 又因为对任意的 $a \in A$, 有

$$(xa)^{\alpha_v} = v(xa) = (vx)a = (x^{\alpha_v})a,$$

故 α_v 是 M_i 的 A 模自同态，即 $\alpha_v \in \mathrm{End}_A(M_i) = E_i$. 于是对任意的 $v, w \in M_i$, 有

$$(vw)^\theta = (w^{\alpha_v})^\theta = (w^\theta)^{\alpha_v} = v(w^\theta). \tag{3.5}$$

现在固定一个 $w \in M_i$, $w \neq 0$, 有 $AwA \subseteq M_i(A)$, 又因 AwA 是 A 的双边理想，且 $0 \neq w = 1 \cdot w \cdot 1 \in AwA$, 故 $AwA \neq \{0\}$. 由 $M_i(A)$ 的极小

性有 $AwA = M_i(A)$. 再设 e_i 是单代数 $M_i(A)$ 的单位元, 有 $e_i \in AwA$, 于是 $e_i = \sum\limits_j a_j w b_j$, 其中 $a_j, b_j \in A$. 这时我们有

$$v = ve_i = v\sum_j a_j w b_j = \sum_j (va_j)(wb_j),$$

其中 $va_j, wb_j \in M_i$. 在等式 (3.5) 中以 va_j 代替 v, wb_j 代替 w, 得到

$$((va_j)(wb_j))^\theta = va_j(wb_j)^\theta.$$

于是有

$$v^\theta = \left(\sum_j (va_j)(wb_j)\right)^\theta = \sum_j (va_j)(wb_j)^\theta = v\sum_j a_j(wb_j)^\theta,$$

这样 $\theta = X_i(\sum\limits_j a_j(wb_j)^\theta)$, 即 $\theta \in X_i(A)$. □

根据 Schur 引理, 上述定理中的 E_i 是 F 上的可除代数. 而若 F 是代数封闭域, 则更有 $E_i \cong F\cdot 1$. 于是我们有

推论 3.5 设 F 是代数封闭域, A 是 F 上的半单代数, 则

(1) (3.3) 式中的 $M_i(A) \cong \mathrm{End}_F(M_i) = X_i(A)$;

(2) $\dim_F(M_i(A)) = (\dim_F M_i)^2$;

(3) (3.1) 式中的 $k_i = \dim_F M_i$;

(4) $\dim_F A = \sum\limits_{i=1}^s (\dim_F M_i)^2$;

(5) 设 A 的中心为 $Z(A)$, 则 $s = \dim_F Z(A)$.

证明 由定理 2.3, $E_i = \mathrm{End}_A(M_i) \cong F\cdot 1$, 再由定理 3.4, 即得 (1). 又由 $\dim_F(\mathrm{End}_F(M_i)) = (\dim_F M_i)^2$, 即得 (2) 和 (3). 而由分解式 (3.3) 得到 (4).

为证明 (5), 设 $M_i(A)$ 的中心为 $Z(M_i(A))$. 显然, $Z(M_i(A)) \subseteq Z(A)$, 于是有

$$Z(M_1(A)) \oplus \cdots \oplus Z(M_s(A)) \subseteq Z(A).$$

又对任一 $z \in Z(A)$, 设 $z = z_1 + \cdots + z_s$, 其中 $z_i \in M_i(A)$, 则易验证 $z_i \in Z(M_i(A))$. 于是有

$$Z(M_1(A)) \oplus \cdots \oplus Z(M_s(A)) = Z(A).$$

最后，因为 $M_i(A) \cong \mathrm{End}_F(M_i)$，而后者的中心仅由数乘变换组成，故 $\dim_F(Z(M_i(A)) = 1$. 这就推出 $\dim_F(Z(A)) = s$. □

由这个定理，代数封闭域 F 上的半单代数 A 的不可约表示的个数是它分解为单代数直和的分解式中直和加项的个数，而每个不可约表示的像集均为 F 上的单代数，即某个维数的全矩阵代数，并且其维数的平方和为 A 的维数.

§4.4　群的表示

设 $V = V(n, F)$ 是 F 上的 n 维向量空间. 以 $GL(V)$ 表示 V 的全体可逆线性变换组成的乘法群，而以 $GL(n, F)$ 表示 F 上全体 $n \times n$ 可逆矩阵组成的乘法群. 当然二者是同构的.

定义 4.1　称群 G 到 $GL(V)$ 内的一个同态映射 X 为 G 的一个**(线性) 表示**, 并称 F 为表示的**基域**, V 叫做**表示空间**, 而 $\dim V = n$ 叫做表示的**级**.

又称群 G 到 $GL(n, F)$ 内的一个同态映射 $\mathbf{X}$ 为 G 的一个 (矩阵) 表示. 同样，F 也叫做表示的基域，而矩阵的阶 n 叫做表示的级.

设给定群 G 的一个线性表示 X. 在表示空间 V 内取一组基 $e_1, \cdots, e_n$. 对于任意的 $a \in G$, $X(a)$ 是 V 的一个线性变换. 令

$$e_i^{X(a)} = \sum_{j=1}^{n} a_{ij}(a) e_j, \tag{4.1}$$

于是得到对应于 $X(a)$ 的矩阵 $\mathbf{X}(a) = (a_{ij}(a))$, 并且 $a \mapsto \mathbf{X}(a)$ 是 G 的一个矩阵表示. 反过来，由一个矩阵表示 $\mathbf{X}$ 出发，取 V 为 F 上任一 n 维向量空间，$e_1, \cdots, e_n$ 是 V 的一组基. 则 (4.1) 式也确定了 G 的一个线性变换，并且映射 $a \mapsto X(a)$ 是 G 到 $GL(V)$ 内的一个线性表示. 由此看来，线性表示和矩阵表示本质上是一致的，它们只有形式上的不同，因此，以后我们谈群的表示时，就不再特别区分是矩阵表示还是线性表示，而视所讨论的问题的需要，哪种更方便就采用哪种形式.

定义 4.2 设 $X: G \to GL(V)$ 是一个表示. 称同态核 $\ker X$ 为**表示 X 的核**. 显然 $\ker X \trianglelefteq G$. 如果 $\ker X = 1$, 即 X 是单射, 则称 X 为 G 的一个**忠实表示**.

和代数的表示一样, G 的两个表示 $X_1: G \to GL(V_1)$ 和 $X_2: G \to GL(V_2)$ 称为等价的, 记做 $X_1 \sim X_2$, 如果存在向量空间的同构 $S: V_1 \to V_2$, 使

$$X_1(a)S = SX_2(a), \quad \forall\, a \in G.$$

当然, 等价表示的级必然相等. 与前述一样, 两个矩阵表示 $\mathbf{X}_1$ 和 $\mathbf{X}_2$ 的等价可定义为存在满秩矩阵 $\mathbf{S}$ 使

$$\mathbf{S}^{-1}\mathbf{X}_1(a)\mathbf{S} = \mathbf{X}_2(a), \quad \forall\, a \in G.$$

因此, 等价的矩阵表示可以看做是同一个线性表示在不同的基之下的矩阵形式. 因此在表示论中, 我们常把等价的表示看做是同样的.

在定义 1.3 我们引进了有限群 G 在域 F 上的群代数 $F[G]$ 的概念. 群 G 到 $GL(V)$ 中的一个表示 X 可以自然诱导出群代数 $F[G]$ 到 $\mathrm{End}_F(V)$ 中的一个表示, 其表示空间也是 V, 并也用 X 来表示. 这只要规定

$$v^{X\left(\sum_{i=1}^{g} f_i a_i\right)} = \sum_{i=1}^{g} f_i v^{X(a_i)},$$

其中 $\{1 = a_1, a_2, \cdots, a_g\}$ 是 G 的全部元素, $f_i \in F$. 反过来, 给定群代数 $F[G]$ 到 $\mathrm{End}_F(V)$ 中的一个表示 X, 其在群 G 上的限制也是 G 的表示, 其表示空间也是 V. (请读者自行验证.) 因此, 研究群的表示和研究群代数的表示是一回事. 容易看出, 如果群表示 X 是忠实的, 相应的群代数的表示 X 也是忠实的.

因为代数的表示可通过代数上的模来研究, 群表示的研究就是群代数上的模的研究. 给定了群 G 到 $GL(V)$ 中的一个表示 X, 规定

$$v\left(\sum_{i=1}^{g} f_i a_i\right) = v^{X\left(\sum_{i=1}^{g} f_i a_i\right)}, \quad f_i \in F. \tag{4.2}$$

我们即把表示空间 V 变成了一个 $F[G]$ 模.

和代数的表示一样，我们规定

定义 4.3　设 $X: G \to GL(V)$ 是群 G 的表示，V 是相应的 $F[G]$ 模，如果 V 中存在一个非平凡 $F[G]$ 子模 W，则称表示 X 以及 $F[G]$ 模 V 为**可约的**；否则称为**不可约的**. 而如果 V 可表成它的两个非平凡 $F[G]$ 子模 W 和 W' 的直和：$V = W \oplus W'$，则称表示 X 以及 $F[G]$ 模 V 为**可分解的**；否则称为**不可分解的**. 又，如果对 V 的任一 $F[G]$ 子模 W，都存在一个 V 的 $F[G]$ 子模 W'，使得 $V = W \oplus W'$，则称表示 X 以及 $F[G]$ 模 V 为**完全可约的**.

如果 $F[G]$ 模 V 是可约的，它有一个 $F[G]$ 子模 W. 其相应的 G 和 $F[G]$ 的表示 X 限制在 W 上也是 G 和 $F[G]$ 的一个表示，记做 $X|_W$，叫做由 X 在 W 上诱导的表示. 它的表示模是 W，而商模 V/W 也是一个 $F[G]$ 模. 它也对应 G 和 $F[G]$ 的一个表示，设为 Z.

与前述一样，记 $Y = X|_W$，适当选取 V 的一组基，可使 $X(a)$ 所对应的矩阵 $\mathbf{X}(a)$ 有 (1.1) 式的形状.

假定 V 是可分解的，设 $V = W \oplus W'$. 我们在 W 和 W' 中各取一组基，并把它们合并成 V 的一组基. 与前述一样，$X(a)$ 在这组基下的矩阵 $\mathbf{X}(a)$ 有 (1.2) 式的形状.

在进一步研究群表示之前，我们先给出一些群表示的例子.

把 G 的每个元素都映到数 1 (看做 F 上的一阶方阵) 的映射显然是 G 的一个表示，叫做 G 的**1 表示**或**主表示**，常常记做 1_G. 它是任何群都有的一个 1 级表示，它当然是不可约的，但通常不是忠实的.

下面我们举几个较复杂的群表示的例子.

例 4.4　设群 G 作用在集合 $\Omega = \{1, \cdots, n\}$ 上. 对于任意的 $a \in G$，令 $\mathbf{P}(a) = (a_{ij})_{n\times n}$，其中

$$a_{ij} = \begin{cases} 1, & \text{若 } i^a = j, \\ 0, & \text{其他情形}. \end{cases}$$

则映射 $\mathbf{P}: a \mapsto \mathbf{P}(a)$ 是 G 的一个 n 级矩阵表示，叫做 G 在 Ω 上的一个**置换表示**. 这时，每个 $\mathbf{P}(a)$ 都是所谓**置换矩阵**，即每行每列都有

一个 1, 而其余地方为 0 的矩阵. 置换表示 $\mathbf{P}$ 的核即群 G 在 Ω 上作用的核.

例 4.5 设 $G=\{1=a_1,a_2,\cdots,a_g\}$. 对于每个 $a\in G$, 令 $\mathbf{R}(a)=(a_{ij})_{g\times g}$, 其中

$$a_{ij}=\begin{cases}1, & 若 a_ia=a_j,\\ 0, & 其他情形.\end{cases}$$

则映射 $\mathbf{R}:a\mapsto\mathbf{R}(a)$ 是 G 的一个表示, 叫做 G 的**(右) 正则表示**.

正则表示是例 4.4 中给出的置换表示的特例, 这时 G 所作用的集合就是 G 本身. 而群 G 的正则表示所对应的 $F[G]$ 模也就是右正则 $F[G]$ 模. 它在群表示的研究中占据重要的地位.

明显地, 正则表示一定是忠实表示.

到现在为止, 我们讨论的表示的基域 F 都是任意的. 但在进一步研究群表示的时候, 我们将看到对基域 F 加上某些限制是方便的. 比如, 设 $a\in G$, $o(a)=n$. 于是在任一表示 X 之下, $X(a)$ 满足 $(X(a))^n=1$, 这里 1 是恒等变换. 这说明, 作为线性变换, $X(a)$ 的特征根都是域 F 中的 n 次单位根. 如果假设域 F 包含 n 次单位根, 显然对问题的讨论将带来很大方便. 通常为了简单起见, 我们甚至假定域 F 是代数封闭的, 这将使问题大大简化. 实际上, 域 F 的性质对群的表示影响是很大的. 一个 F 上的不可约表示, 当基域扩大了, 就可能变为可约的. 于是, 我们引进下述概念:

定义 4.6 设 X 是群 G 在域 F 上的不可约表示. 如果无论基域 F 怎样扩大, X 都仍为不可约的, 则称 X 为群 G 在域 F 上的**绝对不可约表示**.

定义 4.7 如果群 G 在域 F 上的所有不可约表示为绝对不可约的, 则称 F 为 G 的**分裂域**.

关于分裂域的进一步讨论超出了本书的范围, 有兴趣的读者可参看群表示论的更详尽的教科书.

下面我们继续研究群表示的一般理论. 群表示论的基本问题之一是决定群 G 在域 F 上的所有不等价的不可约表示, 而这等价于

决定所有互不同构的不可约 $F[G]$ 模. 为此我们先证明下面的重要定理.

定理 4.8 (Maschke 定理) 设 G 是有限群, F 是域. 若 $\operatorname{char} F=0$ 或 $\operatorname{char} F=p$ 但 $p\nmid|G|$, 则群代数 $F[G]$ 是半单的.

证明 由定义 2.5, 就是要证明每个 $F[G]$ 模都是完全可约的. 设 V 是任一 $F[G]$ 模, W 是它的子模. 我们要证明存在一个 V 的 $F[G]$ 子模 K 使得 $V=W\oplus K$. 首先, 我们可以找到 V 的子空间 U 使得 $V=W\oplus U$, 但这里 U 不一定是 $F[G]$ 子模. 考虑由这个分解得到的 V 到 W 上的射影 φ, 这时 φ 是 F 同态但不一定是 $F[G]$ 同态. 现在如下规定 V 到 W 上的另一映射 ψ:

$$v^{\psi}=|G|^{-1}\sum_{a\in G}(va)^{\varphi}a^{-1},$$

其中 $|G|^{-1}$ 表 F 中元素 $|G|$ 的逆, 因为 $\operatorname{char} F=0$ 或 p, $p\nmid|G|$, 则 $|G|^{-1}$ 总是存在的. 我们要证明 ψ 是 V 到 W 上的 $F[G]$ 同态.

首先, 显然有 ψ 是 V 到 W 的 F 同态. 又, 对于任意的 $x\in G$, 有

$$\begin{aligned}(vx)^{\psi}&=|G|^{-1}\sum_{a\in G}(vxa)^{\varphi}a^{-1}\\&=|G|^{-1}\sum_{a\in G}(v(xa))^{\varphi}(xa)^{-1}x\\&=v^{\psi}x.\end{aligned}$$

这证明了 ψ 是 $F[G]$ 同态.

如果 $v\in W$. 由 $va\in W$, $\forall\, a\in G$, 有 $(va)^{\varphi}=va$, 于是

$$\begin{aligned}v^{\psi}&=|G|^{-1}\sum_{a\in G}(va)^{\varphi}a^{-1}\\&=|G|^{-1}\sum_{a\in G}vaa^{-1}\\&=|G|^{-1}\sum_{a\in G}v=|G|^{-1}|G|v=v.\end{aligned}$$

这说明 ψ 是 V 到 W 上的射影. 令 $\ker\psi = K$. 显然 K 也是 $F[G]$ 模. 我们要证明 $V = W \oplus K$. 首先, 对任意的 $v \in V$, 有 $v^\psi \in W$. 而因

$$(v - v^\psi)^\psi = v^\psi - (v^\psi)^\psi = v^\psi - v^\psi = 0,$$

知 $v - v^\psi \in K$. 于是 $v = v^\psi + (v - v^\psi) \in W + K$. 这说明 $V = W + K$. 再设 $k \in K \cap W$. 由 $k \in W$, 有 $k^\psi = k$; 而由 $k \in K$, 有 $k^\psi = 0$. 于是 $k = 0$. 这说明 $K \cap W = \{0\}$. 这样我们证明了 $V = W \oplus K$. □

Maschke 定理的逆也成立, 即我们有

定理 4.9 设 G 是有限群, F 是域. 如果 $F[G]$ 是半单的, 则若 $\operatorname{char} F \neq 0$, 必有 $\operatorname{char} F \nmid |G|$.

证明 用反证法. 设 $\operatorname{char} F \mid |G|$. 考虑正则模 $F[G]$ 的一维子模 $\langle c \rangle$, 其中 $c = \sum\limits_{a \in G} a$. 由 $F[G]$ 的半单性, $F[G]$ 有 $g-1$ 维子模 W 使 $F[G] = \langle c \rangle \oplus W$. 因为

$$c^2 = \left(\sum_{a \in G} a\right)^2 = |G| \sum_{a \in G} a = |G|c = 0,$$

故 $c = 1 \cdot c \in F[G] \cdot c = (\langle c \rangle + W) \cdot c \subseteq W$, 与 $\langle c \rangle \cap W = \{0\}$ 相矛盾. □

Maschke 定理的意义在于揭示了有限群的表示和基域的特征之间的关系. 如果 $\operatorname{char} F = 0$ 或 $\operatorname{char} F = p$ 但 $p \nmid |G|$, 则群 G 在域 F 上的每个表示都是完全可约的. 因此对群 G 的任意表示的研究就可化归为对于不可约表示的研究. 换句话说, 不可约表示研究清楚了, 群的所有表示也就清楚了. 但如果 $\operatorname{char} F \mid |G|$, 情况就大不相同了. 它比前种情况要复杂的多. 我们称前种情况为有限群的常表示, 而称 $\operatorname{char} F \mid |G|$ 的情况为模表示. 在本章的以下部分, 我们只来研究有限群的常表示.

应用半单代数的结构定理到群的表示, 我们有

定理 4.10 设 G 是有限群, $|G| = g$, F 是代数封闭域, 且 $\operatorname{char} F = 0$ 或 $\operatorname{char} F = p$ 但 $p \nmid |G|$. 又设 G 的共轭类数为 s, 则 G 恰有 s 个不等价的不可约表示 $X_1 = 1_G, X_2, \cdots, X_s$. 假定 X_i 的级

$\deg X_i = n_i$, 则 $g = \sum\limits_{i=1}^{s} n_i^2$.

证明 由定理的条件, $F[G]$ 为 F 上的半单代数. 根据推论 3.5, 只需证明 $\dim_F(Z(F[G]))$ 等于 G 的共轭类数 s 就可得到定理的全部结论. 首先, 对于 G 的任一共轭类 C_i, 令 $c_i = \sum\limits_{a\in C_i} a$, 则 $c_i \in Z(F[G])$. $\Big($这因为对任一 $x \in G$, 有 $x^{-1}c_ix = \sum\limits_{a\in C_i} x^{-1}ax = \sum\limits_{a\in C_i} a = c_i$.$\Big)$ 因为 $c_1, \cdots, c_s$ 在 $F[G]$ 中线性无关, 故 $\dim_F(Z(F[G])) \geqslant s$. 另一方面, 设 $z \in Z(F[G])$, 并令 $z = \sum\limits_{i=1}^{g} f_ia_i$, $f_i \in F$, 则对任一 $x \in G$, 有 $x^{-1}zx = z$, 即

$$\sum_{i=1}^{g} f_ia_i = \sum_{i=1}^{g} f_ix^{-1}a_ix.$$

这说明属于同一共轭类的元素 a_i 前面的系数 f_i 必相等. 于是 z 可表成诸 c_i 的线性组合, 因此诸 c_i 组成 $Z(F[G])$ 的一组基. 于是 $\dim_F(Z(F[G])) = s$. □

在本节的最后, 我们来研究有限交换群的表示. 由定理 4.10 立即得到

定理 4.11 *设 G 是有限交换群, $|G| = g$, F 是代数封闭域, 且 $\operatorname{char} F = 0$ 或 $\operatorname{char} F = p$ 但 $p \nmid |G|$, 则 G 恰有 g 个不等价的不可约表示 $X_1 = 1_G, X_2, \cdots, X_g$, 且每个表示都是 1 级的.*

下面研究交换群的 1 级表示. 根据交换群的分解定理, 每个有限交换群都可表成有限多个循环群的直积. 故我们先来研究循环群的表示.

定理 4.12 *设 $G = \langle a\rangle$ 是 n 阶循环群, F 是代数封闭域, 且设 $\operatorname{char} F = 0$ 或 p, $(p, n) = 1$. 设 ζ 是 F 上的 n 次本原单位根, 则 G 恰有 n 个不可约表示 $X_1, \cdots, X_n$, 它们由下式确定:*

$$X_i(a) = \zeta^i, \quad i = 1, \cdots, n.$$

证明 设 X 是 G 的一个不可约表示. 由上一定理, X 为 1 级的. 如果我们不区别一维空间 V 的数乘变换 $f \cdot 1$ 和数 f, 可令

$X(a)=f$, 其中 $f\in F^{\times}$. 因 $a^n=1$, 故 $X(a)^n=1$, 即 $f^n=1$. 所以 f 是 n 次单位根. 即 $f=\zeta^i$, 对某个 i 成立. 于是 $X=X_i$.

反过来, 显然 $X_i(a)=\zeta^i$ 可确定 G 的一个不可约表示. □

定理 4.13 设

$$G=\langle a_1\rangle\times\cdots\times\langle a_t\rangle$$

是有限交换群, 其中 $o(a_i)=n_i$, $i=1,\cdots,t$, 于是 $|G|=n=\prod_{i=1}^{t}n_i$. 设域 F 是代数封闭的, 且 $\operatorname{char}F=0$ 或 p, $(p,n)=1$, 则 G 恰有 n 个不可约表示

$$X_{i_1\cdots i_t},\quad i_1=1,\cdots,n_1;\cdots;i_t=1,\cdots,n_t.$$

它们都是 1 级表示, 且可由下式确定:

$$X_{i_1\cdots i_t}(a_j)=\zeta_j^{i_j},\quad j=1,\cdots,t,\tag{4.3}$$

其中 ζ_j 是任一 n_j 次本原单位根.

证明 首先, G 的每个不可约表示都是 1 级的. 因此它们可由基元素 $a_1,\cdots,a_t$ 对应的值唯一确定. 又由上一定理, a_j 只能对应到 ζ_j 的方幂. 故 G 的每个不可约表示均有 (4.3) 式之形状. 反过来, (4.3) 式显然可确定 G 的一组不可约表示, 并且它们互不相同. 由此得 G 恰有 n 个由 (4.3) 式确定之不可约表示. □

§4.5 群特征标

从本节起, 为了使叙述方便, 我们更假定基域 F 是复数域 $\mathbb{C}$. 因为 $\mathbb{C}$ 是特征 0 的代数闭域, §4.4 的定理 4.10 成立.

下面我们引进群特征标的概念.

定义 5.1 设 $\mathbf{X}:G\to GL(n,\mathbb{C})$ 是 G 的一个矩阵表示, 则以

$$\chi(a)=\operatorname{tr}\mathbf{X}(a),\quad\forall a\in G$$

定义的映射 $\chi:G\to\mathbb{C}$ 称为**对应于表示 X 的特征标**.

为定义线性表示 $X: G \to GL(V)$ 的特征标，在 V 中任取一组基，得到与 X 对应的矩阵表示 $\mathbf{X}$，我们规定 $\mathbf{X}$ 的特征标即为 X 的特征标. 因为相似矩阵的迹相同，这样计算出来的特征标与基的选取无关，并且等价的线性表示的特征标也相同.

和表示一样，我们称定义 5.1 中的数 n 为特征标 χ 的**级**. 并依所对应的表示 $\mathbf{X}$ (或 X) 为忠实的、可约的、不可约的，而称特征标 χ 为**忠实的、可约的、不可约的**. 还规定特征标 χ 的核 $\ker \chi = \ker \mathbf{X} = \ker X$.

称 G 的 1 级特征标，即 1 级表示的特征标为**线性特征标**. 特别地，称 G 的主表示的特征标为**主特征标**或 1 **特征标**，也记做 1_G (显然 $1_G(a) = 1, \forall a \in G$).

根据定理 4.11，交换群的不可约特征标皆为线性特征标. 更一般地我们有

定理 5.2　有限群 G 线性特征标的个数等于 $|G : G'|$.

证明　设 χ 是 G 的任一线性特征标，则 χ 也是 G 到复数域的乘法群 $\mathbb{C}^\times$ 内的同态. 因 $\mathbb{C}^\times$ 是交换群，故 $G' \leqslant \ker \chi$. 这说明 χ 也可看做是 G/G' 的线性特征标. 反之，由 G/G' 的一个线性特征标自然也可规定一个 G 的线性特征标. 因为 G/G' 是交换群，由定理 4.11，G/G' 恰有 $|G/G'|$ 个线性特征标，故 G 亦有同样多的线性特征标.

□

下面的例子给出由 G 的置换表示和正则表示得到的特征标.

例 5.3　在例 4.4 中给出的群 G 的置换表示 $\mathbf{P}$ 的特征标记做 ρ. 明显地，对于任意的 $a \in G$, $\mathbf{P}(a)$ 的主对角线上第 i 个元素为 1 的充要条件为 $i^a = i$，即 i 为 a 的不动点. 因此我们有

$$\rho(a) = |\mathrm{fix}_{\ \Omega}(a)|,$$

其中 $\mathrm{fix}_{\ \Omega}(a)$ 表 a 在 Ω 上的不动点集合. 特别地，$\rho(1) = |\Omega| = n$.

例 5.4　例 4.5 中给出的群 G 的右正则表示 $\mathbf{R}$ 的特征标记做 r_G. 易看出对任意的 $a \in G$，我们有

$$r_G(a)=\begin{cases}|G|, & \text{如果 } a=1,\\ 0, & \text{如果 } a\neq 1.\end{cases}$$

正则特征标 r_G 在群特征标理论中起着重要的作用.

关于特征标的简单性质见下面的

定理 5.5 设 X, Y 是 G 的两个表示, χ, ψ 分别是 X, Y 的特征标, 则

(1) 若 X, Y 等价, 则 $\chi=\psi$;

(2) 若 a 和 a' 在 G 中共轭, 则 $\chi(a)=\chi(a')$, 从而特征标 χ 可看成是定义在 G 的共轭类上的函数;

(3) X 和 Y 的直和的特征标为 $\chi+\psi$ (这里规定 $(\chi+\psi)(a)=\chi(a)+\psi(a), \forall a\in G$);

(4) 令 $\overline{\chi}(a)=\overline{\chi(a)}, \forall a\in G$, 此处 $\overline{\chi(a)}$ 表 $\chi(a)$ 的复共轭, 则 $\overline{\chi}$ 亦为 G 的特征标;

(5) 设 $\mathbf{X}$ 是 G 的任一矩阵表示, $a\in G$, 则 $\mathbf{X}(a)$ 相似于对角矩阵, 并由此推出 $\chi(a)$ 是若干个 $o(a)$ 次单位根的和, 因此是代数整数;

(6) $\chi(a^{-1})=\overline{\chi(a)}, \forall a\in G$;

(7) $\chi(a)$ 的模 $|\chi(a)|=\chi(1)$ 当且仅当 $\mathbf{X}(a)$ 为纯量矩阵 (或 $X(a)$ 为数乘变换), 而 $\chi(a)=\chi(1)$ 当且仅当 $\mathbf{X}(a)=\mathbf{I}$(或 $X(a)=1$), 其中 $\mathbf{I}$ 表单位矩阵, 1 表单位变换.

证明 (1), (2) 由相似矩阵的迹相等立得.

(3) 显然.

(4) 设 $\mathbf{X}: G\to GL(n,\mathbb{C})$ 是具有特征标 χ 的矩阵表示, 则易验证映射 $a\mapsto\overline{\mathbf{X}(a)}, a\in G$, 仍为 G 的矩阵表示, 它所对应的特征标为 $\overline{\chi}$. 上式中 $\overline{\mathbf{X}(a)}$ 表示矩阵 $\mathbf{X}(a)$ 的复共轭.

(5) 设 $o(a)=m$, 则有 $\mathbf{X}(a)^m=\mathbf{I}$, 即 $\mathbf{X}(a)$ 的极小多项式整除 x^m-1, 因此无重因式. 由线性代数知 $\mathbf{X}(a)$ 可用相似变换化为对角

矩阵

$$\operatorname{diag}(\varepsilon_1, \varepsilon_2, \cdots, \varepsilon_n) = \begin{pmatrix} \varepsilon_1 & & & 0 \\ & \varepsilon_2 & & \\ & & \ddots & \\ 0 & & & \varepsilon_n \end{pmatrix}.$$

由于 $\mathbf{X}(a)^m = \mathbf{I}$, 有 $\varepsilon_i^m = 1, i = 1, \cdots, n$, 即 ε_i 是 m 次单位根.

因此，$\chi(a) = \sum\limits_{i=1}^{n} \varepsilon_i$ 是 n 个 m 次单位根的和. 回忆一下, 代数整数是首项系数为 1 的整系数多项式的零点 (可见第 1 章定义 8.5), 于是每个 ε_i 是代数整数. 又据第 1 章推论 8.6, 全体代数整数组成一个环, $\chi(a) = \sum\limits_{i=1}^{n} \varepsilon_i$ 也是代数整数.

(6) 由 (5), $\mathbf{X}(a)$ 相似于 $\operatorname{diag}(\varepsilon_1, \cdots, \varepsilon_n)$, 故 $\mathbf{X}(a^{-1})$ 相似于 $\operatorname{diag}(\varepsilon_1^{-1}, \cdots, \varepsilon_n^{-1})$. 因为 ε_i 是单位根，有 $\varepsilon_i^{-1} = \overline{\varepsilon}_i$. 故

$$\chi(a^{-1}) = \sum_{i=1}^{n} \varepsilon_i^{-1} = \sum_{i=1}^{n} \overline{\varepsilon_i} = \overline{\chi(a)}.,$$

(7) 由 (6), 可设 $\chi(a) = \sum\limits_{i=1}^{n} \varepsilon_i$, 其中 ε_i 是单位根. 又由复数加法的三角不等式，有

$$|\chi(a)| = \left| \sum_i \varepsilon_i \right| \leqslant \sum_i |\varepsilon_i| = n = \chi(1),,$$

且等号成立仅当诸 ε_i 的辐角相等. 因此，若 $|\chi(a)| = \chi(1)$, 则诸 ε_i 相等, 譬如设其值为 ε. 于是 $\mathbf{X}(a)$ 相似于纯量阵 $\varepsilon\mathbf{I}$, 当然也有 $\mathbf{X}(a) = \varepsilon\mathbf{I}$. 而若 $\chi(a)=\chi(1)$, 则可推出诸 $\varepsilon_i=1$, 于是 $\mathbf{X}(a)=\mathbf{I}$. 反之，由 $\mathbf{X}(a)$ 是纯量阵 (或单位阵) 推出 $|\chi(a)|=\chi(1)$ (或 $\chi(a)=\chi(1)$) 是明显的. □

为了研究群特征标的进一步性质，我们先来研究不可约特征标之间的关系. 事实上，由 Maschke 定理，群 G 的任一表示是不可约表示的直和；又据定理 5.5(3), 群 G 的任一特征标亦为不可约特征标的和. 因此，只要把群 G 的不可约特征标搞清楚了，群 G 的所有特征标也就清楚了.

首先我们注意到，根据定理 5.5(2), 群 G 的每个特征标都是群的所谓类函数.

定义 5.6 称映射 $\theta: G \to \mathbb{C}$ 为群 G 上的一个**类函数**, 如果

$$\theta(b^{-1}ab) = \theta(a), \quad \forall\, a, b \in G.$$

G 上所有类函数的集合记做 $Cf(G)$.

定理 5.7 在 $Cf(G)$ 中如下规定类函数的加法和数乘, 可使 $Cf(G)$ 构成一 $\mathbb{C}$ 空间, 其维数等于 G 的共轭类数 s.

(1) 加法: 对于 $\theta, \varphi \in Cf(G)$, 令

$$(\theta + \varphi)(a) = \theta(a) + \varphi(a), \quad \forall\, a \in G;$$

(2) 数乘: 对于 $\theta \in Cf(G)$, $f \in \mathbb{C}$, 令

$$(f\theta)(a) = f\theta(a), \quad \forall\, a \in G;$$

(请读者自行验证.)

根据定理 4.10, 若 G 的共轭类数为 s, 则 G 在 $\mathbb{C}$ 上恰有 s 个不等价的不可约表示 $X_1, \cdots, X_s$, 设它们对应的特征标为 $\chi_1, \cdots, \chi_s$. 我们要证明, 它们组成 $Cf(G)$ 的一组基, 特别地, 这些 χ_i 互不相同, 因而 G 也恰有 s 个不同的不可约特征标. 并用 $\mathrm{Irr}(G)$ 记它们组成的集合, 即 $\mathrm{Irr}(G) = \{\chi_1, \cdots, \chi_s\}$.

根据定理 4.10 和 Wedderburn 定理, 群代数 $\mathbb{C}[G]$ 有分解式

$$\mathbb{C}[G] = M_1(\mathbb{C}[G]) \oplus \cdots \oplus M_s(\mathbb{C}[G]). \tag{5.1}$$

令 $1 = \sum\limits_{i=1}^{s} e_i$, 其中 $e_i \in M_i(\mathbb{C}[G])$, 则 e_i 是单代数 $M_i(\mathbb{C}[G])$ 的单位元. 考虑由 $\mathbb{C}[G]$ 模 M_i 得到的 $\mathbb{C}[G]$ 的表示 X_i, 有

$$X_i(e_j) = \begin{cases} 0, & j \neq i, \\ 1, & j = i, \end{cases}$$

这里 0, 1 分别代表 M_i 的零变换和恒等变换, 于是特征标 χ_i (若把定义域扩展到整个 $\mathbb{C}[G]$ 上) 在 e_j 上取值为

$$\chi_i(e_j) = \begin{cases} 0, & j \neq i, \\ \chi_i(1), & j = i. \end{cases} \tag{5.2}$$

由 (5.2) 式易看出 χ_i $(i=1,\cdots,s)$ 作为 $\mathbb{C}[G]$ 上的函数是线性无关的. 因为 G 的元素是 $\mathbb{C}[G]$ 的一组基, 当然作为 G 上的函数也线性无关. 于是得到

定理 5.8 设群 G 有 s 个共轭元素类, 则 G 在复数域 $\mathbb{C}$ 上恰有 s 个不可约特征标 $\chi_1,\cdots,\chi_s$, 它们构成 $Cf(G)$ 的一组基.

命题 5.9 设 $\varphi\in Cf(G)$, 且 $\varphi=\sum\limits_{i=1}^{s} f_i\chi_i$, $f_i\in\mathbb{C}$, 则 φ 是特征标的充分必要条件是每个 f_i 都是非负整数, 并且至少有一个 $f_i>0$.

证明 必要性 设 X 是特征标 φ 对应的表示, 由完全可约性, X 可分解为不可约表示 X_i 的直和, 于是特征标 φ 的分解式中诸 f_i 皆为非负整数.

充分性 设 X_i 是有特征标 χ_i 的表示. 若令

$$X=\bigoplus_{i=1}^{s} f_iX_i,$$

则 X 的特征标为 φ, 这说明 φ 是特征标. □

定理 5.10 设 X,Y 是 G 在 $\mathbb{C}$ 上的两个表示, 对应的特征标为 χ 和 ψ, 则 X 与 Y 等价的充分必要条件是 $\chi=\psi$.

证明 必要性 显然.

充分性 把 X,Y 分解为不可约表示的直和, 设

$$X\sim\bigoplus_{i=1}^{s} n_iX_i,\quad Y\sim\bigoplus_{i=1}^{s} m_iX_i,$$

其中 n_i,m_i 是非负整数, 符号 "$\sim$" 表等价. 于是 X,Y 对应的特征标 χ,ψ 应满足

$$\chi=\sum_{i=1}^{s} n_i\chi_i,\quad \psi=\sum_{i=1}^{s} m_i\chi_i.$$

由条件 $\chi=\psi$ 及 $\{\chi_i\}$ 为 $Cf(G)$ 的基, 即推得 $n_i=m_i,\forall i$. 故 $X\sim Y$. □

为了把特征标表成不可约特征标的和, 我们先来看看正则特征标 r_G 的两个表达式, 其一已由例 5.4 中给出, 其二是下面的引理.

引理 5.11 $r_G=\sum\limits_{i=1}^{s}\chi_i(1)\chi_i$; 特别地有

$$\sum_{i=1}^{s} \chi_i(1)^2 = |G|. \tag{5.3}$$

证明 根据定理 3.3 和推论 3.5, 正则模 $\mathbb{C}[G]$ 有分解

$$\mathbb{C}[G] = \underbrace{M_1 \oplus \cdots \oplus M_1}_{\dim_{\mathbb{C}} M_1 \text{ 个}} \oplus \cdots \oplus \underbrace{M_s \oplus \cdots \oplus M_s}_{\dim_{\mathbb{C}} M_s \text{ 个}}.$$

故正则表示 R 也有分解

$$R = \underbrace{X_1 \oplus \cdots \oplus X_1}_{\dim_{\mathbb{C}} M_1 \text{ 个}} \oplus \cdots \oplus \underbrace{X_s \oplus \cdots \oplus X_s}_{\dim_{\mathbb{C}} M_s \text{ 个}}.$$

因为 $\dim_{\mathbb{C}} M_i = \deg X_i = \chi_i(1)$, 故取上式对应的特征标即可得到

$$r_G = \sum_{r=1}^{s} \chi_i(1)\chi_i.$$

取上式两端在单位元 1 处的值即得

$$r_G(1) = |G| = \sum_{i=1}^{s} \chi_i(1)^2. \qquad \square$$

例 5.12 *求 S_4 的不可约特征标的个数和相应的级数.*

解 首先, 因为 $S_4' = A_4$, $|S_4 : A_4| = 2$, S_4 有两个线性特征标, 可设其为 $\chi_1 = 1_{S_4}$, χ_2. 假定其余的特征标是 $\chi_3, \cdots, \chi_s$. 由 (5.3) 式, $\sum\limits_{i=3}^{s} \chi_i(1)^2 = |S_4| - 2 = 22$. 因为 $2 \leqslant \chi_i(1) \leqslant 4$, 仅有的解为 $s = 5$,

$$\{\chi_3(1), \chi_4(1), \chi_5(1)\} = \{2, 3, 3\}. \qquad \square$$

§4.6 正交关系、特征标表

有限群的诸不可约特征标间最重要的关系是所谓的正交关系. 它的证明关键是计算在对应于 (3.3) 式的 $\mathbb{C}[G]$ 的分解式中理想 $M_i(\mathbb{C}[G])$ 的幂等元素 e_i 的表达式.

定理 6.1 $e_i = \dfrac{1}{|G|} \sum\limits_{a \in G} \chi_i(1)\chi_i(a^{-1})a.$

证明　设 $e_i = \sum\limits_{a\in G} f_a a$, 我们要证明

$$f_a = \frac{1}{|G|}\chi_i(1)\chi_i(a^{-1}). \tag{6.1}$$

固定一个 $a \in G$, 我们来计算 $r_G(e_i a^{-1})$. 由例 5.4 中 r_G 的表达式有

$$r_G(e_i a^{-1}) = f_a|G|,$$

而由引理 5.11,

$$r_G(e_i a^{-1}) = \sum_{j=1}^{s} \chi_j(1)\chi_j(e_i a^{-1}).$$

于是

$$f_a|G| = \sum_{j=1}^{s} \chi_j(1)\chi_j(e_i a^{-1}). \tag{6.2}$$

再考虑 G 的表示 X_j, 把它看成 $\mathbb{C}[G]$ 的表示，有

$$X_j(e_i a^{-1}) = X_j(e_i)X_j(a^{-1}) = \begin{cases} 0, & i \neq j, \\ X_i(a^{-1}), & i = j. \end{cases}$$

因此对特征标也有

$$\chi_j(e_i a^{-1}) = \chi_i(a^{-1})\delta_{ij}, \quad \text{其中 } \delta_{ij} = \begin{cases} 1, & i = j, \\ 0, & i \neq j. \end{cases}$$

代入 (6.2) 式得

$$f_a|G| = \chi_i(1)\chi_i(a^{-1}),$$

(6.1) 式成立. □

定理 6.2 (第一正交关系)　对任意的 $i, j = 1, \cdots, s$, 有

$$\frac{1}{|G|}\sum_{a\in G} \chi_i(a)\chi_j(a^{-1}) = \delta_{ij}.$$

证明　考虑幂等元 $e_1, \cdots, e_s$ 有关系

$$1=\sum_{i=1}^{s}e_i,\quad e_i\in M_i(\mathbb{C}[G]),$$

于是

$$e_ie_j=\delta_{ij}e_i,\quad \forall\, i,j.$$

把定理 6.1 中求得的 e_i 的表达式代入上式，并比较两边在 $a=1$ 时的系数. 右边是 $\frac{1}{|G|}\delta_{ij}\chi_i(1)^2$, 而左边是

$$\frac{1}{|G|^2}\chi_i(1)\chi_j(1)\sum_{a\in G}\chi_i(a)\chi_j(a^{-1}),$$

于是

$$\frac{\chi_j(1)}{|G|}\sum_{a\in G}\chi_i(a)\chi_j(a^{-1})=\delta_{ij}\chi_i(1).$$

当 $i=j$ 时即得到 $\frac{1}{|G|}\sum\limits_{a\in G}\chi_i(a)\chi_j(a^{-1})=1$, 而当 $i\neq j$ 时得到

$$\frac{1}{|G|}\sum_{a\in G}\chi_i(a)\chi_j(a^{-1})=0,$$

统一起来即得要证明的第一正交关系. □

由定理 5.5(6), $\chi_i(a^{-1})=\overline{\chi_i(a)}$, 于是上述定理可改写为

定理 6.2′ (第一正交关系) 对任意的 $i,j=1,\cdots,s$, 有

$$\frac{1}{|G|}\sum_{a\in G}\chi_i(a)\overline{\chi_j(a)}=\delta_{ij}.$$

我们在 $Cf(G)$ 中如下规定内积：设 $\varphi,\psi\in Cf(G)$, 则 φ,ψ 的内积 $\langle\varphi,\psi\rangle_G$ 为

$$\langle\varphi,\psi\rangle_G=\frac{1}{|G|}\sum_{a\in G}\varphi(a)\overline{\psi(a)}.$$

如果所考虑的问题只涉及一个群 G, 则 $\langle\varphi,\psi\rangle_G$ 常简记做 $\langle\varphi,\psi\rangle$.

在本节下面的讨论中，我们假定读者在高等代数课程中已经学过酉空间的概念. 如果没有学过，可参看后面的 §5.2.

定理 6.3　内积 $\langle\varphi,\psi\rangle$ 使 $Cf(G)$ 成为 $\mathbb{C}$ 上的 s 维酉空间，其中 s 是 G 的共轭类的个数，且 $\mathrm{Irr}(G)$ 是 $Cf(G)$ 的标准正交基.

证明　易证 $\langle\varphi,\psi\rangle$ 满足

(1) $\langle\varphi,\psi\rangle=\overline{\langle\psi,\varphi\rangle}$;

(2) $\langle\varphi,\varphi\rangle\geqslant 0$, 且等号仅当 $\varphi=0$ 时成立;

(3) $\langle f_1\varphi_1+f_2\varphi_2,\psi\rangle=f_1\langle\varphi_1,\psi\rangle+f_2\langle\varphi_2,\psi\rangle$, $f_1,f_2\in\mathbb{C}$.

于是 $Cf(G)$ 是 $\mathbb{C}$ 上的酉空间. 又由定理 6.2′, $\mathrm{Irr}(G)$ 是 $Cf(G)$ 的标准正交基. □

应用类函数的内积概念及命题 5.9 可得

推论 6.4　设 $\varphi\in Cf(G)$, 则 φ 是特征标 $\Longleftrightarrow$ $\varphi\neq 0$, 并且 $\langle\varphi,\chi_i\rangle$ 为非负整数， $i=1,\cdots,s$.

证明　设 $\varphi=\sum\limits_{i=1}^{s}f_i\chi_i$. 它与 χ_i 作内积即推得 $f_i=\langle\varphi,\chi_i\rangle$. 再应用命题 5.9 即得所需结论. □

下面的推论也很重要，其证明留给读者.

推论 6.5　(1) 若 χ,ψ 是 G 的特征标，则 $\langle\chi,\psi\rangle$ 是非负整数;

(2) 特征标 χ 不可约 $\Longleftrightarrow$ $\langle\chi,\chi\rangle=1$.

由第一正交关系可推出下面的

定理 6.6 (第二正交关系)　设 $a,b\in G$, 则

$$\sum_{\chi\in\mathrm{Irr}(G)}\chi(a)\overline{\chi(b)}=\begin{cases}0, & \text{如果 } a,b \text{ 不共轭},\\ |C_G(a)|, & \text{如果 } a,b \text{ 共轭}.\end{cases}$$

证明　设 $C_1,\cdots,C_s$ 是 G 的 s 个共轭元素类，而 $a_1,\cdots,a_s$ 是它们的代表元. 令

$$\mathbf{M}=\begin{pmatrix}\chi_1(a_1) & \cdots & \chi_1(a_s)\\ \vdots & & \vdots\\ \chi_s(a_1) & \cdots & \chi_s(a_s)\end{pmatrix},$$

$$\mathbf{D}=\begin{pmatrix}|C_1| & & & 0\\ & \ddots & & \\ & & \ddots & \\ 0 & & & |C_s|\end{pmatrix},$$

由第一正交关系，对于 $i,j=1,\cdots,s$, 有

$$
\begin{aligned}
|G|\delta_{ij} &= \sum_{a\in G}\chi_i(a)\overline{\chi_j(a)}\\
&= \sum_{k=1}^{s}|C_k|\chi_i(a_k)\overline{\chi_j(a_k)}.
\end{aligned}
$$

这 s^2 个式子可以统一为 $\mathbf{MD}\overline{\mathbf{M}}'=|G|\mathbf{I}$, 其中 $\overline{\mathbf{M}}'$ 表示 $\mathbf{M}$ 的转置再取共轭. 因此 $\mathbf{D}\overline{\mathbf{M}}'$ 是 $\frac{1}{|G|}\mathbf{M}$ 的逆矩阵. 这样我们也有 $\mathbf{D}\overline{\mathbf{M}}'\mathbf{M}=|G|\mathbf{I}$, 即

$$
\sum_{k=1}^{s}|C_i|\overline{\chi_k(a_i)}\chi_k(a_j)=|G|\delta_{ij}.
$$

因为 $|G|/|C_i|=|C_G(a_i)|$, 于是有

$$
\sum_{k=1}^{s}\chi_k(a_j)\overline{\chi_k(a_i)}=|C_G(a_i)|\delta_{ij}.
$$

定理得证. □

在群论的实际应用中，常常需要造出给定群的特征标表，即给出上述矩阵 $\mathbf{M}$. 造特征标表没有一般的方法，以下我们利用本节结果给出几个造特征标表的例子.

例 6.7 造对称群 S_3 的特征标表.

解 S_3 有三个共轭类，其代表为 1, (12), (123), 因此它有三个不可约特征标. 又因 $|S_3/S_3'|=|S_3/A_3|=2$, 故 S_3 有两个线性特征标，而第三个特征标的级 $\chi_3(1)$ 由

$$
\sum_{i=1}^{3}\chi_i(1)^2=|S_3|=6
$$

来确定. 由计算知 $\chi_3(1)=2$. 又线性特征标中有一个是主特征标，另一个诱导出 S_3/A_3 的非主表示，故必把偶置换映到 1, 奇置换映到

-1. 于是所求的特征标表为

	1	(12)	(123)
χ_1	1	1	1
χ_2	1	-1	1
χ_3	2	λ	μ

其中 λ, μ 待定. 在第二正交关系中令 $a = 1, b = (12)$, 于是得

$$\sum_{k=1}^{3} \chi_k(1)\overline{\chi_k((12))} = 0,$$

即 $1 \cdot 1 + 1 \cdot (-1) + 2 \cdot \lambda = 0$, 从而推出 $\lambda = 0$. 再在第二正交关系中令 $a = 1$, $b = (123)$, 依同法可得 $\mu = -1$. 代入上表即完成了 S_3 的特征标表. □

例 6.8 造交错群 A_4 的特征标表.

解 A_4 有四个共轭类，其代表元为 1, (12)(34), (123), (132), 故 A_4 有四个不可约特征标. 又因 $A_4' = V_4 = \{1, (12)(34), (13)(24), (14)(23)\}$, $|A_4/V_4| = 3$, 故它有三个线性特征标, 第四个特征标的级由 $\sum\limits_{i=1}^{4} \chi_i(1)^2 = |A_4| = 12$ 可定出，即 $\chi_4(1) = 3$. A_4 的线性特征标对应于 3 阶循环群 A_4/V_4 的三个不可约表示，故可得 A_4 的特征标表为

	1	(12)(34)	(123)	(132)
χ_1	1	1	1	1
χ_2	1	1	$\mathrm{e}^{\frac{2\pi \mathrm{i}}{3}}$	$\mathrm{e}^{\frac{-2\pi \mathrm{i}}{3}}$
χ_3	1	1	$\mathrm{e}^{\frac{-2\pi \mathrm{i}}{3}}$	$\mathrm{e}^{\frac{2\pi \mathrm{i}}{3}}$
χ_4	3	λ	μ	ν

其中 λ, μ, ν 待定. 应用正交关系可算出 $\lambda = -1, \mu = \nu = 0$, 细节略. □

例 6.9 造 8 阶非交换群 G 的特征标表.

解 无论是 8 阶二面体群还是四元数群，都有五个共轭类，且都有 $|G/G'| = 4$, 故 G 有四个线性特征标 $\chi_1, \cdots, \chi_4$ 和一个二级特征标

χ_5. $\left(\chi_5(1)=2\text{ 可由 }\sum_{k=1}^{5}\chi_k(1)=8\text{ 算出}\right)$. 因为 G/G' 是 $(2,2)$ 型初等交换群, 故其线性特征标为 G/G' 的四个不可约特征标. 因此它的特征标表为

	a_1	a_2	a_3	a_4	a_5
χ_1	1	1	1	1	1
χ_2	1	-1	1	-1	1
χ_3	1	1	-1	-1	1
χ_4	1	-1	-1	1	1
χ_5	2	λ	μ	ν	θ

这里假定 $G'=\{a_1,a_5\}$, $a_1=1, a_2,a_3,a_4,a_5$ 为 G 的五个共轭类. 最后由正交关系定出 $\theta=-2$, $\lambda=\mu=\nu=0$. □

这个例子说明不同构的群可以有相同的特征标表. 因此, 特征标表所提供的关于群结构的信息是不完全的. 但是, 它还是能说明很多问题的. 譬如可由特征标表找出群 G 的所有正规子群, 因而亦可判断 G 是否为单群.

在本节的最后, 我们来证明群不可约特征标的级必为群阶的因子. 为此, 我们先定义群上另一个重要的类函数.

定理 6.10 设 χ 是 G 的不可约复特征标, 对于 $t\in G$ 规定

$$\omega(t)=\frac{|C|\chi(t)}{\chi(1)},$$

其中 C 为 t 所在的共轭元素类. 则 ω 是 G 的类函数, 且取值为代数整数.

证明 设 $\mathbf{X}$ 是 χ 对应的不可约矩阵表示. 令

$$\mathbf{Z}(t)=\sum_{c\in C}\mathbf{X}(c).$$

易验证 $\mathbf{Z}(t)$ 与所有 $\mathbf{X}(a)$ 可交换, $a\in G$. 由 Schur 引理的矩阵形式 (定理 2.3′), 存在复数 f 使

$$\mathbf{Z}(t)=f\mathbf{I}.$$

于是

$$f\chi(1) = \text{tr }(\mathbf{Z}(t)) = \sum_{c \in C} \text{tr }(\mathbf{X}(t)) = \sum_{c \in C} \chi(c) = |C|\chi(t),$$

所以

$$f = \frac{|C|\chi(t)}{\chi(1)} = \omega(t).$$

现设 C_i, C_j 为群 G 的任两个 (不一定不同的) 共轭类，令

$$C_iC_j = \{xy \mid x \in C_i, y \in C_j\}.$$

对于任意的 $xy \in C_iC_j$ 和 $a \in G$, 有

$$(xy)^a = x^a y^a \in C_iC_j.$$

这说明 C_iC_j 仍为 G 之若干共轭类之并. 假设又有 $x_1y_1 = xy$, 其中 $x_1 \in C_i, y_1 \in C_j$, 则 $x_1^a y_1^a = x^a y^a = (xy)^a$, 并且若 $x_1 \neq x$ 或 $y_1 \neq y$, 亦有 $x_1^t \neq x^t$ 或 $y_1^t \neq y^t$. 这说明对 C_iC_j 中的任两个共轭元素 xy 和 $(xy)^a$, 在表示成一个 C_i 的元素和一个 C_j 的元素之乘积时，表示方法也有同样多个. 因此，对任意的 $x, y \in G$, 我们有

$$\mathbf{Z}(x) \cdot \mathbf{Z}(y) = \sum_t a_t \mathbf{Z}(t),$$

其中 t 遍取 G 的共轭类代表， a_t 是非负整数. 因对任意的 $u \in G$, $\mathbf{Z}(u) = \omega(u)\mathbf{I}$, 于是有

$$\omega(x) \cdot \omega(y) = \sum_t a_t \omega(t).$$

这样， $\{\sum a_t\omega(t) \mid a_t \in \mathbb{Z}\}$ 是 $\mathbb{C}$ 的一个子环. 由第 1 章命题 8.2, $\omega(t)$ 为代数整数. □

推论 6.11　设 χ 是 G 的一个不可约特征标，则 $\chi(1)|g$, 其中 $g = |G|$.

证明 设 C_i $(i=1,\cdots,s)$ 是 G 的全部共轭类, $t_i \in C_i$, 则

$$\begin{aligned}
\frac{g}{\chi(1)} &= \frac{g}{\chi(1)}\langle\chi,\chi\rangle \\
&= \frac{g}{\chi(1)}\cdot\frac{1}{g}\sum_{i=1}^{s}|C_i|\chi(t_i)\overline{\chi(t_i)} \\
&= \sum_{i=1}^{s}\frac{|C_i|\chi(t_i)}{\chi(1)}\overline{\chi(t_i)} \\
&= \sum_{i=1}^{s}\omega(t_i)\overline{\chi(t_i)}.
\end{aligned}$$

所以 $g/\chi(1)$ 是代数整数. 又因它是有理数, 故为有理整数, 即 $\chi(1)|g$.

□

最后, 我们用下面的例子来结束本节.

例 6.12 *令群 G 为下列定义关系定义之 p^3 阶亚循环 p 群, $p \geqslant 3$:*

$$G = \langle a, b \mid a^{p^2} = b^p = 1, b^{-1}ab = a^{1+p}\rangle.$$

求 G 的不可约特征标的个数和相应的级数.

解 首先, 因为 $G' = \langle a^p\rangle$, $|G'| = p$. 于是 $|G:G'| = p^2$, G 有 p^2 个线性特征标, 可设其为 $\chi_1 = 1_G, \cdots, \chi_{p^2}$. 假定其余的特征标是 $\chi_{p^2+1}, \cdots, \chi_s$. 由推论 6.11, 对于 $i > p^2$ 有 $\chi_i(1) \mid p^3$. 又由 (5.3) 式,

$$\sum_{i=p^2+1}^{s}\chi_i(1)^2 = |G| - p^2 = p^3 - p^2.$$

只能有 $\chi_i(1) = p$, $i > p^2$, 并且 $s = p^2 + p - 1$. □

§4.7 诱导特征标

设 G 是有限群, $H \leqslant G$. 又设 $X: G \to GL(V)$ 是一表示, 其中 $V = V(n, \mathbb{C})$, 而 χ 是它的特征标. 则如果把 X 限制在 H 上, 也将得到 H 的一个表示. 我们记它为 $X|_H$. 并以 $\chi|_H$ 表示 $X|_H$ 的特征标.

本节考虑的问题恰与上述过程相反，即如何由 H 的一个给定的特征标通过某种方法构造出 G 的一个特征标. 我们称它为 H 的特征标在 G 上的**诱导特征标**.

首先定义**诱导类函数**.

定义 7.1 设 $H \leqslant G, |H| = h, \varphi \in Cf(H)$ 是 H 到 $\mathbb{C}$ 上的一个类函数. 对于 $a \in G$, 令

$$\varphi^G(a) = \frac{1}{h}\sum_{t\in G}\varphi^0(tat^{-1}), \tag{7.1}$$

其中

$$\varphi^0(y) = \begin{cases} \varphi(y), & \text{如果 } y \in H, \\ 0, & \text{如果 } y \notin H. \end{cases} \tag{7.2}$$

我们称 φ^G 为 φ 在 G 上的诱导类函数.

容易看出，若 a 与 b 在 G 中共轭，譬如 $b = xax^{-1}$, 则

$$\begin{aligned} \varphi^G(b) &= \frac{1}{h}\sum_{t\in G}\varphi^0(tbt^{-1}) \\ &= \frac{1}{h}\sum_{t\in G}\varphi^0(txa(tx)^{-1}) \\ &= \frac{1}{h}\sum_{t\in G}\varphi^0(tat^{-1}) = \varphi^G(a). \end{aligned}$$

这说明 φ^G 确为 G 之类函数. 又由计算可得

$$\varphi^G(1) = |G:H|\varphi(1),$$

且若

$$G = Ht_1 \cup Ht_2 \cup \cdots \cup Ht_k$$

是 G 关于 H 的右陪集分解式，令 $T = \{t_1, \cdots, t_k\}$, 则有

$$\varphi^G(a) = \sum_{t\in T}\varphi^0(tat^{-1}). \tag{7.3}$$

例 7.2 设 r_H 是 H 的正则特征标, 则 $(r_H)^G = r_G$.

证明 因为

$$(r_H)^G(1) = |G:H|r_H(1) = |G:H||H| = |G|,$$

而若 $1 \neq a \in G$, 由 (7.3) 式,

$$(r_H)^G(a) = \sum_{t \in T} r_H^0(tat^{-1}) = 0.$$

于是由例 5.4, 有 $(r_H)^G = r_G$. □

由直接验证可得

命题 7.3 设 $\varphi_1, \cdots, \varphi_r \in Cf(H)$, $f_1, \cdots, f_r \in \mathbb{C}$, 则

$$\left(\sum_{i=1}^{r} f_i \varphi_i\right)^G = \sum_{i=1}^{r} f_i \varphi_i^G.$$

定理 7.4 (Frobenius 互反律) 设 $H \leqslant G$, $|H| = h$, $|G| = g$. 又设 $\varphi \in Cf(H)$, $\psi \in Cf(G)$, 则

$$\langle \varphi^G, \psi \rangle_G = \langle \varphi, \psi|_H \rangle_H.$$

证明 因为

$$\begin{aligned}
\langle \varphi^G, \psi \rangle_G &= \frac{1}{g} \sum_{a \in G} \varphi^G(a) \overline{\psi(a)} \\
&= \frac{1}{g} \sum_{a \in G} \left(\frac{1}{h} \sum_{t \in G} \varphi^0(tat^{-1}) \overline{\psi(a)} \right),
\end{aligned}$$

其中 $g = |G|$, 而 $tat^{-1} \in H$ 当且仅当 $a \in t^{-1}Ht$, 故

$$\begin{aligned}
\langle \varphi^G, \psi \rangle_G &= \frac{1}{g} \sum_{t \in G} \left(\frac{1}{h} \sum_{a \in t^{-1}Ht} \varphi^0(tat^{-1}) \overline{\psi(tat^{-1})} \right) \\
&= \frac{1}{g} \sum_{t \in G} \left(\frac{1}{h} \sum_{y \in H} \varphi(y) \overline{\psi(y)} \right)
\end{aligned}$$

$$= \frac{1}{g} \sum_{t \in G} \langle \varphi, \psi|_H \rangle_H = \langle \varphi, \psi|_H \rangle_H. \qquad \square$$

推论 7.5 设 $H \leqslant G$, φ 是 H 的特征标, 则 φ^G 也是 G 的特征标.

证明 作为 G 的类函数, 可令

$$\varphi^G = \sum_{i=1}^{s} f_i \chi_i,$$

其中 $\chi_1, \cdots, \chi_s$ 是 G 的全部不可约特征标. 为证 φ^G 是特征标, 只需证 f_i 为非负整数且 φ^G 不是零函数. 由定理 7.4,

$$f_i = \langle \varphi^G, \chi_i \rangle_G = \langle \varphi, \chi_i|_H \rangle_H.$$

因为 $\varphi, \chi_i|_H$ 皆为 H 的特征标, 故 $\langle \varphi, \chi_i|_H \rangle_H$ 为非负整数, 这样 f_i 亦为非负整数. 最后, 因为

$$\varphi^G(1) = |G : H|\varphi(1) \neq 0,$$

故 φ^G 不是零函数. $\square$

事实上, 诱导特征标所对应的表示也可由子群 H 的表示得到, 但要用到表示的张量积的概念, 这里就不叙述了.

诱导特征标对于构造有限群的特征标表是一个有用的工具. 因为一个群纵然很复杂, 但它总有很多简单的子群, 这些子群的特征标表容易造出, 于是用诱导特征标的理论就可得到原来群的若干特征标. 下面我们看一个例子, 即造交错群 A_5 的特征标表. 为了便于计算诱导特征标, 我们先给出下面的计算公式.

命题 7.6 设 $H \leqslant G$, $\varphi \in Cf(H)$, $a \in G$. 以 $C(a)$ 表示 G 中包含 a 的共轭类, 则 $H \cap C(a)$ 由 H 的若干共轭类的并组成. 设 $x_1, \cdots, x_m$ 是这些共轭类的代表元, 则

$$\varphi^G(a) = |C_G(a)| \sum_{i=1}^{m} \frac{\varphi(x_i)}{|C_H(x_i)|}; \tag{7.4}$$

而若 $H \cap C(a) = \varnothing$, 则 $\varphi^G(a) = 0$.

证明 若 $H \cap C(a) = \varnothing$, 由 (7.1) 式显然 $\varphi^G(a) = 0$, 故下面设 $H \cap C(a) \neq \varnothing$. 因为对于某个 $t_0 a t_0^{-1} \in H$, 恰有 $C_G(a)$ 个 G 的元素 t 使 $tat^{-1} = t_0 a t_0^{-1}$, 于是据 (7.1) 式有

$$\begin{aligned}\varphi^G(a) &= \frac{1}{h}\sum_{t\in G}\varphi^0(tat^{-1}) \\ &= \frac{1}{h}|C_G(a)| \sum_{y\in H\cap C(a)} \varphi(y),\end{aligned}$$

其中 $h = |H|$. 又对 $x_i \in H \cap C(a)$, 恰有 $\frac{h}{|C_H(x_i)|}$ 个与 x_i 在 H 中共轭的元素属于 $H \cap C(a)$, 故上式变为

$$\begin{aligned}\varphi^G(a) &= \frac{1}{h}|C_G(a)|\sum_{i=1}^{m}\frac{h}{|C_H(x_i)|}\varphi(x_i) \\ &= |C_G(a)|\sum_{i=1}^{m}\frac{\varphi(x_i)}{|C_H(x_i)|}.\end{aligned}$$

□

例 7.7 造 A_5 的特征标表.

解 A_5 有五个共轭类, 阶为 1, 2, 3 的元素各有一类, 而 5 阶元素有两个共轭类. 为方便起见, 记这五类为 $C_1, C_2, C_3, C_5^{(1)}, C_5^{(2)}$. 各类的长度及代表元中心化子的阶列表如下:

类 C	C_1	C_2	C_3	$C_5^{(1)}$	$C_5^{(2)}$
$\lvert C\rvert$	1	15	20	12	12
$\lvert C_G(a)\rvert, a \in C$	60	4	3	5	5

A_5 有五个不可约特征标 $\chi_1, \cdots, \chi_5$, 其中 χ_1 是主特征标, 在各共轭类上取值依次为

$$\chi_1: \quad 1 \quad 1 \quad 1 \quad 1 \quad 1$$

设 $H = A_4 \leqslant A_5$, 用命题 7.6 可算出 (过程从略):

$$(1_H)^G: \quad 5 \quad 1 \quad 2 \quad 0 \quad 0$$

因为 $\langle (1_H)^G, 1_G\rangle_G = \langle 1_H, 1_H\rangle_H = 1$, 故 $(1_H)^G - 1_G = \chi_2$ 也是 G 的特征标:

$$\chi_2: \quad 4 \quad 0 \quad 1 \quad -1 \quad -1$$

直接计算得 $\langle \chi_2, \chi_2\rangle = 1$, 于是 χ_2 是一不可约特征标. 再由 A_4 的另一线性特征标 λ (即例 6.8 中的 χ_2) 出发，计算 λ^G 得:

$$\lambda^G: \quad 5 \quad 1 \quad -1 \quad 0 \quad 0$$

直接计算知 $\langle \lambda^G, \lambda^G\rangle = 1$, 于是 λ^G 亦为 G 之不可约特征标. 令 $\lambda^G = \chi_3$. (注意，若由 A_4 的第三个线性特征标，即例 6.8 中的 χ_3 出发计算诱导特征标，仍将得到 χ_3, 因此为得到新特征标还要想其他办法.)

再取 A_5 的一个五阶子群 $K = \langle x\rangle$. 易验证 x, x^{-1} 和 x^2, x^{-2} 分属 A_5 的两个不同的共轭类 $C_5^{(1)}$ 和 $C_5^{(2)}$. 令 μ 是 K 的线性特征标满足 $\mu(x) = \varepsilon = \mathrm{e}^{2\pi\mathrm{i}/5}$ 者. 计算 μ^G 得

$$\mu^G: \quad 12 \quad 0 \quad 0 \quad \varepsilon+\varepsilon^4 \quad \varepsilon^2+\varepsilon^3$$

再由计算可得 $\langle \mu^G, \chi_2\rangle = 1$, $\langle \mu^G - \chi_2, \chi_3\rangle = 1$. 于是 $\mu^G - \chi_2 - \chi_3 = \chi_4$ 也是 G 的特征标:

$$\chi_4: \quad 3 \quad -1 \quad 0 \quad \varepsilon+\varepsilon^4+1 \quad \varepsilon^2+\varepsilon^3+1$$

且因 $\langle \chi_4, \chi_4\rangle = 1$, 故 χ_4 是 G 的不可约特征标. 至此我们已找到 A_5 的四个不可约特征标. 第五个可用正交关系算出，即

$$\chi_5: \quad 3 \quad -1 \quad 0 \quad \varepsilon^2+\varepsilon^3+1 \quad \varepsilon+\varepsilon^4+1$$

于是最终完成了 A_5 的特征标表如下:

类 C	C_1	C_2	C_3	$C_5^{(1)}$	$C_5^{(2)}$
χ_1	1	1	1	1	1
χ_2	4	0	1	-1	-1
χ_3	5	1	-1	0	0
χ_4	3	-1	0	$\varepsilon+\varepsilon^4+1$	$\varepsilon^2+\varepsilon^3+1$
χ_5	3	-1	0	$\varepsilon^2+\varepsilon^3+1$	$\varepsilon+\varepsilon^4+1$

§4.8　群特征标理论的应用

本节给出群特征标理论的一些应用, 将证明著名的 Burnside $p^a q^b$ 定理和 Frobenius 定理. 下面的定理是为证明 Burnside $p^a q^b$ 定理作准备的.

定理 8.1　设 χ 是 G 的一个不可约特征标, C 是 G 的一个共轭类, $x \in C$. 若 $(\chi(1), |C|) = 1$, 则或者 $\chi(x) = 0$, 或者 $|\chi(x)| = \chi(1)$.

证明　因为 $(\chi(1), |C|) = 1$, 必有整数 u, v 使 $u\chi(1) + v|C| = 1$, 于是

$$\begin{aligned}\frac{\chi(x)}{\chi(1)} &= \frac{(u\chi(1) + v|C|)\chi(x)}{\chi(1)} \\ &= v\omega(x) + u\chi(x),\end{aligned}$$

其中 ω 如定理 6.10 中定义, 于是 $\chi(x)/\chi(1)$ 是代数整数.

现在令 $\chi(1) = k$, $o(x) = n$. 以 $\zeta_1, \cdots, \zeta_{\varphi(n)}$ 表 $\varphi(n)$ 个 n 次本原单位根, 则多项式 $f_n(x) = \prod\limits_{i=1}^{\varphi(n)}(x - \zeta_i)$ 为 n 次分圆多项式. 由第 3 章 3.3.1 小节, 它是首 1 有理整系数多项式.

再令 $a_1 = \chi(x)/\chi(1)$. 由定理 5.5(5) 可设

$$a_1 = (\zeta_1^{i_1} + \cdots + \zeta_1^{i_k})/k,$$

其中 $i_1, \cdots, i_k$ 是非负整数. 令 $a_j = (\zeta_j^{i_1} + \cdots + \zeta_j^{i_k})/k$, $j = 1, \cdots, \varphi(n)$. 由第 3 章命题 3.2 , 分圆多项式是不可约的, 于是有 $Q(\zeta_1)$ 的自同构把 a_1 变到 a_j, 所以 a_j 亦是代数整数. 因为

$$\prod_{j=1}^{\varphi(n)} a_j = b$$

是 $\zeta_1, \cdots, \zeta_{\varphi(n)}$ 的对称多项式, 因而可表成 $\zeta_1, \cdots, \zeta_{\varphi(n)}$ 的初等对称多项式即 $f_n(x)$ 的系数的有理函数, 这推出 b 是有理数, 但它又是代数整数, 所以它是有理整数.

如果 $|\chi(x)| < \chi(1)$, 则有 $|a_1| < 1$. 我们又有 $|a_j| \leqslant 1$, $j = 2,\cdots,\varphi(n)$, 于是有

$$|b| = \left|\prod_{j=1}^{\varphi(n)} a_j\right| < 1.$$

由此只能成立 $b=0$, 于是 $a_1 = \chi(x)/\chi(1) = 0$, 即 $\chi(x)=0$. □

定理 8.2 有限单群的共轭类的长度不能是素数的正方幂.

证明 设 G 是有限单群, C 是 G 的一个共轭类. 又设 $|C| = p^a$, p 是素数, a 是正整数. 当然有 $p \mid |G|$, 且 G 是非交换的.

因为 $|G| = \sum\limits_{i=1}^{s} \chi_i(1)^2$, 而 χ_1 是主特征标, 有 $\chi_1(1)=1$, 所以至少有一个不可约特征标 χ 满足 $\chi \neq \chi_1$ 且 $p \nmid \chi(1)$. 不妨设 $p \nmid \chi_i(1)$ $(i=1,\cdots,r)$ 但 $p \mid \chi_j(1)$, $j=r+1,\cdots,s$, 其中 $2 \leqslant r \leqslant s$. 若对某一 χ_i $(2 \leqslant i \leqslant r)$, 有 $|\chi_i(x)| = \chi_i(1)$, $x \in C$, 令 $\mathbf{X}_i$ 是 χ_i 之相应的表示, 由定理 5.5(7) $\mathbf{X}_i(x)$ 是纯量阵. 而因 G 是单群, 所以 χ_i 是忠实的, 于是 G 的中心 $Z(G) \ni x$, 但这与 G 是非交换单群矛盾. 因此必有

$$\chi_i(x) = 0, \quad x \in C,\ i = 2,\cdots,r.$$

由第二正交关系, 我们有: 对 $x \in C$,

$$0 = \sum_{i=1}^{s} \chi_i(1)\chi_i(x) = 1 + \sum_{j=r+1}^{s} \chi_j(1)\chi_j(x).$$

注意到对 $j=r+1,\cdots,s$, $p \mid \chi_j(1)$, 我们有

$$\frac{1}{p} = -\sum_{j=r+1}^{s} \frac{\chi_j(1)}{p}\chi_j(x)$$

是代数整数, 因而也是有理整数, 矛盾. □

定理 8.3 (Burnside p^aq^b 定理) p^aq^b 阶群必可解, 其中 p,q 是不同素数, a,b 是正整数.

证明 设 G 是使定理不成立的最小阶反例, 则 G 应为单群. (若否, G 有非平凡正规子群 N, 则由 G 的最小性, 有 N 及 G/N 均可

解，于是 G 亦可解.）令 $P \in \mathrm{Syl}_p(G)$, $1 \neq z \in Z(P)$, 则 z 所在的共轭类的长度必为 q 的方幂，与定理 8.2 矛盾. □

下面，我们讨论所谓 Frobenius 群，并证明著名的 Frobenius 定理.

定义 8.4 设 G 是 $\Omega = \{1, \cdots, n\}$ 上的传递置换群，它对点 1 的稳定子群 $G_1 \neq 1$, 但只有单位元素才有两个以上不动点，这时称 G 为 **Frobenius 群**. G 中没有不动点的元素称为**正则元素**.

设 G 是如上定义的 Frobenius 群，由 G 之传递性，稳定子群 $G_2, \cdots, G_n$ 亦非单位群，并且对任意的 $i \neq j$ 恒有 $G_i \cap G_j = 1$. 令 $H = G_1$, $|H| = h$, 则 $|G| = g = nh$. 因此 G 的正则元的个数为

$$\left| G - \bigcup_{i=1}^{n} G_i \right| = g - (h-1)n - 1 = n - 1,$$

而非正则元个数为 $(h-1)n$. 又，对任一 $i \neq 1$, H 对点 i 的稳定子群 $H_i = 1$, 从而 H 的包含 i 的轨道 i^H 的长为 h. 因此， $h \mid n-1$. 特别地， $(n, h) = 1$.

定理 8.5 (Frobenius 定理) *Frobenius 群 G 中的正则元素和 1 一起组成 G 的一个特征子群.*

证明 保持前面所用的记号，由于 $g = nh$, 而 $(n, h) = 1$, 所以如果能证明全体正则元和 1 组成 G 的正规子群，则此子群当然是特征子群.

设 ρ 是 G 的置换特征标 (参看例 5.3), 则 $\rho(1) = n$, $\rho(x) = 0$, $\rho(y) = 1$, 其中 x 是任一正则元素，而 y 是任一非正则元素. 计算可得 $\langle \rho, 1_G \rangle = \frac{1}{g}(n + (h-1)n) = 1$, 故若令 $\theta = \rho - 1_G$, 则 θ 仍为 G 之特征标. 对 θ 有 $\theta(1) = n - 1$, $\theta(x) = -1$, $\theta(y) = 0$. 我们再令 $\mu = r_G - h\theta$, 其中 r_G 是 G 的正则特征标. 由计算可得， $\mu(1) = \mu(x) = h$, $\mu(y) = 0$, 其中 x, y 如前所述. 如果我们能证明 μ 也是 G 的特征标，由定理 5.5(7), $\ker \mu$ 将由正则元和 1 组成. 因为 $\ker \mu \trianglelefteq G$, 定理就证明完了.

为了证明 μ 是特征标，我们设 ψ_i $(i = 1, \cdots, t)$ 是 H 的全部不可

约特征标，并设 $\psi_i(1)=m_i$, 于是有

$$r_H=\sum_{i=1}^{t} m_i\psi_i, \qquad \sum_{i=1}^{t} m_i^2=h.$$

又由例 7.2 有 $r_G=(r_H)^G$, 于是

$$\begin{aligned}\mu &= r_G-h\theta=(r_H)^G-h\theta\\ &=\left(\sum_{i=1}^{t} m_i\psi_i\right)^G-\left(\sum_{i=1}^{t} m_i^2\right)\theta\\ &=\sum_{i=1}^{t} m_i(\psi_i^G-m_i\theta).\end{aligned}$$

因此只需证明 $\pi_i=\psi_i^G-m_i\theta$ 是 G 的特征标. 由命题 7.6 易算出 $\psi_i^G(1)=nm_i$, $\psi_i^G(x)=0$, $\psi_i^G(y)=\psi_i(\bar{y})$, x,y 仍如前述，而 $\bar{y}\in H$, 且与 y 在 G 中共轭. 又因 θ 的取值为 $\theta(1)=n-1$, $\theta(x)=-1$, $\theta(y)=0$, 由计算得

$$\pi_i(1)=m_i, \quad \pi_i(x)=m_i, \quad \pi_i(y)=\psi_i(\bar{y}),$$

并且

$$\begin{aligned}\langle\pi_i,\pi_i\rangle &= \frac{1}{g}\left(m_i^2+(n-1)m_i^2+n\sum_{\bar{y}\in H\setminus\{1\}}\psi_i(\bar{y})\overline{\psi_i(\bar{y})}\right)\\ &=\frac{n}{g}\sum_{\bar{y}\in H}\psi_i(\bar{y})\overline{\psi_i(\bar{y})} \quad (\text{用到} m_i=\psi_i(1))\\ &=\langle\psi_i,\psi_i\rangle_H=1.\end{aligned}$$

又因 $\pi_i=\psi_i^G-m_i\theta$ 可表成 G 的不可约特征标的整系数线性组合，可令 $\pi_i=\sum\limits_{i=1}^{s} f_i\chi_i$, 其中 f_i 是整数，于是

$$\langle\pi_i,\pi_i\rangle=\left\langle\sum_i f_i\chi_i,\sum_i f_i\chi_i\right\rangle$$

$$= \sum_{i=1}^{s} f_i^2 \langle \chi_i, \chi_i \rangle = \sum_{i=1}^{s} f_i^2,$$

这推出 $\sum\limits_{i=1}^{s} f_i^2 = 1$. 因此只有某一个 $f_j = \pm 1$, 其余的 $f_k = 0$. 于是 $\pi_i = \pm \chi_i$. 最后，因为 $\pi_i(1) = m_i > 0$, 必有 $\pi_i = \chi_j$ 是 G 的不可约特征标. 定理证毕. □

习　题

1. 证明两个 A 模是同构的当且仅当它们对应的表示是等价的.

2. 设 V 是 A 模， X 为 V 对应的 A 的表示. 证明 $\mathrm{End}_A(V)$ 为 $X(A)$ 在 $\mathrm{End}_F(V)$ 中的中心化子.

3. 证明同构的 A 模有相同的零化子.

4. 证明完全可约模 V 的子模 W 仍为完全可约的.

5. 设 A 是 F 代数， V 是 A 模. 证明 V 是完全可约的充分必要条件是 V 的所有极大子模的交为 $\{0\}$.

6. 设 A 是 F 代数. 任取一组互不同构的不可约 A 模的完全集 $\{M_1, \cdots, M_s\}$. 令

$$J(A) = \bigcap_{i=1}^{s} \mathrm{Ann}(M_i).$$

证明 $J(A)$ 是有意义的，并且

(1) $J(A)$ 是 A 的双边理想;

(2) 对任一非零 A 模 V, 有 $VJ(A) \subsetneqq V$;

(3) 对某正整数 n, 有 $J(A)^n = \{0\}$;

(4) 若 I 是 A 的幂零右理想，即 $I^m = \{0\}$ 对某正整数 m 成立，则 $I \subseteq J(A)$.

我们称 $J(A)$ 为 A 的 Jacobson 根基.

7. 设 A 是 F 代数. 证明下列陈述等价:

(1) $J(A) = \{0\}$;

(2) A 中没有非零幂零右理想;

(3) A 中没有非零幂零双边理想;

(4) A 半单.

8. 设 A 是 F 代数, 则 $A/J(A)$ 是半单的.

9. 设 V 是 A 模, 则 V 是完全可约的当且仅当 $VJ(A)=\{0\}$.

10. 设 X 是群 G 的一个表示, 则映射

$$\mathrm{det}X : a \mapsto \mathrm{det}X(a), \quad a \in G$$

也是 G 的表示, 其中 $\mathrm{det}X(a)$ 表线性变换 $X(a)$ 的行列式.

11. 设 $G=\langle a,b\rangle$ 是 $2n$ 阶二面体群, 有定义关系:

$$a^n=1, \quad b^2=1, \quad b^{-1}ab=a^{-1}.$$

又设 ζ 是复数域上的 n 次本原单位根. 则映射

$$\mathbf{X} : a^i b^j \mapsto \mathbf{A}^i\mathbf{B}^j, \quad i=1,\cdots,n;\ j=1,2$$

是 G 的一个忠实不可约矩阵表示, 其中

$$\mathbf{A}=\begin{pmatrix}\varepsilon & 0\\ 0 & \varepsilon^{-1}\end{pmatrix}, \quad \mathbf{B}=\begin{pmatrix}0 & 1\\ 1 & 0\end{pmatrix}.$$

12. 证明例 4.4 中给出的群 G 的置换表示 $\mathbf{P}$ 是可约的, 只要 $n \geqslant 2$.

13. 设 $\mathbf{X}$ 是群 G 的任一非主不可约矩阵表示, 则 $\sum\limits_{a\in G}\mathbf{X}(a)=\mathbf{0}$.

14. 设 $G=S_3$ 作用在 $\Omega=\{1,2,3\}$ 上. 试把 G 在 Ω 上的置换表示表成不可约表示的直和, 从而得到 S_3 的一个 2 级不可约复表示.

15. 例 4.4 和例 4.5 中给出的群 G 所对应的群代数 $F[G]$ 的表示是什么?

16. 群 G 的主表示对应的群代数 $F[G]$ 的表示是什么?

17. 设 G 是有限交换群, 以 G^* 记 G 的全部不可约复表示的集合. 规定 G^* 内的乘法如下: 对 $X_1, X_2 \in G^*$, 令

$$(X_1X_2)(a)=X_1(a)X_2(a), \quad a \in G.$$

则 G^* 对此乘法构成一群. 并证明:

(1) $G^* \cong G$;

(2) 对于 G 的任一子群 H, 规定

$$H^d = \{X \in G^* \mid H \leqslant \ker X\}.$$

证明 $H^d \leqslant G^*$, 且映射 $H \mapsto H^d$ 是 G 的子群集合到 G^* 的子群集合间的一一对应, 满足

$$H_1 \geqslant H_2 \Longleftrightarrow H_1^d \leqslant H_2^d.$$

18. 设 χ 是群 G 的特征标, σ 是复数域 $\mathbb{C}$ 的自同构. 定义

$$\chi^\sigma(a) = (\chi(a))^\sigma, \quad \forall\, a \in G.$$

求证 χ^σ 也是 G 的特征标, 且 χ^σ 不可约当且仅当 χ 不可约, χ^σ 忠实当且仅当 χ 忠实.

19. 设 G 是群, 不一定交换, 而 z 是 G 的中心 $Z(G)$ 中的任一元素. 设 $X: G \to GL(V)$ 是 G 在 $\mathbb{C}$ 上一个不可约表示, 则 $X(z)$ 必为数乘变换. 如果 X 又是忠实表示, 则 $Z(G)$ 是循环群.

20. 设 χ 是群 G 的忠实特征标, $H \leqslant G$. 求证 H 是交换的当且仅当 $\chi|_H$ 可表成 H 的线性特征标的和.

21. (1) 设 χ 是交换群 A 的特征标, 则

$$\sum_{a \in A} |\chi(a)|^2 \geqslant |A| \cdot \chi(1);$$

(2) 设 A 是群 G 的交换子群, χ 是 G 的不可约特征标, 则 $\chi(1) \leqslant |G : A|$.

22. 单群没有 2 级不可约特征标.

23. 若 G' 是非交换单群, 则 G 没有 2 级不可约特征标.

24. 设 $a \in G$. 证明 a 与 a^{-1} 在 G 中共轭的充要条件是对 G 的所有特征标 χ, 恒有 $\chi(a)$ 是实数.

25. 称满足上题条件的元素 a 为 G 的实元素，证明 G 中存在非单位的实元素当且仅当 G 的阶为偶数.

26. 设 $H \leqslant G$, χ 是 G 的忠实不可约特征标，且 $\chi|_H$ 是 H 的不可约特征标，则 $C_G(H) = Z(G)$.

27. 设 χ 是群 G 的特征标，满足

$$\chi(a) = 0, \quad \forall\, a \neq 1,\ a \in G,$$

则 $|G| \mid \chi(1)$.

28. 设 χ 是 G 的不可约特征标， $A \neq 1$ 是 G 的交换子群，且 $\chi(1) = |G : A|$, 则

(1) $\chi(a) = 0, \forall\, a \in G \backslash A$;

(2) A 中包含 G 的非平凡交换正规子群.

29. 设 $H, K \leqslant G$, $HK = G$. 又设 φ 是 H 的一个类函数. 证明 $\varphi^G|_K = (\varphi|_{H\cap K})^K$.

30. 设 $H \leqslant G$, φ 是 H 的类函数， ψ 是 G 的类函数. 证明 $(\varphi \cdot \psi|_H)^G = \varphi^G \psi$. (两个类函数 φ_1, φ_2 的乘积如下定义: $(\varphi_1\varphi_2)(a) = \varphi_1(a)\varphi_2(a)$, $\forall\, a \in G$.)

31. 设 $b(G) = \max\{\chi(1) \mid \chi \in \mathrm{Irr}(G)\}$. 若 $H \leqslant G$, 则

$$b(H) \leqslant b(G) \leqslant |G : H| b(H).$$

32. 设 χ 是 G 的特征标,它在 $G \backslash \{1\}$ 上取常数值,则 $\chi = a1_G + br_G$, 其中 a, b 是整数. 又若 $b > 0$, 则 $\chi(1) \geqslant |G| - 1$.

33. 设 $|G|$ 是奇数， χ 是 G 的非主不可约特征标，则 $\chi \neq \overline{\chi}$.

34. 设 $|G|$ 是奇数， $a \in G$, 且对任意的 $\chi \in \mathrm{Irr}(G)$, 恒有 $\chi(a)$ 为实数，则必有 $a = 1$.

35. 设 $A \leqslant G$, A 是交换群，且 $|G : A|$ 是素数方幂. 求证 $G' < G$.

36. 设 χ 是 G 的忠实不可约特征标，且 $\chi(1) = p^a$, p 是素数. 又设 $P \in \mathrm{Syl}_p(G)$, 且 $C_G(P) \nleqslant P$, 则 $G' < G$.

37. 试造 21 阶非交换群的特征标表.

38. 试造 10 阶非交换群的特征标表.

第 5 章　典型群的初步知识

§5.1　特殊射影线性群的单性

从本节起，我们讲述典型群的初步知识．特别是给出几种典型群是单群的证明．本节中我们讲述域上的特殊射影线性群的单性．

首先简单复习一下特殊射影线性群的定义．设 F 是一个域，$V=V(n,F)$ 是域 F 上的 n 维线性空间，$GL(n,F)$ 是 V 的非退化线性变换的集合．它在线性变换的乘法下组成一个群，叫做域 F 上的 n 级**一般线性群**或 n 级**全线性群**．它同构于 F 上全体 n 阶可逆方阵组成的乘法群．这个群也记做 $GL(n,F)$．

令 $SL(n,F)$ 为所有行列式为 1 的线性变换 (或所有行列式为 1 的 n 阶方阵) 组成的集合，则 $SL(n,F)$ 是 $GL(n,F)$ 的正规子群，叫做 F 上的 n 级**特殊线性群**．

又，由线性代数得知，$GL(n,F)$ 的中心 Z 由所有 n 阶非零纯量阵组成．我们称

$$PGL(n,F)=GL(n,F)/Z$$

为 F 上 n 级**射影线性群**．又称

$$PSL(n,F)=SL(n,F)/(Z\cap SL(n,F))$$

为 F 上 n 级**特殊射影线性群**．

这样的名字是由几何上得来的．设 $V=V(n,F)$ 是域 F 上的 n 维线性空间，令 $PG(n-1,F)$ 是由 V 的所有一维子空间组成的集合，叫做域 F 上的 $n-1$ 维**射影几何**．考虑 $GL(n,F)$ (或 $SL(n,F)$) 在 $PG(n-1,F)$ 上的诱导作用，则其核为 Z (或 $Z\cap SL(n,F)$)，而 $PGL(n,F)$ 和 $PSL(n,F)$ 在 $PG(n-1,F)$ 上的作用是忠实的．

下面我们将给出 $PSL(n,F)$ 是单群的证明，当 $F=GF(p^r)$ 时，

就得到了一族有限单群. 我们也采用几何的方法.

定义 1.1 设 $V=V(n,F)$ 是域 F 上的 n 维向量空间, $GL(n,F)$ 是域 F 上的 n 级一般线性群. 我们称 $\tau\in GL(n,F)$ 为 V 的一个具有方向向量 $\boldsymbol{d}\in V^{\#}=V\backslash\{\boldsymbol{0}\}$ 的**平延**(transvection), 如果 $\boldsymbol{d}^{\tau}=\boldsymbol{d}$, $\boldsymbol{v}^{\tau}-\boldsymbol{v}\in\langle\boldsymbol{d}\rangle$, $\forall\ \boldsymbol{v}\in V$, 这里 $\langle\boldsymbol{d}\rangle$ 表示由 $\boldsymbol{d}$ 张成的一维子空间.

注意方向向量并不唯一确定. 事实上, 若 $\tau\neq 1$, 一维子空间 $\langle\boldsymbol{d}\rangle$ 被 τ 唯一确定; 而对 $\tau=1$, 任意非零向量都可以看做 τ 的方向向量.

命题 1.2 *设 τ 是 V 的具有方向向量 $\boldsymbol{d}$ 的平延, 则存在 V 的超平面 (即 $n-1$ 维子空间) $H\ni\boldsymbol{d}$, 使 $\tau|_H=1$.*

证明 如果 $\tau=1$, 结论是显然的. 如果 $\tau\neq 1$, 令 $\boldsymbol{v}^{\tau}-\boldsymbol{v}=f(\boldsymbol{v})\boldsymbol{d}$, $\forall\ \boldsymbol{v}\in V$, 则得到一函数 $f:V\to F$. 易验证 f 是 V 上的非零线性型. 于是 $H=\{\boldsymbol{v}\in V\,|\,f(\boldsymbol{v})=0\}$ 是 V 的一个超平面, 并满足命题的要求. □

由此, 每个平延可记成 $\tau=\tau(f,\boldsymbol{d})$, 满足

$$\boldsymbol{v}^{\tau(f,\boldsymbol{d})}=\boldsymbol{v}+f(\boldsymbol{v})\boldsymbol{d}. \tag{1.1}$$

反之, 任意给定一个非零向量 $\boldsymbol{d}$ 和一个线性型 $f(\boldsymbol{v})$, 满足 $f(\boldsymbol{d})=0$, 则 (1.1) 式也就唯一确定一个具有方向向量 $\boldsymbol{d}$ 的平延 $\tau(f,\boldsymbol{d})$. (注意, 若 $\tau=1$, 则对于任意的 $\boldsymbol{d}\neq\boldsymbol{0}$ 和零线性型 $f=0$, 有 $\tau=\tau(f,\boldsymbol{d})$.)

命题 1.3 (1) $\tau(f_1,\boldsymbol{d})\tau(f_2,\boldsymbol{d})=\tau(f_1+f_2,\boldsymbol{d})$;

(2) $\tau(f,\boldsymbol{d}_1)\tau(f,\boldsymbol{d}_2)=\tau(f,\boldsymbol{d}_1+\boldsymbol{d}_2)$;

(3) *若 $\alpha\in GL(n,F)$, 则 $\alpha^{-1}\tau(f,\boldsymbol{d})\alpha=\tau(f',\boldsymbol{d}')$, 其中 $\boldsymbol{d}'=\boldsymbol{d}^{\alpha}$, 而 f' 由下式确定: $f'(\boldsymbol{v})=f(\boldsymbol{v}^{\alpha^{-1}})$, $\forall\ \boldsymbol{v}\in V$.*

证明 (1) 对任意的 $\boldsymbol{v}\in V$,

$$\begin{aligned}\boldsymbol{v}^{\tau(f_1,\boldsymbol{d})\tau(f_2,\boldsymbol{d})}&=(\boldsymbol{v}+f_1(\boldsymbol{v})\boldsymbol{d})^{\tau(f_2,\boldsymbol{d})}\\&=\boldsymbol{v}^{\tau(f_2,\boldsymbol{d})}+f_1(\boldsymbol{v})\boldsymbol{d}^{\tau(f_2,\boldsymbol{d})}\\&=\boldsymbol{v}+f_2(\boldsymbol{v})\boldsymbol{d}+f_1(\boldsymbol{v})\boldsymbol{d}+\boldsymbol{0}\\&=\boldsymbol{v}+(f_1+f_2)(\boldsymbol{v})\boldsymbol{d},\end{aligned}$$

故得结论.

(2) 仿照 (1) 直接计算，略.

(3) 对任意的 $\boldsymbol{v} \in V$, $\boldsymbol{v}^{\alpha^{-1}\tau(f,\boldsymbol{d})\alpha} = (\boldsymbol{v}^{\alpha^{-1}} + f(\boldsymbol{v}^{\alpha^{-1}})\boldsymbol{d})^{\alpha} = \boldsymbol{v} + f(\boldsymbol{v}^{\alpha^{-1}})\boldsymbol{d}^{\alpha}$. 由此即得结论. □

命题 1.4 任一平延 $\tau(f,\boldsymbol{d}) \in SL(n,F)$.

证明 可设 $\tau \neq 1$. 取超平面 $H = \{\boldsymbol{v} \in V | f(\boldsymbol{v}) = 0\}$ 的一组基 $\boldsymbol{d} = \boldsymbol{e}_1, \boldsymbol{e}_2, \cdots, \boldsymbol{e}_{n-1}$. 再取向量 $\boldsymbol{e}_n \notin H$, 设 $f(\boldsymbol{e}_n) = c$, $c \in F$, 则 $\tau(f,\boldsymbol{d})$ 的矩阵为

$$\begin{pmatrix} 1 & 0 & 0 & \cdots & 0 & 0 \\ 0 & 1 & 0 & \cdots & 0 & 0 \\ 0 & 0 & 1 & \cdots & 0 & 0 \\ \vdots & \vdots & \vdots & & \vdots & \vdots \\ 0 & 0 & 0 & \cdots & 1 & 0 \\ c & 0 & 0 & \cdots & 0 & 1 \end{pmatrix},$$

其行列式为 1. □

以下我们以 T 表示 $GL(n,F)$ 中所有平延的集合，并令 $T^{\#} = T \backslash \{1\}$. 又以 $T(\boldsymbol{d})$ 表示所有以 $\boldsymbol{d}$ 为方向向量的平延的集合 (注意, $T(\boldsymbol{d})$ 包含 1) , 则有

命题 1.5 (1) $T^{\#}$ 中元素在 $GL(n,F)$ 中组成一个完全共轭类，且若 $n \geqslant 3$, $T^{\#}$ 在 $SL(n,F)$ 中亦组成完全共轭类;

(2) $T(\boldsymbol{d})$ 是 $SL(n,F)$ 的保持 $\boldsymbol{d}$ 不变的子群 M 的交换正规子群;

(3) 对于 $\boldsymbol{d}, \boldsymbol{d}' \in V^{\#}$, 子群 $T(\boldsymbol{d})$ 和 $T(\boldsymbol{d}')$ 在 $SL(n,F)$ 中共轭.

证明 (1) 在 $T^{\#}$ 中任取两个平延 $\tau = \tau(f,\boldsymbol{d})$ 和 $\tau' = \tau(f',\boldsymbol{d}')$. 令二者对应的超平面分别为 H 和 H'. 在 H 和 H' 中各取一组基 $\boldsymbol{d} = \boldsymbol{e}_1, \boldsymbol{e}_2, \cdots, \boldsymbol{e}_{n-1}$ 和 $\boldsymbol{d}' = \boldsymbol{e}'_1, \boldsymbol{e}'_2, \cdots, \boldsymbol{e}'_{n-1}$. 又取 $\boldsymbol{e}_n \notin H$ 和 $\boldsymbol{e}'_n \notin H'$, 满足 $f(\boldsymbol{e}_n) = f'(\boldsymbol{e}'_n) = 1$, 这样得到空间 V 的两组基 $\boldsymbol{e}_1, \cdots, \boldsymbol{e}_n$ 和 $\boldsymbol{e}'_1, \cdots, \boldsymbol{e}'_n$. 令 $\alpha \in GL(n,F)$ 使 $\boldsymbol{e}_i^{\alpha} = \boldsymbol{e}'_i$, $i = 1, \cdots, n$, 则由命题 1.3(3), $\alpha^{-1}\tau(f,\boldsymbol{d})\alpha = \tau(\bar{f}, \bar{\boldsymbol{d}})$, 其中 $\bar{\boldsymbol{d}} = \boldsymbol{d}^{\alpha} = \boldsymbol{d}'$, $\bar{f}(\boldsymbol{v}) = f(\boldsymbol{v}^{\alpha^{-1}})$. 于是 $\bar{f}(\boldsymbol{e}'_i) = \bar{f}(\boldsymbol{e}_i^{\alpha}) = f(\boldsymbol{e}_i) = f'(\boldsymbol{e}'_i), \forall\ i$. 这推出 $\bar{f} = f'$, 即得到 τ 与 τ' 在 $GL(n,F)$ 中的共轭性. 而如果 $n \geqslant 3$, 可取 α 满足 $\boldsymbol{e}_i^{\alpha} = \boldsymbol{e}'_i, i =$

$1,3,\cdots,n$, 而令 $\boldsymbol{e}_2^\alpha=\lambda\boldsymbol{e}_2',\lambda\in F$. 适当选取 λ, 可使 α 的行列式为 1, 即 τ 和 τ' 在 $SL(n,F)$ 中亦共轭.

(2) 由命题 1.3(1) 知 $T(\boldsymbol{d})$ 是 $SL(n,F)$ 的交换子群, 显然有 $T(\boldsymbol{d})\leqslant M$. 设 $\alpha\in M$, $\tau(f,\boldsymbol{d})\in T(\boldsymbol{d})$. 则由命题 1.3(3) 有 $\alpha^{-1}\tau(f,\boldsymbol{d})\alpha=\tau(f',\boldsymbol{d}^\alpha)=\tau(f',\boldsymbol{d})\in T(\boldsymbol{d})$, 故 $T(\boldsymbol{d})\trianglelefteq M$.

(3) 对任意的 $\boldsymbol{d},\boldsymbol{d}'\in V^\#$, 总存在 $\alpha\in SL(n,F)$ 使 $\boldsymbol{d}^\alpha=\lambda\boldsymbol{d}',\lambda\in F^\times$. 这样, $\alpha^{-1}T(\boldsymbol{d})\alpha\leqslant T(\lambda\boldsymbol{d}')=T(\boldsymbol{d}')$. 同理也可证明 $\alpha T(\boldsymbol{d}')\alpha^{-1}\leqslant T(\boldsymbol{d})$, 于是 $T(\boldsymbol{d}')=\alpha^{-1}T(\boldsymbol{d})\alpha$, 由此即得 $T(\boldsymbol{d})$ 和 $T(\boldsymbol{d}')$ 的共轭性. □

定理 1.6　$SL(n,F)=\langle T\rangle$.

证明　我们必须证明任一 $\alpha\in SL(n,F)$ 都可表成有限个平延的乘积. 为此用对 $n=\dim V$ 的归纳法. 当 $n=1$ 时, 有 $T=SL(n,F)=1$, 结论真确. 设 $n\geqslant 2$, $\alpha\in SL(n,F)$. 分下面三种情形予以讨论.

(1) 存在 $\boldsymbol{y}\in V,\boldsymbol{y}\neq\boldsymbol{0}$, 使 $\boldsymbol{y}^\alpha=\boldsymbol{y}$. 令 $Y=\langle\boldsymbol{y}\rangle,\overline{V}=V/Y$, 则 α 在 $\overline{V}$ 上的诱导变换 $\overline{\alpha}$ 仍属于 $SL(n-1,F)$, 即 $\overline{V}$ 上的特殊线性群. 于是由归纳假设, $\overline{\alpha}$ 可表成 $\overline{V}$ 的若干平延的积 $\overline{\alpha}=\sigma_1\sigma_2\cdots\sigma_k$. 对于每一个 σ_i, 设其对应的方向向量为 $\overline{\boldsymbol{d}}\neq\overline{\boldsymbol{0}}$, 线性型为 $\overline{f}$. 取 $\boldsymbol{d}$ 为 $\overline{\boldsymbol{d}}$ 作为 Y 的陪集的一个代表元, 令

$$f(\boldsymbol{v})=\begin{cases}0, & \boldsymbol{v}\in Y,\\ \overline{f}(\overline{\boldsymbol{v}}), & \boldsymbol{v}\notin Y.\end{cases}$$

容易验证 $f(\boldsymbol{v})$ 是 V 的线性型. 再设 $\tau_i=\tau(f,\boldsymbol{d})$. 它是 V 的平延, 并且 τ_i 在 $\overline{V}$ 上的诱导变换为 σ_i. (验证从略.) 现在令 $\beta=\tau_1\tau_2\cdots\tau_k$, 我们有 $\overline{\boldsymbol{v}}^{\bar{\alpha}}=\overline{\boldsymbol{v}}^{\bar{\beta}},\forall\boldsymbol{v}\in V$, 于是 $\overline{\boldsymbol{v}^\alpha}=\overline{\boldsymbol{v}^\beta},\forall\boldsymbol{v}\in V$. 这样, $\boldsymbol{v}^\alpha-\boldsymbol{v}^\beta=\lambda\boldsymbol{y}$, $\lambda\in F$. 再以 α^{-1} 作用于上式, 得 $\boldsymbol{v}-\boldsymbol{v}^{\beta\alpha^{-1}}=\lambda\boldsymbol{y}^{\alpha^{-1}}=\lambda\boldsymbol{y}$, 或写成 $\boldsymbol{v}^{\beta\alpha^{-1}}=\boldsymbol{v}+(-\lambda)\boldsymbol{y}$. 这说明 $\beta\alpha^{-1}$ 是 V 的一个平延. 令 $\tau=\beta\alpha^{-1}$, 则 $\alpha=\tau^{-1}\beta=\tau^{-1}\tau_1\cdots\tau_k$ 是平延的乘积.

(2) 存在 $\boldsymbol{y}\in V$ 使 $\boldsymbol{y}^\alpha$ 和 $\boldsymbol{y}$ 线性无关. 这时 $\boldsymbol{y}-\boldsymbol{y}^\alpha$ 和 $\boldsymbol{y}^\alpha$ 亦线性无关, 于是可取 V 上线性函数 t 使 $t(\boldsymbol{y}-\boldsymbol{y}^\alpha)=0$, 而 $t(\boldsymbol{y}^\alpha)=1$. 令 τ 是平延 $\tau(t,\boldsymbol{y}-\boldsymbol{y}^\alpha)$, 则 $\boldsymbol{y}^{\alpha\tau}=\boldsymbol{y}^\alpha+t(\boldsymbol{y}^\alpha)(\boldsymbol{y}-\boldsymbol{y}^\alpha)=\boldsymbol{y}$, 即 $\alpha\tau$ 固定 $\boldsymbol{y}$. 由情形 (1), $\alpha\tau$ 可表成若干平延之积, 自然 α 亦有同样的表示.

(3) 存在 $\boldsymbol{y}\in V, \boldsymbol{y}\neq \boldsymbol{0}$, 满足 $\boldsymbol{y}^\alpha$ 与 $\boldsymbol{y}$ 不相等但线性相关. 任取 $\boldsymbol{z}\in V$ 使 $\boldsymbol{z}$ 和 $\boldsymbol{y}$ 线性无关. 取 V 的线性型 s 满足 $s(\boldsymbol{y}^\alpha)=1, s(\boldsymbol{z})=0$. 令 $\tau=\tau(s,\boldsymbol{z})$, 则 $\boldsymbol{y}^{\alpha\tau}=\boldsymbol{y}^\alpha+s(\boldsymbol{y}^\alpha)\boldsymbol{z}=\boldsymbol{y}^\alpha+\boldsymbol{z}$, 于是 $\boldsymbol{y}^{\alpha\tau}$ 与 $\boldsymbol{y}$ 线性无关. 由情形 (2) $\alpha\tau$, 因此 α 可表成若干平延的乘积. □

定理 1.7 若 $n\geqslant 3$ 或 $n=2$, 但 $|F|>3$, 则 $GL(n,F)'=SL(n,F)'=SL(n,F)$.

证明 因为 $GL(n,F)/SL(n,F)\cong F^\times$ 是交换群, 故

$$SL(n,F)'\leqslant GL(n,F)'\leqslant SL(n,F).$$

于是只需证明 $SL(n,F)'=SL(n,F)$. 由定理 1.6, 又只需证明任一平延 $\tau\in SL(n,F)'$.

假定 $n\geqslant 3$. 设 $\tau=\tau(f,\boldsymbol{d})\in T(\boldsymbol{d})$. 这时总可找到平延 $\sigma\in T(\boldsymbol{d}), \sigma\neq 1, \sigma\neq\tau^{-1}$. 于是 $1\neq\tau\sigma\in T(\boldsymbol{d})$. 据命题 1.5(1), 存在 $\beta\in SL(n,F)$ 使 $\beta^{-1}\sigma\beta=\tau\sigma$. 于是 $\tau=\beta^{-1}\sigma\beta\sigma^{-1}\in SL(n,F)'$.

假定 $n=2$, 考虑矩阵表示. 由恒等式

$$\begin{pmatrix} a & 0\\ 0 & a^{-1}\end{pmatrix}^{-1}\begin{pmatrix} 1 & 0\\ b & 1\end{pmatrix}^{-1}\begin{pmatrix} a & 0\\ 0 & a^{-1}\end{pmatrix}\begin{pmatrix} 1 & 0\\ b & 1\end{pmatrix}=\begin{pmatrix} 1 & 0\\ -b(a^2-1) & 1\end{pmatrix}$$

在任意域上都成立, 假定 τ 是 $SL(2,F)$ 中的平延, 有矩阵 $\begin{pmatrix} 1 & 0\\ c & 1\end{pmatrix}$, 则只要 $|F|>3$, 总可选到 $a\in F$ 使 $a^2\neq 1$, 然后再选 $b\in F$ 使 $c=-b(a^2-1)$. 故任一平延 τ 都可表成 $SL(2,F)$ 中元素的换位子. □

注意, 因 $|SL(2,2)|=6$, $|SL(2,3)|=12$, 此两个群均系可解群, 故定理 1.7 对 $n=2$ 并且 $|F|\leqslant 3$ 的情形不真.

下面, 在证明本节的主要定理之前, 我们先复习和补充关于置换群的一些知识.

设 G 是 Ω 上的置换群 (Ω 不一定有限 !). 对于 $\alpha\in\Omega$, $G_\alpha=\{g\in G|\alpha^g=\alpha\}$ 叫做群 G 关于点 α 的稳定子群. 以 α^G 表示群 G 的包含 α 的轨道, 则有 $|G|=|G_\alpha||\alpha^G|$. 如果 G 只有一个轨道, 即对任意的

$\alpha, \beta \in \Omega$, 存在 $g \in G$ 使 $\alpha^g = \beta$, 我们称 G 为 Ω 上的传递群，这时有 $\alpha^G = \Omega$, $|G| = |G_\alpha||\Omega|$. 这是我们已经学过的. 下面先引进两个新的概念.

设 G 是 Ω 上的传递置换群. 如果对任意的两个有顺序的点对 $\{\alpha_1, \alpha_2\} \in \Omega$ 和 $\{\beta_1, \beta_2\} \in \Omega$, 存在 $g \in G$ 使 $\alpha_1^g = \beta_1$, $\alpha_2^g = \beta_2$, 我们称 G 为 Ω 上的**二重传递群**, 也叫双传递群. 显然，置换群的二重传递性比传递性更强.

例 1.8 设 $n \geqslant 2$, $PSL(n, F)$ 作为 $PG(n-1, F)$ 上的置换群是二重传递的.

证明 任取 $PG(n-1, F)$ 中两对不同的点 $\langle \boldsymbol{v}_1 \rangle, \langle \boldsymbol{v}_2 \rangle$ 和 $\langle \boldsymbol{v}_1' \rangle, \langle \boldsymbol{v}_2' \rangle$, 其中 $\boldsymbol{v}_i, \boldsymbol{v}_i' \in V = V(n, F)$. 于是有 $\boldsymbol{v}_1$ 和 $\boldsymbol{v}_2$ (以及 $\boldsymbol{v}_1'$ 和 $\boldsymbol{v}_2'$) 线性无关，这时自然可取 $\alpha \in SL(n, F)$ 使

$$\boldsymbol{v}_1^\alpha = \boldsymbol{v}_1', \quad \boldsymbol{v}_2^\alpha = \lambda \boldsymbol{v}_2', \quad \lambda \in F^\times.$$

(对于 $n \geqslant 3$, 还可取到 α 使 $\lambda = 1$.) 则 α 作为 $PG(n-1, F)$ 的变换即把 $\langle \boldsymbol{v}_1 \rangle, \langle \boldsymbol{v}_2 \rangle$ 变到 $\langle \boldsymbol{v}_1' \rangle, \langle \boldsymbol{v}_2' \rangle$. □

下面一个新概念是关于本原置换群的. 设 G 是 Ω 上的传递置换群. 称 $\Delta \subseteq \Omega$ 为 G 的一个**块** (block), 若对任意的 $g \in G$, 或者 $\Delta^g = \Delta$, 或者 $\Delta^g \cap \Delta = \varnothing$. 显然， Ω, $\varnothing$ 以及单点子集 $\{\alpha\}$ 都是 G 的块，它们叫做**平凡块**.

定义 1.9 设 $G \leqslant S_\Omega$. 如果 G 存在一个非平凡块 Δ, 则称 G 为**非本原群**, 此时称 Δ 为 G 的一个**非本原集**. 反之，如果 G 不是非本原群，则称 G 为 Ω 上**本原群**.

定理 1.10 若传递群 G 具有非传递正规子群 $N \neq 1$, 则 G 非本原.

证明 设 Δ 是 N 的一个轨道. 由 N 非传递，有 $\Delta \subsetneqq \Omega$. 因为 $N \trianglelefteq G$, 则对任意的 $g \in G$, Δ^g 是 $g^{-1}Ng = N$ 的轨道. 又根据 G 的传递性， $\{\Delta^g \mid g \in G\}$ 是 N 的全部轨道. 于是对任意的 $g \in G$, 或者 $\Delta = \Delta^g$, 或者 $\Delta \cap \Delta^g = \varnothing$, 这样， Δ 是 G 的块. 再由 $N \neq 1$, 有 $|\Delta| \neq 1$. 故 Δ 是 G 的非平凡块，于是 G 非本原. □

推论 1.11 本原群的每个非平凡正规子群必为传递群.

命题 1.12 Ω 上的二重传递群 G 必为本原群.

证明 用反证法. 设 G 非本原且 Δ 为一非本原集, 则存在整数 α,β,γ 使 $\alpha,\beta\in\Delta$, $\alpha\neq\beta$ 且 $\gamma\notin\Delta$. 考虑群 G_α, 它应在 $\Omega\backslash\{\alpha\}$ 上传递. 但因对任意的 $g\in G_\alpha$ 有 $\Delta\cap\Delta^g\neq\varnothing$, 故 $\Delta=\Delta^g$, 于是 $\Delta^{G_\alpha}=\Delta$. 这说明不存在 G_α 的元素把 β 变到 γ, 与 G_α 在 $\Omega\backslash\{\alpha\}$ 上传递相矛盾. □

下面我们证明一个重要的引理.

引理 1.13 设 G 是 Ω 上本原置换群, 满足 $G'=G$, 并且对 $\alpha\in\Omega$, G_α 有可解正规子群 H 使 $H^G=G$, 则 G 是单群. 这里 $H^G:=\langle H^g\,|\,g\in G\rangle$ 叫做 H 在 G 中的正规闭包.

证明 假定 $1\neq N\trianglelefteq G$, 则由 G 的本原性, N 在 Ω 上传递, 于是 $G=NG_\alpha$. 又由 $H\trianglelefteq G_\alpha$, 有 $HN\trianglelefteq NG_\alpha$. 而 $G=H^G=H^{G_\alpha N}=H^N\leqslant NH$, 得到 $G=NH$. 再由 H 可解, 存在正整数 k 使 $H^{(k)}=1$. 另一方面, 由 $G=G'$ 推出 $G^{(k)}=G$, 故 $G=(NH)^{(k)}\leqslant NH^{(k)}=N$, 最终得到 $N=G$. □

下面的定理可参看文献:

K. Iwasawa, Über die Einfachheit der speziellen projektiven Gruppen, *Proc. Imp. Acad. Tokyo*, **17**(1951) , 57~59.

定理 1.14 除 $PSL(2,2)$ 和 $PSL(2,3)$ 外, $PSL(n,F)$ 是单群.

证明 (Iwasawa) 把 $G=PSL(n,F)$ 看成射影空间 $\mathcal{P}=PG(n-1,F)$ 上的置换群, 由例 1.8, G 在 $\mathcal{P}$ 上是双传递的, 自然也是本原的. 又满足

$$\begin{aligned} G' &= PSL(n,F)'=(SL(n,F)/(Z\cap SL(n,F)))' \\ &= SL(n,F)'(Z\cap SL(n,F))/(Z\cap SL(n,F)) \\ &= SL(n,F)/(Z\cap SL(n,F)) \\ &= PSL(n,F)=G, \end{aligned}$$

这里因用到定理 1.7, 已除掉 $n=2,|F|\leqslant 3$ 的情形. 任取 $\langle \boldsymbol{d}\rangle\in\mathcal{P}$, 把

$T(\boldsymbol{d})$ 看成 $\mathcal{P}$ 上的变换群是 $\langle \boldsymbol{d} \rangle$ 的稳定子群 $G_{\langle \boldsymbol{d} \rangle}$ 的子群. 注意，因 $T(\boldsymbol{d})$ 不包含非恒等数乘变换，故 $T(\boldsymbol{d})$ 中不同元素也是 $\mathcal{P}$ 上不同的变换. 又 $SL(n,F)$ 中保持 $\boldsymbol{d}$ 不变的子群 M 看做 $\mathcal{P}$ 的变换群即 $G_{\langle \boldsymbol{d} \rangle}$. (验证从略.) 故由命题 1.5(2) 知 $T(\boldsymbol{d})$ 是 $G_{\langle \boldsymbol{d} \rangle}$ 的交换正规子群，最后由 $T(\boldsymbol{d})^{SL(n,F)} = \langle T \rangle = SL(n,F)$, 三者都看做 $\mathcal{P}$ 上的变换群，亦有 $T(\boldsymbol{d})^{PSL(n,F)} = \langle T \rangle = PSL(n,F) = G$, 应用引理 1.13, 即得 G 是单群. □

下面我们不加证明地叙述

定理 1.15 (1) $PSL(2,2) \cong SL(2,2) = GL(2,2) \cong S_3$;

(2) $PSL(2,3) \cong A_4$;

(3) $PSL(2,4) \cong PSL(2,5) \cong A_5$;

(4) $PSL(2,7) \cong PSL(3,2)$;

(5) $PSL(4,2) \cong A_8$;

(6) $PSL(2,9) \cong A_6$,

并且以上同构是 $PSL(n,q), A_n, S_n$ 间的全部同构.

证明可见 B. Huppert “Endliche Gruppen I” II, 6.14 以及 E. Artin 的文章 ”The orders of the linear groups” , 载 *Comm. Pure Appl. Math.*, **8**(1955), 355~366.

§5.2 空间上的型与典型群

定义 2.1 设 $V = V(n,F)$ 是域 F 上的 n 维向量空间，映射 $f: V \times V \to F$ 叫做 V 上的一个**数量积** 或**型**. 并且

(1) f 称为**双线性的**, 如果对任意的 $\boldsymbol{u}, \boldsymbol{v}, \boldsymbol{w} \in V$, $a \in F$, 有

(i) $f(a\boldsymbol{u}, \boldsymbol{v}) = f(\boldsymbol{u}, a\boldsymbol{v}) = af(\boldsymbol{u}, \boldsymbol{v})$.

(ii) $f(\boldsymbol{u}+\boldsymbol{w}, \boldsymbol{v}) = f(\boldsymbol{u}, \boldsymbol{v})+f(\boldsymbol{w}, \boldsymbol{v})$, $f(\boldsymbol{u}, \boldsymbol{v}+\boldsymbol{w}) = f(\boldsymbol{u}, \boldsymbol{v})+f(\boldsymbol{u}, \boldsymbol{w})$.

(2) f 称为**斜对称的**, 若 f 是双线性的，并且对任意的 $\boldsymbol{u} \in V$ 成立 $f(\boldsymbol{u}, \boldsymbol{u}) = 0$.

(注意: 若 $\operatorname{char} F \neq 2$, $f(\boldsymbol{u}, \boldsymbol{u}) = 0$ $(\forall\, \boldsymbol{u} \in V)$ 等价于条件 $f(\boldsymbol{u}, \boldsymbol{v}) =$

$-f(\boldsymbol{v},\boldsymbol{u}), \forall \boldsymbol{u},\boldsymbol{v} \in V$.)

(3) f 称为**对称的**, 若 f 是双线性的, 并且对任意的 $\boldsymbol{u},\boldsymbol{v} \in V$ 成立 $f(\boldsymbol{u},\boldsymbol{v}) = f(\boldsymbol{v},\boldsymbol{u})$. 在域的特征 $\operatorname{char} F = 2$ 时, 我们还规定 $f(\boldsymbol{u},\boldsymbol{u}) = 0$, $\forall \boldsymbol{u} \in V$. 在 f 对称的情况下, 我们称满足下列条件的映射 $Q: V \to F$ 为 V 上与 f 相伴的**二次型**: 对任意的 $\boldsymbol{u},\boldsymbol{v} \in V$, 成立:

(i) $Q(a\boldsymbol{u}) = a^2 Q(\boldsymbol{u}), \forall a \in F$.

(ii) $Q(\boldsymbol{u}+\boldsymbol{v}) = Q(\boldsymbol{u}) + Q(\boldsymbol{v}) + cf(\boldsymbol{u},\boldsymbol{v})$, 其中 $c = 2$, 若 $\operatorname{char} F \neq 2$; $c = 1$, 若 $\operatorname{char} F = 2$.

注意在域的特征 $\operatorname{char} F = 2$ 时, 与 f 相伴的二次型可以有很多 (见习题 9), 但 f 是由给定的二次型唯一确定的, 因为 $f(\boldsymbol{u},\boldsymbol{v}) = (Q(\boldsymbol{u}+\boldsymbol{v}) - Q(\boldsymbol{u}) - Q(\boldsymbol{v}))/c$. (在域的特征 $\operatorname{char} F \neq 2$ 时, f 和与它相伴的二次型 Q 互相唯一确定. 在域的特征 $\operatorname{char} F = 2$ 时, 由此式即可推出 $f(\boldsymbol{u},\boldsymbol{u}) = 0$, 故前述的这个规定是合理的.) 因此, 在我们研究正交空间时常常使用与 f 相伴的二次型 Q, 而 f 只起辅助的作用.

(4) 设域 F 有 2 阶自同构 τ. f 称为 **Hermite 对称的**, 如果对任意的 $\boldsymbol{u},\boldsymbol{v} \in V$, 成立:

(i) $f(a\boldsymbol{u},\boldsymbol{v}) = af(\boldsymbol{u},\boldsymbol{v})$, $f(\boldsymbol{u}+\boldsymbol{w},\boldsymbol{v}) = f(\boldsymbol{u},\boldsymbol{v}) + f(\boldsymbol{w},\boldsymbol{v})$;

(ii) $f(\boldsymbol{u},\boldsymbol{v}) = f(\boldsymbol{v},\boldsymbol{u})^\tau$.

定义了数量积 f 的线性空间 V 叫做**度量空间**, 常记做 (V,f).

在下文中, 在不至于发生误解的情况下, 我们也将 $f(\boldsymbol{x},\boldsymbol{y})$ 简记为 $(\boldsymbol{x},\boldsymbol{y})$.

由以上定义, 我们可以直接得出以下几点简单结论:

(1) 若 f 为斜对称的, 且 $\operatorname{char} F = 2$, 则 f 也是对称的.

(2) 若 f 为 Hermite 对称的, 则 $(\boldsymbol{u}, a\boldsymbol{v}) = a^\tau(\boldsymbol{u},\boldsymbol{v})$.

(3) 若 f 为 V 上对称双线性型, Q 为与 f 相伴的二次型. 令 $X = \{\boldsymbol{x}_i \,|\, 1 \leqslant i \leqslant n\}$ 为 V 的一组基, 则

$$Q\left(\sum_i a_i \boldsymbol{x}_i\right) = \sum_i a_i^2 Q(\boldsymbol{x}_i) + \sum_{i<j} c a_i a_j (\boldsymbol{x}_i, \boldsymbol{x}_j).$$

(4) 定义 2.1 中 (2),(3),(4) 的任一种情况都意味着下列 (2.1) 式成立：

$$\text{对于 } \boldsymbol{u},\boldsymbol{v}\in V,\quad (\boldsymbol{u},\boldsymbol{v})=0 \Longleftrightarrow (\boldsymbol{v},\boldsymbol{u})=0. \tag{2.1}$$

满足 (2.1) 式中条件的向量对 $\{\boldsymbol{u},\boldsymbol{v}\}$ 称为互相垂直的, 记做 $\boldsymbol{u}\perp\boldsymbol{v}$. V 的子空间 U 和 W 称为互相垂直的, 若 $(\boldsymbol{u},\boldsymbol{w})=0, \forall\boldsymbol{u}\in U,\boldsymbol{w}\in W$. 若 U 和 W 互相垂直, 且 $U\cap W=\{\mathbf{0}\}$, 记 $U+W=U\perp W$, 称为 U 和 W 的正交和. 又记 $U^{\perp}=\{\boldsymbol{v}\in V|(\boldsymbol{u},\boldsymbol{v})=0,\ \forall\boldsymbol{u}\in U\}$, 称为与 U 正交的子空间. 若 $U=\langle\boldsymbol{u}\rangle$, 则 $U^{\perp}$ 也记做 $\boldsymbol{u}^{\perp}$. $V^{\perp}$ 记做 $R(V)$, 并称之为 V 的**根基**. 我们说 f **非退化**, 若 $R(V)=\{\mathbf{0}\}$ (此时也称 V 非退化).

设 V 为度量空间. $B=\{\boldsymbol{u}_1,\boldsymbol{u}_2,\cdots,\boldsymbol{u}_n\}$ 为 V 的一组基. 则称矩阵

$$\mathbf{M}=\mathbf{M}(f)=(m_{ij}),\ \text{其中}\ m_{ij}=f(\boldsymbol{u}_i,\boldsymbol{u}_j),\ \forall i,j=1,2,\cdots,n$$

为 V 的关于基 B 的**度量矩阵**. 显然给定度量矩阵和给定数量积是一样的. 如果 $B_1=\{\boldsymbol{v}_1,\boldsymbol{v}_2,\cdots,\boldsymbol{v}_n\}$ 为 V 的另一组基, $\alpha\in GL(n,F)$ 满足 $\boldsymbol{u}_i^{\alpha}=\boldsymbol{v}_i, \forall i$. 又设 α 在基 B 之下的矩阵为 $\mathbf{A}$. 则由线性代数知 V 的关于基 B_1 的度量矩阵 $\mathbf{M}_1=\mathbf{AMA}^{'\tau}$, 其中 $\mathbf{A}'$ 表示 $\mathbf{A}$ 的转置, τ 是在 Hermite 空间时的二阶域自同构.

由线性代数可证明下面的命题.

命题 2.2　设 U 是度量空间 V 的子空间, 则

(1) $\dim U^{\perp}\geqslant\dim V-\dim U$;

(2) 若 V 非退化, 则如下规定的映射 $\varepsilon: V\to V^*$ 是一一的和线性的: $\boldsymbol{v}^{\varepsilon}(\boldsymbol{w})=(\boldsymbol{v},\boldsymbol{w}),\forall\ \boldsymbol{v},\boldsymbol{w}\in V$, 这里 V^* 表示 V 的对偶空间, 它是 V 的全体线性型组成的空间;

(3) 若 V 非退化, 则 $\dim U^{\perp}=\dim V-\dim U$;

(4) 若 U 非退化, 则 $V=U\perp U^{\perp}$.

证明　(1) 设 $\boldsymbol{u}_1,\cdots,\boldsymbol{u}_k$ 是 U 的一组 F-基, 并扩充成 V 的 F-基 $\boldsymbol{u}_1,\cdots,\boldsymbol{u}_k,\boldsymbol{u}_{k+1},\cdots,\boldsymbol{u}_n$. 则向量 $\boldsymbol{v}=\sum\limits_{i=1}^{n}x_i\boldsymbol{u}_i\in U^{\perp}\Leftrightarrow(\boldsymbol{v},\boldsymbol{u}_1)=$

$0, \cdots, (\boldsymbol{v}, \boldsymbol{u}_k) = 0$, 即 $x_1, \cdots, x_n$ 满足

$$\begin{cases} x_1(\boldsymbol{u}_1, \boldsymbol{u}_1) + x_2(\boldsymbol{u}_2, \boldsymbol{u}_1) + \cdots + x_n(\boldsymbol{u}_n, \boldsymbol{u}_1) = 0, \\ x_1(\boldsymbol{u}_1, \boldsymbol{u}_2) + x_2(\boldsymbol{u}_2, \boldsymbol{u}_2) + \cdots + x_n(\boldsymbol{u}_n, \boldsymbol{u}_2) = 0, \\ \cdots\cdots\cdots\cdots\cdots\cdots\cdots\cdots\cdots\cdots \\ x_1(\boldsymbol{u}_1, \boldsymbol{u}_k) + x_2(\boldsymbol{u}_2, \boldsymbol{u}_k) + \cdots + x_n(\boldsymbol{u}_n, \boldsymbol{u}_k) = 0. \end{cases} \tag{2.2}$$

由线性方程组的理论有方程组 (2.2) 的解空间的维数 $\geqslant n-k$, 即

$$\dim U^{\perp} \geqslant \dim V - \dim U.$$

(2) ε 是线性的验证从略. 为验证 ε 是一一的, 由 $\dim V = \dim V^*$, 只需证明 $\ker \varepsilon = \{\boldsymbol{0}\}$. 设 $\boldsymbol{v} \in \ker \varepsilon$, 则 $\boldsymbol{v}^{\varepsilon}(\boldsymbol{w}) = (\boldsymbol{v}, \boldsymbol{w}) = 0, \forall\ \boldsymbol{w} \in V$, 即 $\boldsymbol{v} \in R(V)$. 而由 V 非退化, $R(V) = \{\boldsymbol{0}\}$, 于是得 $\boldsymbol{v} = \boldsymbol{0}$.

(3) 由 V 非退化, 即 $R(V) = \{\boldsymbol{0}\}$, 得方程组

$$(x_1, \cdots, x_n) \begin{pmatrix} (\boldsymbol{u}_1, \boldsymbol{u}_1) & \cdots & (\boldsymbol{u}_1, \boldsymbol{u}_n) \\ \vdots & & \vdots \\ (\boldsymbol{u}_n, \boldsymbol{u}_1) & \cdots & (\boldsymbol{u}_n, \boldsymbol{u}_n) \end{pmatrix} = (0, \cdots, 0)$$

只有零解. 于是它的系数矩阵, 即度量矩阵是满秩的. 特别地, 推出它的前 k 行线性无关, 即 (1) 中方程组 (2.2) 的秩为 k, 于是有

$$\dim U^{\perp} = \dim V - \dim U.$$

(4) 首先, 由 U 非退化, 得 $\{\boldsymbol{0}\} = R(U) = U \cap U^{\perp}$. 故 $U + U^{\perp}$ 是直和. 但因 $\dim U^{\perp} + \dim U \geqslant \dim V$, 必有 $V = U + U^{\perp}$. □

定义 2.3 设 f 为 V 上数量积.

(1) f 称为**正交型**, 若 f 对称, 且当 $\mathrm{char}\, F = 2$ 时 $(\boldsymbol{v}, \boldsymbol{v}) = 0$, $\forall \boldsymbol{v} \in V$. 这时 V 称为 F 上**正交空间**. 又若 f 非退化, 则 V 称为 F 上**非退化正交空间**.

(2) f 称为**辛型**, 若 f 斜对称. 这时 V 称为 F 上**辛空间**. 又若 f 非退化, 则 V 称为 F 上**非退化辛空间**.

(3) f 称为 **Hermite 型**, 若 f 为 Hermite 对称. 这时 V 称为 F 上**酉空间**. 又若 f 非退化, 则 V 称为 F 上**非退化酉空间**.

有时为了指明度量空间上的数量积，我们常以 (V, f) 表辛空间或酉空间，以 (V, Q) 表正交空间 (这里 Q 为与 V 上正交型 f 相伴的二次型). 通常我们研究的正交空间、辛空间、酉空间都是非退化的. 并且下文凡说及度量空间，若无特别说明，总认为该空间属于定义 2.3 中三种情况之一，并且它们都是非退化的.

设 V 为度量空间. 向量 $\boldsymbol{v} \in V$ 称为**迷向的**, 若 $f(\boldsymbol{v}, \boldsymbol{v}) = 0$. 由定义可知, 若 f 为辛型，则 V 中所有的向量都是迷向的. 若 $\operatorname{char} F = 2$, 且 f 为正交型，V 中所有向量也都是迷向的. 设 U 为 V 的子空间. U 称为**全迷向的**, 若 $U \subseteq U^{\perp}$, 即 $f(\boldsymbol{u}, \boldsymbol{v}) = 0, \forall \boldsymbol{u}, \boldsymbol{v} \in U$.

命题 2.4　令 V 为 n 维非退化度量空间，U 为 V 的子空间，则

(1) $(U^{\perp})^{\perp} = U$;

(2) 若 U 为全迷向的，则 U 在 $U^{\perp}$ 中的补非退化;

(3) 若 U 全迷向，则 $\dim(U) \leqslant n/2$.

证明　(1) 由定义显然 $(U^{\perp})^{\perp} \supseteq U$, 相反的包含关系由命题 2.2(3) 得到.

(2) 令 $U^{\perp} = U \oplus H$ ($U \oplus H$ 表示 U 和 H 作为子空间的直和). 若 $R(H) \neq \{\mathbf{0}\}$, 则 $R(H) \subseteq (U \oplus H)^{\perp} = (U^{\perp})^{\perp} = U$, 矛盾. 故 $R(H) = \{\mathbf{0}\}$, 即 H 非退化.

(3) 由 $\dim U^{\perp} = \dim V - \dim U$ 和 $U^{\perp} \supseteq U$ 立得. □

在辛空间和酉空间中，迷向向量也叫做**奇异向量**. 设 V 为正交空间，向量 $\boldsymbol{v} \in V$ 说是**奇异的**, 若 $Q(\boldsymbol{v}) = 0$ (易知这时 $\boldsymbol{v}$ 必然是迷向的); V 的子空间 U 说是**全奇异的**, 若 U 是全迷向的，且 U 的每个元是奇异的. 实际上除非 V 为正交空间且 $\operatorname{char} F = 2$, (全) 迷向与 (全) 奇异是一致的. 度量空间 V 中极大全奇异子空间的维数叫做 V 的 **Witt 指数**.

有时我们还用到以下概念. 度量空间 (V, f) 到 (U, g) 的非退化线性变换 α 称为一个**相似变换**, 若成立: $f(\boldsymbol{u}^{\alpha}, \boldsymbol{v}^{\alpha}) = \lambda(\alpha) g(\boldsymbol{u}, \boldsymbol{v})$, $\forall \boldsymbol{u}, \boldsymbol{v} \in V$, 其中 $\lambda(\alpha) \in F^{\times}$, 且 $\lambda(\alpha)$ 与 $\boldsymbol{u}, \boldsymbol{v}$ 的选择无关. 注意若 (V, f) 和 (U, g) 都是正交的，相应的二次型分别为 P 和 Q, 则还要

求： $P(\boldsymbol{u}^{\alpha})=\lambda(\alpha)Q(\boldsymbol{u})$. 这时也说 f 和 g 是相似的. α 称为 (V,f) 到 (U,g) 的**保度量变换**, 若 α 为 (V,f) 到 (U,g) 的相似变换，且其中 $\lambda(\alpha)=1$. 这时也说 V 和 U 是保度量的，记做 $V\cong U$. 型 f 与 g 称为是**等价的**, 若存在 V 到 U 的保度量变换. (读者试决定在 (V,f) 和 (U,g) 等价时二者对应的度量矩阵有什么关系？) 度量空间 V 上全体保度量变换构成一个群，我们以 $O(V,f)$ 或 $O(V,Q)$ 表示空间 V 的**保度量变换群**. $O(V,f)$, $O(V,Q)$ 及其某些子群和商群都是所谓的**典型群**. 为了研究典型群，我们首先要对度量空间做进一步的研究.

定义 2.5 称度量空间 (V,f) (或 (V,Q)) 中的基 $B=\{\boldsymbol{v}_i \mid 1\leqslant i\leqslant n\}$ 为 V 的一组**正交基**, 若其中所有的 $\boldsymbol{v}_i$ 都是非奇异的且两两互相正交. 若还成立 $(\boldsymbol{v}_i,\boldsymbol{v}_i)=1$, 则 B 称为 V 的一组**标准正交基**.

下面我们考虑有限域的情况，我们需要第 3 章定义 0.7 中定义的域扩张的范数和迹的概念，由于我们只考虑有限域，把该定义和需要的结果叙述成下面的引理. 它们都是有关有限域的结果.

引理 2.6 设 $F=GF(q^n)$. 如下定义范数映射 $\mathrm{N}:F\to GF(q)$ 和迹映射 $\mathrm{tr}:F\to GF(q)$:

$$\mathrm{N}(x)=\prod_{i=0}^{n-1}x^{q^i},\quad \forall\ x\in F^{\times},$$

$$\mathrm{tr}(x)=\sum_{i=0}^{n-1}x^{q^i},\quad \forall\ x\in F.$$

那么 N 和 tr 分别是 F 的乘法群和加法群到 $GF(q)$ 的乘法群和加法群上的满同态.

证明 显然 $(\mathrm{N}(x))^q=\mathrm{N}(x)$, $(\mathrm{tr}(x))^q=\mathrm{tr}(x)$. $GF(q)$ 中元素都是方程 $x^q=x$ 的根，而这个方程在 F 中最多有 q 个根，所以 $\mathrm{N}(x),\mathrm{tr}(x)\in GF(q)$, $\forall\ x\in F$. 容易看出 N 和 tr 分别是乘法群和加法群同态.

因为 $\mathrm{N}(x)=x^{1+q+\cdots+q^{n-1}}=x^{(q^n-1)/(q-1)}$, 所以同态 N 的核最多是 $(q^n-1)/(q-1)$ 阶的. N 的像从而最少是 $q-1$ 阶的, 即 N 是满的.

多项式 $\sum\limits_{i=0}^{n-1} x^{q^i}$ 在 F 中最多有 q^{n-1} 个零点，所以存在 $x \in F$ 使 $\mathrm{tr}(x) \neq 0$. 易见 $\mathrm{tr}(ax) = a\mathrm{tr}(x)$, $\forall\ a \in GF(q)$. 所以 tr 亦是满的. □

事实上，我们所考虑的域仅限于 $GF(q^2)$. 我们恒以 F 记这个域，并令 $F_0 = GF(q)$. 我们知道，F 恰有一个 2 阶自同构 $x \mapsto x^q$, 以 τ 记这个自同构. F 中被 τ 保持不变的元素的全体，恰好就是 F_0, 又, $\mathrm{N}(x) = x \cdot x^\tau$, $\mathrm{tr}(x) = x + x^\tau, \forall x \in F$.

命题 2.7 假定 V 为有限域 F 上 n 维 (非退化) 度量空间，$n \geqslant 2$, 则

(1) 若 V 不是辛空间，则 V 中有非奇异向量;

(2) 若 V 为酉空间，则 V 有标准正交基. 由此推出，从等价意义上说，只有一个给定维数的酉空间.

证明 (1) 令 $\boldsymbol{v} \in V^\#$, 由 V 的非退化性，$\boldsymbol{v}^\perp \subsetneqq V$, 故可取到 $\boldsymbol{u} \in V \backslash \boldsymbol{v}^\perp$. 不失一般性可假定 $(\boldsymbol{v}, \boldsymbol{v}) = 0 = (\boldsymbol{u}, \boldsymbol{u})$, $(\boldsymbol{v}, \boldsymbol{u}) = 1$. 且若 V 正交，还可假定 $Q(\boldsymbol{v}) = 0 = Q(\boldsymbol{u})$. 先设 $\mathrm{char}\, F \neq 2$, 则 $(\boldsymbol{v} + \boldsymbol{u}, \boldsymbol{v} + \boldsymbol{u}) = 2 \neq 0$, 即 $\boldsymbol{v} + \boldsymbol{u}$ 为非奇异向量. 再设 $\mathrm{char} F = 2$. 若 V 为正交空间，则 $Q(\boldsymbol{v} + \boldsymbol{u}) = Q(\boldsymbol{v}) + Q(\boldsymbol{u}) + (\boldsymbol{v}, \boldsymbol{u}) = 1$, 因此 $\boldsymbol{v} + \boldsymbol{u}$ 为非奇异向量. 若 V 为酉空间，取 $b \in F^\times$ 使 $b \neq b^\tau$, 则 $(\boldsymbol{v} + b\boldsymbol{u}, \boldsymbol{v} + b\boldsymbol{u}) = b + b^\tau \neq 0$, 故 $\boldsymbol{v} + b\boldsymbol{u}$ 为非奇异向量.

(2) 我们先证 V 中有正交基. 由 (1), V 中有非奇异向量 $\boldsymbol{v}_1$, 则 $V = \langle \boldsymbol{v}_1 \rangle + \boldsymbol{v}_1^\perp$. 显然 $\boldsymbol{v}_1^\perp$ 非退化. 由归纳假定，$\boldsymbol{v}_1^\perp$ 中有正交基 $\{\boldsymbol{v}_2, \cdots, \boldsymbol{v}_n\}$, 从而 $\{\boldsymbol{v}_1, \boldsymbol{v}_2, \cdots, \boldsymbol{v}_n\}$ 为 V 的一组正交基. 我们可以把所得正交基标准化: 由于范数映射为 F 到 F_0 上的满射，故有 $b_i \in F$, 使得 $(b_i\boldsymbol{v}_i, b_i\boldsymbol{v}_i) = b_i b_i^\tau (\boldsymbol{v}_i, \boldsymbol{v}_i) = 1$. 则 $\{b_i\boldsymbol{v}_i | 1 \leqslant i \leqslant n\}$ 为一组标准正交基. □

我们再给出下面的定义.

设 V 为一度量空间，称 $X = \{\boldsymbol{u}, \boldsymbol{v}\}$ 为 V 中的一个**双曲元偶**, 如果 $\boldsymbol{u}, \boldsymbol{v}$ 都是奇异向量且满足 $(\boldsymbol{u},\ \boldsymbol{v}) = 1$. 这时称 $\langle \boldsymbol{u},\ \boldsymbol{v} \rangle$ 为 V 中一个**双曲平面**. 如果

$$V = \langle \boldsymbol{v}_1, \boldsymbol{v}_2 \rangle \perp \cdots \perp \langle \boldsymbol{v}_{2m-1}, \boldsymbol{v}_{2m} \rangle,$$

其中 $\{\boldsymbol{v}_{2i-1}, \boldsymbol{v}_{2i}\}$ 为 V 中的双曲元偶，则称 $B = \{\boldsymbol{v}_1, \cdots, \boldsymbol{v}_{2m}\}$ 是 V 的一组**双曲基**，而 V 称为一个**双曲空间**. 这时 V 可表为双曲平面之直和.

命题 2.8 若 V 为有限域 F 上的 (非退化) 度量空间，且 V 中有奇异向量 $\boldsymbol{v}$，则可找到 $\boldsymbol{w} \in V$，使得 $\{\boldsymbol{v}, \boldsymbol{w}\}$ 为双曲元偶.

证明 令 $\boldsymbol{v}$ 为 V 中奇异向量. 取 $\boldsymbol{u} \in V \backslash \boldsymbol{v}^{\perp}$，不失一般性可假定 $(\boldsymbol{v}, \boldsymbol{u}) = 1$. 我们证明 $\langle \boldsymbol{v}, \boldsymbol{u} \rangle$ 为双曲平面. 若 $\boldsymbol{u}$ 奇异，则论断成立. 假定 $\boldsymbol{u}$ 非奇异，则 V 必为酉空间或正交空间. 在酉空间的情形，令 $(\boldsymbol{u}, \boldsymbol{u}) = b$，有 $b \in F_0$. 由引理 2.6，存在 $a \in F$ 使得 $a + a^{\tau} = -b$. 令 $\boldsymbol{w} = a\boldsymbol{v} + \boldsymbol{u}$. 则 $(\boldsymbol{w}, \boldsymbol{w}) = (a\boldsymbol{v} + \boldsymbol{u}, a\boldsymbol{v} + \boldsymbol{u}) = a + a^{\tau} + (\boldsymbol{u}, \boldsymbol{u}) = 0$，即 $\{\boldsymbol{v}, \boldsymbol{w}\}$ 为双曲元偶. 而在正交空间的情形，我们可以找到适当的 $a \in F$ 使得 $Q(a\boldsymbol{v} + \boldsymbol{u}) = Q(\boldsymbol{u}) + ca = 0$ (注意这里的 $c = 2$，若 $\operatorname{char} F \neq 2$；而 $c = 1$，若 $\operatorname{char} F = 2$). 令 $\boldsymbol{w} = a\boldsymbol{v} + \boldsymbol{u}$，则 $\{\boldsymbol{v}, \boldsymbol{w}\}$ 即为所求的双曲元偶. □

推论 2.9 令 V 为任意度量空间，且 $\dim V = 2$. 若 V 中有一奇异向量，则 V 为双曲平面. 特别地，在等价的意义下，对于每种型，带有奇异向量的 2 维非退化空间是唯一的.

由推论 2.9 立得下面的推论.

推论 2.10 设 V 是非退化辛空间，则有 $\dim V = 2m$，且 V 是 m 个双曲平面的正交和. 若不计同构，V 被其维数 $2m$ 唯一确定.

由命题 2.7(2) 和推论 2.10 我们看到，域 F 上维数相同的非退化酉空间和辛空间在同构意义下是唯一的. 但正交空间则不然. 即使是 2 维非退化正交空间，它可能有奇异向量，也可能没有. 由推论 2.9，前者是双曲平面，而后者，即没有奇异向量的正交空间，我们叫做**定的正交空间**. 与其相关的二次型 Q 也叫做**定的二次型**.

命题 2.11 在等价的意义下，域 F 上 2 维正交空间 V 上定的二次型 Q 是唯一确定的. 进而，在 V 中有基 $X = \{\boldsymbol{v}, \boldsymbol{u}\}$，使：

(1) 若 $\operatorname{char} F \neq 2$，则 $(\boldsymbol{v}, \boldsymbol{u}) = 0$, $Q(\boldsymbol{v}) = 1$, $Q(\boldsymbol{u}) = -k$, k 为 $F^{\times}$

中的非平方元;

(2) 若 $\mathrm{char}\, F=2$, 则 $(\boldsymbol{v},\boldsymbol{u})=1$, $Q(\boldsymbol{v})=1$, $Q(\boldsymbol{u})=b$, 且 $P(t)=t^2+t+b$ 为 F 上不可的多项式.

这个命题的证明用到较多的域的知识, 我们省略了. 有兴趣的读者可参看其他关于典型群的书. 为了进一步研究正交空间, 我们需要下面的命题.

命题 2.12　令 V 为任意非退化度量空间, U 为 V 的全奇异子空间, 且 $X=\{\boldsymbol{x}_i|1\leqslant i\leqslant r\}$ 为 U 的一组基. 设 W 为 U 在 $U^{\perp}$ 中的补. 则有 V 的子集 $Y=\{\boldsymbol{y}\in V|1\leqslant i\leqslant r\}$ 能使 $\{\boldsymbol{x}_i,\boldsymbol{y}_i\}$ 为双曲平面 $H_i=\langle\boldsymbol{x}_i,\boldsymbol{y}_i\rangle$ 中的双曲元偶, 且 $V=\perp_{i=1}^{r}H_i\perp W$.

证明　由 V 非退化, 命题 2.2(2) 中的映射 ε 是一一的和线性的 (即线性空间的同构), 于是由 $\boldsymbol{x}_1,\cdots,\boldsymbol{x}_r$ 线性无关有 $\boldsymbol{x}_1^{\varepsilon},\cdots,\boldsymbol{x}_r^{\varepsilon}$ 在 V^* 中线性无关. 这样, 存在 $\boldsymbol{y}_1\in V$ 使 $\boldsymbol{x}_1^{\varepsilon}(\boldsymbol{y}_1)=1$, $\boldsymbol{x}_2^{\varepsilon}(\boldsymbol{y}_1)=\cdots=\boldsymbol{x}_r^{\varepsilon}(\boldsymbol{y}_1)=0$. 令 $H_1=\langle\boldsymbol{x}_1,\boldsymbol{y}_1\rangle$, 则 H_1 是双曲平面, 并且 $V=H_1\perp H_1^{\perp}$, $\boldsymbol{x}_2,\cdots,\boldsymbol{x}_r\in H_1^{\perp}$. 又由 $\{\boldsymbol{0}\}=R(V)=R(H_1)\perp R(H_1^{\perp})$ 得 $R(H_1^{\perp})=\{\boldsymbol{0}\}$, 即 $H_1^{\perp}$ 非退化, 用归纳法即得 $V=\perp_{i=1}^{r}H_i\perp V'$. 由此分解式即可看出 $V'=W\subseteq U^{\perp}$, 其中 W 为 U 在 $U^{\perp}$ 中的补. □

由命题 2.11 和 2.12, 我们可以证明下面的分类定理, 它的证明也略去了.

命题 2.13　令 (V,Q) 为正交空间, f 为与 Q 相连带的对称双线性型, 则有

(1) 若 $\dim V=n=2m+1$, 则 $\mathrm{char}\, F\neq 2$. V 中有基 $\{\boldsymbol{v}_i|1\leqslant i\leqslant n\}$, 能使 V 中超平面 $H=\langle\boldsymbol{v}_i|1\leqslant i\leqslant 2m\rangle$ 为双曲空间, $H^{\perp}=\langle\boldsymbol{v}_n\rangle$, 其中 $Q(\boldsymbol{v}_n)=1$ 或 k, k 为 $F^{\times}$ 中非平方元.

(2) 若 $\dim V=n=2m$, 则或者 V 为双曲空间, 或者 V 中有基 $X=\{\boldsymbol{v}_i|1\leqslant i\leqslant n\}$, 能使 $W=\langle\boldsymbol{v}_i|1\leqslant i\leqslant n-2\rangle$ 为双曲空间, 且 $W^{\perp}=\langle\boldsymbol{v}_{n-1},\boldsymbol{v}_n\rangle$ 为 2 维定的正交空间.

还要注意在上述命题 (1) 中得到的对应于 $Q(\boldsymbol{v}_n)=1$ 和 k 的两个二次型是不等价的, 但可以证明它们的保度量变换群是同构的.

定义 2.14　设 $V=V(n,F)$ 是域 F 上的 n 维向量空间, f 是 V

上的数量积.

(1) 设 (V, f) 是非退化辛空间, 则保度量变换群 $O(V, f)$ 叫做 F 上的 n 维**辛群**, 记做 $Sp(V)$. 由于所有 F 上的 n 维辛空间都等价, 此群亦可记做 $Sp(n, F)$. 再令 Z 为 $Sp(n, F)$ 的中心, 称 $PSp(n, F) = Sp(n, F)/Z$ 为 F 上的 n **维射影辛群**.

(2) 设 (V, f) 是非退化酉空间, τ 是域 F 上的 2 阶自同构, 而 F_0 是域 F 中在 τ 下不动的子域, 则保度量变换群 $O(V, f)$ 叫做 F 上的 n 维**一般酉群**, 记做 $GU(V)$. 由于所有 F 上的 n 维酉空间都等价, 此群亦可记做 $GU(n, F_0)$. 而 $SU(n, F_0) = SL(n, F) \cap GU(n, F_0)$ 叫做 F 上的 n **维特殊酉群**. 再令 Z 为 $GU(n, F_0)$ 的中心, 称 $PGU(n, F_0) = GU(n, F_0)/Z$ 为 F 上的 n **维一般射影酉群**; 而称

$$PSU(n, F_0) = SU(n, F_0)/(Z \cap SU(n, F_0))$$

为 F 上的 n **维特殊射影酉群**.

(3) 设 (V, Q) 是非退化正交空间, 其中 Q 为与 V 上正交型 f 相伴的二次型, 则保度量变换群 $O(V, f)$ 叫做 V 上的 n 维**一般正交群**, 记做 $O(V)$. 而 $SO(V) = SL(V) \cap O(V)$ 叫做 V 上的**特殊正交群**. 这时还令 $\Omega(V)$ 为 $O(V)$ 的导群. 再令 Z 为 $O(V)$ 的中心, 称 $PO(V) = O(V)/Z$ 为 V 上的**一般射影正交群**; 而称 $PSO(V) = SO(V)/(Z \cap SO(V))$ 为 V 上的**特殊射影正交群**. 因为存在不等价的同维正交空间, 故正交群不能写做 $O(n, F)$, $SO(n, F)$ 等.

下面我们假定域 F 为有限域 $GF(q)$, 其中 $q = p^r$, p 为素数. 在酉群的情形, 假定 $GF(q)$ 有 2 阶自同构 τ, 且 τ 的不动元素组成 $GF(q)$ 的子域 $F_0 = GF(q_0)$, 有 $q_0^2 = q$.

我们以 $Sp(n, q)$ 和 $PSp(n, q)$ 分别表示 $GF(q)$ 上的 n 维辛群和 n 维射影辛群. 以 $GU(n, q_0)$, $SU(n, q_0)$, $PGU(n, q_0)$ 和 $PSU(n, q_0)$ 分别表示 $GF(q)$ 上的 n 维一般酉群, n 维特殊酉群, n 维一般射影酉群和 n 维特殊射影酉群. 对于正交群的情况比较复杂. 前面已知如果 V 的维数 $n = 2m + 1$ 为奇数, 仅当 q 为奇数时存在两个互不等价的正交型. 它们对应的保度量变换群是唯一的, 我们以 $O(2m + 1, q)$,

$SO(2m+1,q)$ 和 $\Omega(2m+1,q)$ 表示 $O(V)$, $SO(V)$ 和 $\Omega(V)$. 如果 V 的维数 $n=2m$ 为偶数, 则也有两个不等价的二次型, 分别记为 Q^+ 和 Q^-, 其对应空间的 Witt 指数分别为 $m-1$ 和 m. 我们以 $O^{\pm}(2m,q)$, $SO^{\pm}(2m,q)$ 和 $\Omega^{\pm}(2m,q)$ 分别表示保度量变换群 $O(V)$, $SO(V)$ 和 $\Omega(V)$. 这些群模掉其中心为相应的射影正交群分别记为 $PO^{\pm}(2m,q)$, $PSO^{\pm}(2m,q)$ 和 $P\Omega^{\pm}(2m,q)$. 在结束本节时我们不加证明地叙述如下定理.

定理 2.15　(1) 设 $n\geqslant 2$. 只要 $(n,q)\neq(2,2)$, $(2,3)$ 和 $(4,2)$, 射影辛群 $PSp(n,q)$ 是单群.

(2) 设 $n\geqslant 2$. 只要 $(n,q)\neq(2,2)$, $(2,3)$ 和 $(3,2)$, 射影酉群 $PSU(n,q)$ 是单群.

(3) $SU(2,q)\cong Sp(2,q)\cong SL(2,q)$, 因此 $PSU(2,q)\cong PSp(2,q)\cong PSL(2,q)$.

(4) 若 q 为奇数, $m\geqslant 2$, 则 $P\Omega(2m+1,q)$ 是单群.

(5) 若 $m\geqslant 3$, $P\Omega^{\pm}(2m,q)$ 是单群.

加上上节讲过的 $PSL(n,q)$, 一共给出了六族有限单群, 这些单群现在被称为 Lie 型单群. 尽管还有另外十族 Lie 型有限单群, 以上这六族有限单群在某种意义上构成了有限单群的主体.

下节我们来研究辛群, 将证明定理 2.15(1).

§5.3　辛　群

设 (V,f) 是非退化辛空间. 前节已知 $\dim V=2m$ 是偶数, 且 V 是 m 个双曲平面的正交和. 若不计同构, V 被其维数 $2m$ 唯一确定. 为了进一步研究辛空间和辛群的构造, 我们先来证明著名的 Witt 定理.

定理 3.1 (Witt 定理)　设 V 是非退化辛空间, U_1,U_2 是 V 的子空间, $\tau:U_1\to U_2$ 是保度量变换, 则存在 V 到自身的保度量变换 σ, 使 $\sigma|_{U_1}=\tau$.

证明　设 $U_1=H_1\perp\cdots\perp H_m\perp R(U_1)$, H_i 是双曲平面, $R(U_1)$

是 U_1 的根基. 令 $H_i^\tau = H_i'$ $(i=1,\cdots,m)$, $R(U_1)^\tau = R(U_2)$. 则有 H_i' 为 U_2 中的双曲平面, 且 $R(U_2)$ 是 U_2 的根基, 并且 $U_2 = H_1' \perp \cdots \perp H_m' \perp R(U_2)$ (验证略). 设 $H = H_1 \perp \cdots \perp H_m$, $H' = H_1' \perp \cdots \perp H_m'$. 因 H, H' 均非退化, 有 $V = H \perp L = H' \perp L'$, 其中 $L = H^\perp$, $L' = H'^\perp$. 又由 $\{\mathbf{0}\} = R(V) = R(H) \perp R(L)$ 推得 $R(L) = \{\mathbf{0}\}$, 同理 $R(L') = \{\mathbf{0}\}$, 并且有 $R(U_1) \subseteq H^\perp = L$, $R(U_2) \subseteq H'^\perp = L'$.

现在设 $\boldsymbol{x}_1,\cdots,\boldsymbol{x}_r$ 是 $R(U_1)$ 的一组 F-基, 因 $(\boldsymbol{x}_i,\boldsymbol{x}_j)=0, \forall i,j$, 以及 L 非退化, 由命题 2.12 得 $L = S_1 \perp \cdots \perp S_r \perp M$, 其中 $S_i = \langle \boldsymbol{x}_i, \boldsymbol{y}_i \rangle, (\boldsymbol{x}_i,\boldsymbol{y}_i) = 1$, 而 $R(M) \subseteq R(L) = \{\mathbf{0}\}$. 类似地, 有 $L' = S_1' \perp \cdots \perp S_r' \perp M'$, 其中 $S_i' = \langle \boldsymbol{x}_i^\tau, \boldsymbol{y}_i' \rangle$, $(\boldsymbol{x}_i^\tau, \boldsymbol{y}_i') = 1$, 且 $R(M') = \{\mathbf{0}\}$. 于是

$$\begin{aligned} V &= H \perp L = H_1 \perp \cdots \perp H_m \perp S_1 \perp \cdots \perp S_r \perp M \\ &= H' \perp L' = H_1' \perp \cdots \perp H_m' \perp S_1' \perp \cdots \perp S_r' \perp M'. \end{aligned}$$

因为 $R(M) = R(M') = \{\mathbf{0}\}$, $\dim M = \dim M'$, 存在 M 到 M' 上的保度量变换 μ. 现在令 σ 是下列映射:

$$\begin{aligned} &\boldsymbol{h}^\sigma = \boldsymbol{h}^\tau, && \forall\ \boldsymbol{h} \in H_1 \perp \cdots \perp H_m, \\ &\boldsymbol{x}_i^\sigma = \boldsymbol{x}_i^\tau, && i = 1,\cdots,r, \\ &\boldsymbol{y}_i^\sigma = \boldsymbol{y}_i', && i = 1,\cdots,r, \\ &\boldsymbol{m}^\sigma = \boldsymbol{m}^\mu, && \forall\ \boldsymbol{m} \in M, \end{aligned}$$

则 σ 是 V 到自身的保度量变换, 且 $\sigma|_{U_1} = \tau$. □

注 3.2 Witt 定理不仅对辛空间成立, 对酉空间和正交空间亦成立. 我们不给出一般的证明了. 有兴趣的读者可参看其他典型群的书.

定理 3.3 设 V 是 $2m$ 维非退化辛空间, U 是 V 的全迷向子空间, 则 $\dim U \leqslant m$, 且 U 属于 V 的一个 m 维迷向子空间.

证明 设 $\boldsymbol{u}_1,\cdots,\boldsymbol{u}_r$ 是 U 的基, 由命题 2.12, $V = H_1 \perp \cdots \perp H_r \perp V'$, 其中双曲平面 $H_i = \langle \boldsymbol{u}_i, \boldsymbol{v}_i \rangle, i = 1,\cdots,r$. 由此得 $2r \leqslant \dim V = 2m$,

于是 $r \leqslant m$. 因为 V' 也是非退化的, 有 $V' = H_{r+1} \perp \cdots \perp H_m$, 其中 $H_i = \langle \boldsymbol{u}_i, \boldsymbol{v}_i \rangle, i = r+1, \cdots, m$. 于是 $\langle \boldsymbol{u}_1, \cdots, \boldsymbol{u}_m \rangle$ 亦为 V 之迷向子空间, 且包含 U. □

命题 3.4　$Sp(2, F) \cong SL(2, F)$.

证明　设 $\{\boldsymbol{v}_1, \boldsymbol{v}_2\}$ 是二维非退化辛空间 V 中的双曲元偶, 则它也是 V 的一组基. 设 $\tau \in GL(2, F)$, 满足 $\boldsymbol{v}_1^\tau = a_{11}\boldsymbol{v}_1 + a_{12}\boldsymbol{v}_2, \boldsymbol{v}_2^\tau = a_{21}\boldsymbol{v}_1 + a_{22}\boldsymbol{v}_2, a_{ij} \in F$, 则 $\tau \in Sp(2, F) \Longleftrightarrow (\boldsymbol{v}_1^\tau, \boldsymbol{v}_2^\tau) = 1$, 即

$$a_{11}a_{22} - a_{12}a_{21} = \begin{vmatrix} a_{11} & a_{12} \\ a_{21} & a_{22} \end{vmatrix} = 1 \Longleftrightarrow \tau \in SL(2, F).$$

由此即得结论. □

在有限域的情况, 下面的定理给出了辛群的阶.

定理 3.5　设 V 是域 $F = GF(q)$ 上的 $2m$ 维非退化辛空间, 则

(1) V 包含 $(q^{2m} - 1)q^{2m-1}$ 个 (有序) 双曲元偶;

(2) $$|Sp(2m, q)| = (q^{2m} - 1)q^{2m-1}(q^{2m-2} - 1)q^{2m-3} \cdots (q^2 - 1)q = q^{m^2} \prod_{i=1}^{m} (q^{2i} - 1).$$

证明　(1) 设 $\{\boldsymbol{x}, \boldsymbol{y}\}$ 是 V 中的双曲元偶. 作为 $\boldsymbol{x}$ 可任取 V 中的非零向量, 共有 $q^{2m} - 1$ 种取法. 一旦 $\boldsymbol{x}$ 选定, 因为 $\langle \boldsymbol{x} \rangle^\perp$ 是 $2m-1$ 维的 (据命题 2.2(3)), 故有 $q^{2m} - q^{2m-1}$ 个元素 $\boldsymbol{y}$ 使 $(\boldsymbol{x}, \boldsymbol{y}) \neq 0$. 又因 $F^\times$ 有 $q-1$ 个元素, 故有 $(q^{2m} - q^{2m-1})/(q-1) = q^{2m-1}$ 个元素 $\boldsymbol{y}$ 使 $(\boldsymbol{x}, \boldsymbol{y}) = 1$.

(2) 用归纳法, 只需证

$$|Sp(2m, q)| = q^{2m-1}(q^{2m} - 1)|Sp(2m-2, q)|.$$

设 $\{\boldsymbol{x}, \boldsymbol{y}\}$ 和 $\{\boldsymbol{x}', \boldsymbol{y}'\}$ 是任两个双曲元偶, 则线性映射 $\tau: \boldsymbol{x}^\tau = \boldsymbol{x}', \boldsymbol{y}^\tau = \boldsymbol{y}'$ 是 $\langle \boldsymbol{x}, \boldsymbol{y} \rangle$ 到 $\langle \boldsymbol{x}', \boldsymbol{y}' \rangle$ 上的保度量变换. 由 Witt 定理, τ 可扩张为 V 到自身上的保度量变换 σ. 这说明 $Sp(2m, q)$ 在 V 的所有双曲元偶上的作用是传递的. 于是 $|Sp(2m, q)| = q^{2m-1}(q^{2m}-1)|K|$, 其中 K 是某一双曲元偶 $\{\boldsymbol{x}_0, \boldsymbol{y}_0\}$ 的稳定子群. 令 $H_0 = \langle \boldsymbol{x}_0, \boldsymbol{y}_0 \rangle$, 则 $V = H_0 \perp H_0^\perp$. 对 K

的任一元素 k, 有 $H_0^k = H_0$, 因此必有 $(H_0^{\perp})^k = H_0^{\perp}$. 这样 K 由 $K|_{H_0^{\perp}}$ 所唯一确定. 而 $H_0^{\perp}$ 是 $2m-2$ 维辛空间, 这就得到 $K \cong Sp(2m-2, q)$.

□

设 V 是 $2m$ 维非退化辛空间, $\mathcal{P} = PG(2m-1, F)$ 是 V 对应的射影空间. $Sp(2m, F)$ 诱导出在 $\mathcal{P}$ 上的变换群, 即射影辛群 $PSp(2m, F)$. 由前节知

$$PSp(2m, F) \cong Sp(2m, F)/Z,$$

其中 Z 是 $Sp(2m, F)$ 的中心. 下面我们来决定 Z.

因为 $Z = \{\tau \in Sp(2m, F) | \tau = a \cdot 1, a \in F^{\#}\}$, 取 $\boldsymbol{v}, \boldsymbol{v}'$ 使得 $(\boldsymbol{v}, \boldsymbol{v}') \neq 0$, 则有 $(\boldsymbol{v}^{\tau}, \boldsymbol{v}'^{\tau}) = a^2(\boldsymbol{v}, \boldsymbol{v}') = (\boldsymbol{v}, \boldsymbol{v}') \neq 0$, 推出 $a^2 = 1, a = \pm 1$. 于是

$$Z = \begin{cases} \langle -1 \rangle, & \mathrm{char}\, F \neq 2, \\ 1, & \mathrm{char}\, F = 2. \end{cases}$$

本节主要目的是证明除少数例外, $PSp(2m, F)$ 是单群. 为此先来研究 $PSp(2m, F)$ 作为 $\mathcal{P}$ 上置换群的性质.

定理 3.6 把 $PSp(2m, F)$ 看做 $\mathcal{P}$ 的射影点集合 (也用 $\mathcal{P}$ 表示) 上的置换群, 有

(1) $PSp(2m, F)$ 在 $\mathcal{P}$ 上传递;

(2) $\mathcal{P}$ 中任一点 $\langle \boldsymbol{x} \rangle$ $(\boldsymbol{0} \neq \boldsymbol{x} \in V)$ 的稳定子群 U 在 $\mathcal{P}$ 上恰有三个轨道:

$$\begin{aligned} \varDelta_1 &= \{\langle \boldsymbol{x} \rangle\}, \\ \varDelta_2 &= \{\langle \boldsymbol{y} \rangle \,|\, \langle \boldsymbol{y} \rangle \neq \langle \boldsymbol{x} \rangle, (\boldsymbol{x}, \boldsymbol{y}) = 0\}, \\ \varDelta_3 &= \{\langle \boldsymbol{y} \rangle \,|\, (\boldsymbol{x}, \boldsymbol{y}) = 1\}; \end{aligned}$$

(3) $PSp(2m, F)$ 在 $\mathcal{P}$ 上是本原的.

证明 (1) 事实上, 由 Witt 定理, $Sp(2m, F)$ 在 V 的所有非零向量上是传递的.

(2) 若有 $\boldsymbol{y}_1, \boldsymbol{y}_2 \in V$ 使 $\langle \boldsymbol{x} \rangle \neq \langle \boldsymbol{y}_i \rangle$, 且 $(\boldsymbol{x}, \boldsymbol{y}_i) = 0, i = 1, 2$. (注意这时有 $m > 1$.) 因线性映射 $\sigma : \boldsymbol{x}^{\sigma} = \boldsymbol{x}, \boldsymbol{y}_1^{\sigma} = \boldsymbol{y}_2$ 是 $\langle \boldsymbol{x}, \boldsymbol{y}_1 \rangle$ 到 $\langle \boldsymbol{x}, \boldsymbol{y}_2 \rangle$ 上

的保度量变换, 由 Witt 定理, 有 $\tau \in Sp(2m,F)$ 使 $\tau|_{\langle \boldsymbol{x},\boldsymbol{y}_1\rangle} = \sigma$. 这说明 $\varDelta_2$ 是 U 的轨道. 同理, $\varDelta_3$ 也是 U 的轨道, 并且显然 $\mathcal{P} = \varDelta_1 \cup \varDelta_2 \cup \varDelta_3$.

(3) 由命题 3.4, $PSp(2,F) \cong PSL(2,F)$, 于是 $PSp(2,F)$ 在 $\mathcal{P}$ 上双传递, 自然本原. 这样, 当 $m=1$ 时结论成立.

设 $m>1$. 若 $PSp(2m,F)$ 在 $\mathcal{P}$ 上非本原, 则包含点 $\langle \boldsymbol{x}\rangle$ 的非本原集 $\varLambda = \varLambda(\langle \boldsymbol{x}\rangle)$ 必为 U 的若干轨道的并 (因为 U 也不变动 $\varLambda(\langle \boldsymbol{x}\rangle)$), 于是或为 $\varDelta_1 \cup \varDelta_2$, 或为 $\varDelta_1 \cup \varDelta_3$. 又因为包含点 $\langle \boldsymbol{y}\rangle$ 的非本原集 $\varLambda(\langle \boldsymbol{y}\rangle)$ 与 $\varLambda(\langle \boldsymbol{x}\rangle)$ 共轭, 故若 $\varLambda(\langle \boldsymbol{x}\rangle) = \varDelta_1 \cup \varDelta_2$, 则亦有 $\varLambda(\langle \boldsymbol{y}\rangle) = \varDelta_1(\langle \boldsymbol{y}\rangle) \cup \varDelta_2(\langle \boldsymbol{y}\rangle)$, 其中 $\varDelta_i(\langle \boldsymbol{y}\rangle)$ 表示点 $\langle \boldsymbol{y}\rangle$ 的稳定子群的相应的轨道. 同样的, 若 $\varLambda(\langle \boldsymbol{x}\rangle) = \varDelta_1 \cup \varDelta_3$, 则亦有 $\varLambda(\langle \boldsymbol{y}\rangle) = \varDelta_1(\langle \boldsymbol{y}\rangle) \cup \varDelta_3(\langle \boldsymbol{y}\rangle)$, $\forall \langle \boldsymbol{y}\rangle \in \mathcal{P}$. 下面分两种情形加以讨论:

情形 1: 若对每个 $\langle \boldsymbol{x}\rangle$ 均有 $\varLambda(\langle \boldsymbol{x}\rangle) = \varDelta_1(\langle \boldsymbol{x}\rangle) \cup \varDelta_2(\langle \boldsymbol{x}\rangle)$. 这时取 V 的任一双曲平面 $\langle \boldsymbol{x}_1, \boldsymbol{x}_2\rangle$, 其中 $(\boldsymbol{x}_1,\boldsymbol{x}_2)=1$, 并令 $V = \langle \boldsymbol{x}_1,\boldsymbol{x}_2\rangle \perp W$. 再取 $\boldsymbol{0} \neq \boldsymbol{x}_3 \in W$. 考虑 $\varLambda(\langle \boldsymbol{x}_i\rangle), i=1,2,3$. 因 $\varLambda(\langle \boldsymbol{x}_3\rangle) = \langle \boldsymbol{x}_3\rangle \cup \varDelta_2(\langle \boldsymbol{x}_3\rangle)$ 包含 $\langle \boldsymbol{x}_1\rangle$ 和 $\langle \boldsymbol{x}_2\rangle$, 推出 $\varLambda(\langle \boldsymbol{x}_1\rangle) = \varLambda(\langle \boldsymbol{x}_2\rangle) = \varLambda(\langle \boldsymbol{x}_3\rangle)$ 但 $\varLambda(\langle \boldsymbol{x}_1\rangle)$ 不包含 $\langle \boldsymbol{x}_2\rangle$, 矛盾. (事实上, V 有分解 $V = \langle \boldsymbol{x},\boldsymbol{y}_1\rangle \perp H$, 其中 $\langle \boldsymbol{x},\boldsymbol{y}_1\rangle$ 是一双曲平面. 这样, $\varLambda(\langle \boldsymbol{x}\rangle) = \langle \boldsymbol{x}\rangle \perp H$ 是 V 的一个 $2m-1$ 维子空间. 于是它也是 $\mathcal{P}$ 的一超平面, 由任两个超平面的交非空亦可推出它们不能是非本原集.)

情形 2: 若对每个 $\langle \boldsymbol{x}\rangle$, 均有 $\varLambda(\langle \boldsymbol{x}\rangle) = \langle \boldsymbol{x}\rangle \cup \varDelta_3(\langle \boldsymbol{x}\rangle)$. 令 $\boldsymbol{x}_1,\boldsymbol{x}_2,\boldsymbol{x}_3$ 同情形 1, 又设 $\boldsymbol{y} = \boldsymbol{x}_1 + \boldsymbol{x}_3$. 因为 $\langle \boldsymbol{x}_2\rangle \in \varLambda(\langle \boldsymbol{x}_1\rangle)$ 有 $\varLambda(\langle \boldsymbol{x}_1\rangle) = \varLambda(\langle \boldsymbol{x}_2\rangle)$. 又因 $(\boldsymbol{x}_1,\boldsymbol{y})=0$, 且 $\langle \boldsymbol{x}_1\rangle \neq \langle \boldsymbol{y}\rangle$, 知 $\langle \boldsymbol{y}\rangle \notin \varLambda(\langle \boldsymbol{x}_1\rangle)$; 但由 $(\boldsymbol{x}_2,\boldsymbol{y}) = (\boldsymbol{x}_2,\boldsymbol{x}_1) = -1$ 推知 $\langle \boldsymbol{y}\rangle \in \varLambda(\langle \boldsymbol{x}_2\rangle)$, 矛盾.

于是 $PSp(2m,F)$ 在 $\mathcal{P}$ 上本原. □

定义 3.7　变换 $1 \neq \tau \in Sp(2m,F)$ 叫做 V 的具有方向向量 $\boldsymbol{d}$ 的**辛平延**, 如果 $\boldsymbol{d}^\tau = \boldsymbol{d}$, 且 $\boldsymbol{v}^\tau - \boldsymbol{v} \in \langle \boldsymbol{d}\rangle$, $\forall\ \boldsymbol{v} \in V$.

引理 3.8　设 V 是 F 上非退化辛空间, $\tau \neq 1$ 是 V 的具有方向向量 $\boldsymbol{d}$ 的辛平延, 则存在 $c \in F^\times$, 使

$$\boldsymbol{v}^\tau = \boldsymbol{v} + c(\boldsymbol{d},\boldsymbol{v})\boldsymbol{d}, \quad \forall \boldsymbol{v} \in V. \tag{3.1}$$

反之, 每个形如 (3.1) 的变换 τ 也是 V 的具有方向向量 $\boldsymbol{d}$ 的辛平延. 这个辛平延常记做 $\tau=\tau(c,\boldsymbol{d})$.

证明 首先注意到, 若 $\boldsymbol{v}_1,\boldsymbol{v}_2$ 是 V 中线性无关的两个向量, 则 $\langle\boldsymbol{v}_1\rangle^\perp\neq\langle\boldsymbol{v}_2\rangle^\perp$. 这因为若 $\langle\boldsymbol{v}_1\rangle^\perp=\langle\boldsymbol{v}_2\rangle^\perp$, 则有 $\langle\boldsymbol{v}_1\rangle^\perp=\langle\boldsymbol{v}_2\rangle^\perp=\langle\boldsymbol{v}_1,\boldsymbol{v}_2\rangle^\perp$, 由 V 非退化, 据命题 2.2(3) , 有

$$\begin{aligned}2m-1&=\dim V-\dim\langle\boldsymbol{v}_1\rangle=\dim\langle\boldsymbol{v}_1\rangle^\perp\\&=\dim\langle\boldsymbol{v}_1,\boldsymbol{v}_2\rangle^\perp=\dim V-\dim\langle\boldsymbol{v}_1,\boldsymbol{v}_2\rangle\\&=2m-2,\end{aligned}$$

矛盾.

现在设 τ 是任一辛平延, 可令 $\tau=\tau(f,\boldsymbol{d}), f\in V^*$. 因 V 非退化, 存在 $\boldsymbol{0}\neq\boldsymbol{w}\in V$ 使 $f(\boldsymbol{v})=(\boldsymbol{w},\boldsymbol{v}), \forall\boldsymbol{v}\in V$ (见命题 2.2(2)). 于是 $\boldsymbol{v}^\tau=\boldsymbol{v}+(\boldsymbol{w},\boldsymbol{v})\boldsymbol{d}, \forall\ \boldsymbol{v}\in V$. 由 τ 是辛平延, 当然是辛变换, 保持辛内积不动, 故对任意的 $\boldsymbol{v},\boldsymbol{v}'\in V$, 有 $(\boldsymbol{v}^\tau,\boldsymbol{v}'^\tau)=(\boldsymbol{v},\boldsymbol{v}')$, 即 $(\boldsymbol{v}+(\boldsymbol{w},\boldsymbol{v})\boldsymbol{d},\boldsymbol{v}'+(\boldsymbol{w},\boldsymbol{v}')\boldsymbol{d})=(\boldsymbol{v},\boldsymbol{v}')$. 由此推出 $(\boldsymbol{w},\boldsymbol{v})(\boldsymbol{d},\boldsymbol{v}')=(\boldsymbol{w},\boldsymbol{v}')(\boldsymbol{d},\boldsymbol{v}), \forall\ \boldsymbol{v},\boldsymbol{v}'\in V$. 我们断言必有 $\langle\boldsymbol{w}\rangle=\langle\boldsymbol{d}\rangle$. 若否, 则 $\langle\boldsymbol{w}\rangle^\perp\neq\langle\boldsymbol{d}\rangle^\perp$. 注意到 $\langle\boldsymbol{w}\rangle^\perp$ 和 $\langle\boldsymbol{d}\rangle^\perp$ 都是 $2m-1$ 维空间, 故可找到 $\boldsymbol{v}\in\langle\boldsymbol{w}\rangle^\perp$ 但 $\boldsymbol{v}\notin\langle\boldsymbol{d}\rangle^\perp$, 以及 $\boldsymbol{v}'\notin\langle\boldsymbol{w}\rangle^\perp$. 于是有 $0=(\boldsymbol{w},\boldsymbol{v})(\boldsymbol{d},\boldsymbol{v}')=(\boldsymbol{w},\boldsymbol{v}')(\boldsymbol{d},\boldsymbol{v})\neq0$, 矛盾. 这说明 $\langle\boldsymbol{w}\rangle=\langle\boldsymbol{d}\rangle$, 即存在 $c\in F^\times$ 使 $\boldsymbol{w}=c\boldsymbol{d}$, 遂得到 (3.1) 式.

反过来, 直接验证知变换 (3.1) 是具有方向向量 $\boldsymbol{d}$ 的辛平延 (细节略) . □

定理 3.9 $Sp(2m,F)$ 由 V 的全体辛平延生成.

证明 若 $m=1$, 因 $Sp(2,F)=SL(2,F)$, 由定理 1.6 即得结论.

若 $m>1$, 设 G 是由所有辛平延生成的 $Sp(2m,F)$ 的子群, 我们分以下几步证明:

(1) G 在 $V^\#$ 上传递: 设 $\boldsymbol{v}_1,\boldsymbol{v}_2\in V^\#$, 若 $(\boldsymbol{v}_1,\boldsymbol{v}_2)\neq0$, 则令 $c=-(\boldsymbol{v}_1,\boldsymbol{v}_2)^{-1}$, 而 τ 是辛平延 $\tau(c,\boldsymbol{v}_1-\boldsymbol{v}_2)$, 即 $\boldsymbol{v}^\tau=\boldsymbol{v}+c(\boldsymbol{v}_1-\boldsymbol{v}_2,\boldsymbol{v})(\boldsymbol{v}_1-\boldsymbol{v}_2), \forall\boldsymbol{v}\in V$. 则有 $\boldsymbol{v}_1^\tau=\boldsymbol{v}_1+c(\boldsymbol{v}_1-\boldsymbol{v}_2,\boldsymbol{v}_1)(\boldsymbol{v}_1-\boldsymbol{v}_2)=\boldsymbol{v}_2$. 而若 $(\boldsymbol{v}_1,\boldsymbol{v}_2)=0$, 则必存在 $\boldsymbol{w}\in V$ 使 $(\boldsymbol{v}_1,\boldsymbol{w})\neq0\neq(\boldsymbol{v}_2,\boldsymbol{w})$. 这是因为若 $\langle\boldsymbol{v}_1\rangle=\langle\boldsymbol{v}_2\rangle$, 则可取 $\boldsymbol{w}\notin\langle\boldsymbol{v}_1\rangle^\perp$; 而若 $\boldsymbol{v}_1,\boldsymbol{v}_2$ 线性无关, 则由命题 2.12, 存在 $\boldsymbol{w}_1,\boldsymbol{w}_2\in$

V 使 $(\boldsymbol{v}_1, \boldsymbol{w}_1) = 1, (\boldsymbol{v}_1, \boldsymbol{w}_2) = 0$, 且 $(\boldsymbol{v}_2, \boldsymbol{w}_1) = 0, (\boldsymbol{v}_2, \boldsymbol{w}_2) = 1$. 这时取 $\boldsymbol{w} = \boldsymbol{w}_1 + \boldsymbol{w}_2$ 即满足要求. 因此由前面已证存在辛平延 τ_1, τ_2 使 $\boldsymbol{v}_1^{\tau_1} = \boldsymbol{w}, \boldsymbol{w}^{\tau_2} = \boldsymbol{v}_2$. 令 $\tau = \tau_1\tau_2$, 就有 $\boldsymbol{v}_1^{\tau} = \boldsymbol{v}_2$.

(2) G 在 V 的双曲元偶上传递: 设 $\{\boldsymbol{x}_1, \boldsymbol{y}_1\}, \{\boldsymbol{x}_2, \boldsymbol{y}_2\}$ 是 V 中两个双曲元偶, 由 (1) 可令 $\boldsymbol{x}_1 = \boldsymbol{x}_2 = \boldsymbol{x}$. 若 $(\boldsymbol{y}_1, \boldsymbol{y}_2) \neq 0$, 则由 (1) 存在辛平延 $\tau = \tau(c, \boldsymbol{y}_1 - \boldsymbol{y}_2)$ 使 $\boldsymbol{y}_1^{\tau} = \boldsymbol{y}_2$. 因 $(\boldsymbol{x}, \boldsymbol{y}_1 - \boldsymbol{y}_2) = (\boldsymbol{x}, \boldsymbol{y}_1) - (\boldsymbol{x}, \boldsymbol{y}_2) = 1 - 1 = 0$, 故 $\boldsymbol{x}^{\tau} = \boldsymbol{x} + c(\boldsymbol{y}_1 - \boldsymbol{y}_2, \boldsymbol{x})(\boldsymbol{y}_1 - \boldsymbol{y}_2) = \boldsymbol{x}$. 这样 τ 把 $\{\boldsymbol{x}, \boldsymbol{y}_1\}$ 变到 $\{\boldsymbol{x}, \boldsymbol{y}_2\}$. 若 $(\boldsymbol{y}_1, \boldsymbol{y}_2) = 0$, 考虑双曲元偶 $\{\boldsymbol{x}, \boldsymbol{y}_1\}, \{\boldsymbol{x}, \boldsymbol{y}_1 + \boldsymbol{x}\}, \{\boldsymbol{x}, \boldsymbol{y}_2\}$. 这时有 $(\boldsymbol{y}_1, \boldsymbol{y}_1 + \boldsymbol{x}) = -1, (\boldsymbol{y}_1 + \boldsymbol{x}, \boldsymbol{y}_2) = 1$, 于是存在辛平延 τ_1, τ_2 使 $\boldsymbol{x}^{\tau_i} = \boldsymbol{x}, i = 1, 2$, $\boldsymbol{y}_1^{\tau_1} = \boldsymbol{y}_1 + \boldsymbol{x}, (\boldsymbol{y}_1 + \boldsymbol{x})^{\tau_2} = \boldsymbol{y}_2$. 令 $\tau = \tau_1\tau_2$, 即得 $\boldsymbol{x}^{\tau} = \boldsymbol{x}, \boldsymbol{y}_1^{\tau} = \boldsymbol{y}_2$. 得证.

(3) 用对 m 的归纳法证明定理的结论: 设 $\{\boldsymbol{x}, \boldsymbol{y}\}$ 是 V 中任一双曲元偶, $g \in Sp(2m, F)$. 由 (2) 存在 G 中元素 τ 使 $\boldsymbol{x}^{\tau} = \boldsymbol{x}^{g}, \boldsymbol{y}^{\tau} = \boldsymbol{y}^{g}$. 令 $r = g\tau^{-1}$, 则 $r \in Sp(2m, F)$, 并且保持 $\{\boldsymbol{x}, \boldsymbol{y}\}$ 不动. 令 $H = \langle \boldsymbol{x}, \boldsymbol{y} \rangle$, 因 $V = H \perp H^{\perp}$, 有 $(H^{\perp})^{r} = H^{\perp}$, 并且 $r|_{H^{\perp}}$ 是 $H^{\perp}$ 的保度量变换. 由归纳假设有 $r|_{H^{\perp}} = \tau_1' \cdots \tau_s', \tau_i'$ 是 $H^{\perp}$ 的辛平延. 对于每个 τ_i', 我们如下规定 V 的变换 $\tau_i : (h + h')^{\tau_i} = h + h'^{\tau_i'}, \forall h \in H, h' \in H^{\perp}$, 则易验证 τ_i 是 V 的辛平延, 并且 $r = g\tau^{-1} = \prod\limits_{i} \tau_i$, 这样 $g = \prod\limits_{i} \tau_i \tau$. □

推论 3.10　$Sp(2m, F)$ 中任一变换的行列式 $= 1$.

证明　据命题 1.4, 对任一辛平延 τ, 有 $\det\tau = 1$. 由定理 3.9 立得结论. □

定理 3.11　除 $Sp(2, 2), Sp(2, 3)$ 和 $Sp(4, 2)$ 外, 有 $Sp(2m, F)' = Sp(2m, F)$.

证明　分下列三种情形:

(1) $|F| > 3$: 这时存在 $a \in F$ 使 $a^2 \neq 0, 1$. 取 $\boldsymbol{w} \in V^{\#}$, 则 $\sigma : \boldsymbol{w}^{\sigma} = a\boldsymbol{w}$ 是 $\langle \boldsymbol{w} \rangle$ 的保度量变换. (验证之. 注意, 一维空间 $\langle \boldsymbol{w} \rangle$ 是迷向的.) 于是由 Witt 定理存在 $\mu \in Sp(2m, F)$ 使 $\mu|_{\langle \boldsymbol{w} \rangle} = \sigma$. 令 $\tau = \tau(c, \boldsymbol{w})$, $c \in F^{\times}$, 则

$$\boldsymbol{v}^{\mu^{-1}\tau\mu\tau^{-1}} = (\boldsymbol{v}^{\mu^{-1}} + c(\boldsymbol{w}, \boldsymbol{v}^{\mu^{-1}})\boldsymbol{w})^{\mu\tau^{-1}}$$

$$
\begin{aligned}
&= (\boldsymbol{v} + c(\boldsymbol{w}^{\mu}, \boldsymbol{v})\boldsymbol{w}^{\mu})^{\tau^{-1}} \\
&= \boldsymbol{v} + c(\boldsymbol{w}^{\mu}, \boldsymbol{v})\boldsymbol{w}^{\mu} - c(\boldsymbol{w}, \boldsymbol{v} + c(\boldsymbol{w}^{\mu}, \boldsymbol{v})\boldsymbol{w})\boldsymbol{w} \\
&= \boldsymbol{v} + c(a\boldsymbol{w}, \boldsymbol{v})a\boldsymbol{w} - c(\boldsymbol{w}, \boldsymbol{v})\boldsymbol{w} = \boldsymbol{v} + (a^2 - 1)c(\boldsymbol{w}, \boldsymbol{v})\boldsymbol{w}.
\end{aligned}
$$

因为 $a^2 \neq 1$, 适当取 c 可使 $\mu^{-1}\tau\mu\tau^{-1}$ 变为任一具有方向向量 $\boldsymbol{w}$ 的辛平延. 又由 $\boldsymbol{w}$ 的任意性得 $Sp(2m, F)'$ 包含所有辛平延. 于是由定理 3.9 即得 $Sp(2m, F)' = Sp(2m, F)$.

(2) $F = GF(3)$: 首先证明 $Sp(4, 3)' = Sp(4, 3)$. 设 V 是 $GF(3)$ 上 4 维非退化辛空间, 则可令

$$
V = \langle \boldsymbol{v}_1, \boldsymbol{v}_2 \rangle \perp \langle \boldsymbol{v}_3, \boldsymbol{v}_4 \rangle, \quad (\boldsymbol{v}_1, \boldsymbol{v}_2) = (\boldsymbol{v}_3, \boldsymbol{v}_4) = 1.
$$

易验证这时亦有

$$
V = \langle \boldsymbol{v}_1, \boldsymbol{v}_2 + \boldsymbol{v}_3 \rangle \perp \langle \boldsymbol{v}_3, \boldsymbol{v}_1 + \boldsymbol{v}_4 \rangle.
$$

现在定义 V 的两个线性变换 τ 和 μ:

$$
\begin{gathered}
\boldsymbol{v}_1^{\tau} = \boldsymbol{v}_2,\ \boldsymbol{v}_2^{\tau} = -\boldsymbol{v}_1, \quad \boldsymbol{v}_3^{\tau} = \boldsymbol{v}_3, \quad \boldsymbol{v}_4^{\tau} = \boldsymbol{v}_4; \\
\boldsymbol{v}_1^{\mu} = \boldsymbol{v}_2 + \boldsymbol{v}_3, \quad (\boldsymbol{v}_2 + \boldsymbol{v}_3)^{\mu} = -\boldsymbol{v}_1, \\
\boldsymbol{v}_3^{\mu} = \boldsymbol{v}_3, \quad (\boldsymbol{v}_1 + \boldsymbol{v}_4)^{\mu} = (\boldsymbol{v}_1 + \boldsymbol{v}_4).
\end{gathered}
$$

则易验证 $\tau, \mu \in Sp(4, 3)$, 并且 $\tau^2|_{\langle \boldsymbol{v}_1, \boldsymbol{v}_2 \rangle} = -1$, $\tau^2|_{\langle \boldsymbol{v}_3, \boldsymbol{v}_4 \rangle} = 1$, 这里 1 表恒等变换. 据本章末习题第 3 题, 有 $Sp(2, 3) = SL(2, 3)$ 的 Sylow 2 子群是四元数群, 于是 $-1 \in Sp(2, 3)'$. 因此也有 $\tau^2 \in Sp(4, 3)'$. 同理可证 $\mu^2 \in Sp(4, 3)'$. 验证之. 又由简单计算可得 (注意域的特征为 3)

$$
\boldsymbol{v}_i^{(\mu\tau)^2} = \boldsymbol{v}_i,\ i = 1, 2, 3, \quad \boldsymbol{v}_4^{(\mu\tau)^2} = \boldsymbol{v}_4 - 2\boldsymbol{v}_3 = \boldsymbol{v}_3 + \boldsymbol{v}_4,
$$

因此 $\sigma = (\mu\tau)^2$ 是下列辛平延: $\boldsymbol{v}^{\sigma} = \boldsymbol{v} + (\boldsymbol{v}_3, \boldsymbol{v})\boldsymbol{v}_3$, 并且

$$
\sigma = (\mu\tau)^2 = \mu^2 \cdot (\mu^{-1}\tau^2\mu) \cdot \mu^{-1}\tau^{-1}\mu\tau = \mu^2(\tau^2)^{\mu}[\mu, \tau] \in Sp(4, 3)'.
$$

因为每个辛平延 γ 有形式 $\boldsymbol{v}^{\gamma} = \boldsymbol{v} \pm (\boldsymbol{d}, \boldsymbol{v})\boldsymbol{d}$, 由 $Sp(4,3)$ 在 V 的非零向量集合上作用是传递的，故每个辛平延都与 σ 或 σ^{-1} 共轭，于是所有辛平延属于 $Sp(4,3)'$, 由定理 3.9 即得结论.

下面假定 $m > 2$. 设 $\tau \in Sp(2m,3), \tau = \tau(c, \boldsymbol{v}_1)$. 取 $\boldsymbol{v}_2 \in V$ 使 $(\boldsymbol{v}_1, \boldsymbol{v}_2) = 1$. 于是 $V = \langle \boldsymbol{v}_1, \boldsymbol{v}_2 \rangle \perp W_0$. 再设 $\langle \boldsymbol{v}_3, \boldsymbol{v}_4 \rangle$ 是 W 中任一双曲平面，令 $V_1 = \langle \boldsymbol{v}_1, \boldsymbol{v}_2 \rangle \perp \langle \boldsymbol{v}_3, \boldsymbol{v}_4 \rangle$, 而 $V = V_1 \perp V_2$. 现在令 $\mu = \tau|_{V_1}$(注意 $\mu|_{V_2} = 1$), 前面已证 $\mu \in Sp(4,3)'$. 这时我们可把 V_1 上辛群 $Sp(4,3)$ 同构地嵌入 $Sp(2m,3)$, 这只要对 $a \in Sp(4,3), \boldsymbol{w}_i \in V_i$ $(i = 1,2)$ 规定

$$(\boldsymbol{w}_1 + \boldsymbol{w}_2)^a = \boldsymbol{w}_1^a + \boldsymbol{w}_2.$$

于是在这个嵌入下，可以看出 $\tau \in Sp(2m,3)'$.

(3) $F = GF(2)$: 和 (2) 一样，如果证明了 $Sp(6,2)' = Sp(6,2)$, 就有 $Sp(2m,2)' = Sp(2m,2), m > 3$.

考虑交换群 $Sp(6,2)/Sp(6,2)' = G$. 因为域的特征为 2, 每个辛平延都是 2 阶的. 而 $Sp(6,2)$ 可由辛平延生成，则 G 是初等交换 2 群. 于是 $Sp(6,2)$ 中的任一 3 阶元素全属于 $Sp(6,2)'$. 现在令

$$V = \langle \boldsymbol{v}_1, \boldsymbol{v}_2 \rangle \perp \langle \boldsymbol{v}_3, \boldsymbol{v}_4 \rangle \perp \langle \boldsymbol{v}_5, \boldsymbol{v}_6 \rangle,$$

其中 $(\boldsymbol{v}_1, \boldsymbol{v}_2) = (\boldsymbol{v}_3, \boldsymbol{v}_4) = (\boldsymbol{v}_5, \boldsymbol{v}_6) = 1$, 是双曲平面的正交和，则 V 也有另一双曲平面正交和的分解式:

$$V = \langle \boldsymbol{v}_1, \boldsymbol{v}_2 + \boldsymbol{v}_4 \rangle \perp \langle \boldsymbol{v}_1 + \boldsymbol{v}_3, v_4 \rangle \perp \langle \boldsymbol{v}_5, \boldsymbol{v}_6 \rangle.$$

现在令 τ_1 是 V 的下述线性变换:

$$\boldsymbol{v}_i^{\tau_1} = \boldsymbol{v}_i,\ i = 1,2,5,6, \quad \boldsymbol{v}_3^{\tau_1} = \boldsymbol{v}_3 + \boldsymbol{v}_4, \quad \boldsymbol{v}_4^{\tau_1} = \boldsymbol{v}_3,$$

则 $\tau_1 \in Sp(6,2)$, 且易验证是 3 阶元. 这样 $\tau_1 \in Sp(6,2)'$. 由上面 V 的第二个分解式得线性变换 τ_2:

$$\begin{aligned}
&\boldsymbol{v}_i^{\tau_2} = \boldsymbol{v}_i,\ i = 1,5,6, \quad (\boldsymbol{v}_2 + \boldsymbol{v}_4)^{\tau_2} = \boldsymbol{v}_2 + \boldsymbol{v}_4,\\
&(\boldsymbol{v}_1 + \boldsymbol{v}_3)^{\tau_2} = \boldsymbol{v}_4, \quad \boldsymbol{v}_4^{\tau_2} = \boldsymbol{v}_1 + \boldsymbol{v}_3 + \boldsymbol{v}_4,
\end{aligned}$$

也是 $Sp(6,2)$ 中的 3 阶元 (验证略), 故亦有 $\tau_2 \in Sp(6,2)'$. 于是 $\mu_1 = \tau_1\tau_2 \in Sp(6,2)'$, 且

$$\boldsymbol{v}_i^{\mu_1} = \boldsymbol{v}_i,\ i = 1,3,5,6, \quad \boldsymbol{v}_2^{\mu_1} = \boldsymbol{v}_1 + \boldsymbol{v}_2 + \boldsymbol{v}_3, \quad \boldsymbol{v}_4^{\mu_1} = \boldsymbol{v}_1 + \boldsymbol{v}_4.$$

类似地, 从分解式

$$V = \langle \boldsymbol{v}_1, \boldsymbol{v}_2 \rangle \perp \langle \boldsymbol{v}_5, \boldsymbol{v}_6 \rangle \perp \langle \boldsymbol{v}_3, \boldsymbol{v}_4 \rangle$$

出发, 亦可得 $\mu_2 \in Sp(6,2)'$, 满足

$$\boldsymbol{v}_i^{\mu_2} = \boldsymbol{v}_i,\ i = 1,3,4,5, \quad \boldsymbol{v}_2^{\mu_2} = \boldsymbol{v}_1 + \boldsymbol{v}_2 + \boldsymbol{v}_5, \quad \boldsymbol{v}_6^{\mu_2} = \boldsymbol{v}_1 + \boldsymbol{v}_6.$$

而从分解式

$$V = \langle \boldsymbol{v}_1, \boldsymbol{v}_2 \rangle \perp \langle \boldsymbol{v}_3 + \boldsymbol{v}_5, \boldsymbol{v}_4 \rangle \perp \langle \boldsymbol{v}_5, \boldsymbol{v}_4 + \boldsymbol{v}_6 \rangle$$

出发, 可得 $\mu_3 \in Sp(6,2)'$, 满足

$$\boldsymbol{v}_i^{\mu_3} = \boldsymbol{v}_i,\ i = 1,3,5, \quad \boldsymbol{v}_2^{\mu_3} = \boldsymbol{v}_1 + \boldsymbol{v}_2 + \boldsymbol{v}_3 + \boldsymbol{v}_5,$$
$$\boldsymbol{v}_4^{\mu_3} = \boldsymbol{v}_1 + \boldsymbol{v}_4, \quad \boldsymbol{v}_6^{\mu_3} = \boldsymbol{v}_1 + \boldsymbol{v}_6.$$

令 $\mu = \mu_3\mu_2\mu_1$, 则 $\mu \in Sp(6,2)'$, 且

$$\boldsymbol{v}_i^{\mu} = \boldsymbol{v}_i,\ i = 1,3,4,5,6, \quad \boldsymbol{v}_2^{\mu} = \boldsymbol{v}_1 + \boldsymbol{v}_2.$$

于是 μ 是具有方向向量 $\boldsymbol{v}_1$ 的辛平延: $\boldsymbol{v} \mapsto \boldsymbol{v} + (\boldsymbol{v}_1, \boldsymbol{v})\boldsymbol{v}_1$. 现在设 $\nu \in Sp(6,2)$, 满足 $\boldsymbol{v}_1^{\nu} = \boldsymbol{w}$, 则 $\nu^{-1}\mu\nu$ 是唯一的具有方向向量 $\boldsymbol{w}$ 的辛平延: $\boldsymbol{v} \mapsto \boldsymbol{v} + (\boldsymbol{w}, \boldsymbol{v})\boldsymbol{w}$. (注意域的特征为 2.) 这就得到所有辛平延均属于 $Sp(6,2)'$. 由定理 3.9, 即得 $Sp(6,2)' = Sp(6,2)$. □

定理 3.12 *除 $PSp(2,2)$, $PSp(2,3)$ 和 $PSp(4,2)$ 外, 射影辛群 $PSp(2m,F)$ 是单群.*

证明 由定理 3.6, $PSp(2m,F)$ 可看成 $\mathcal{P} = PG(2m-1,F)$ 上本原置换群. 又由定理 3.11, 除掉指出的例外有 $PSp(2m,F)' = PSp(2m,F)$. 设 $T(\boldsymbol{w})$ 是 V 的所有以 $\boldsymbol{w}$ 为方向向量的辛平延的集合, 令 $\overline{T(\boldsymbol{w})}$ 是 $T(\boldsymbol{w})$ 到 $PSp(2m,F)$ 中的像. 由定理 3.1, $Sp(2m,F)$ 在 V 的非零向

量集合上传递 (为证明这点, 我们要证: 任给两个向量 $\boldsymbol{u}, \boldsymbol{v} \in V$, 存在 $\alpha \in Sp(2m, F)$ 使得 $\boldsymbol{u}^\sigma = \boldsymbol{v}$. 因为 $\tau : \boldsymbol{u} \mapsto \boldsymbol{v}$ 可以线性扩张为一维子空间 $\langle \boldsymbol{u} \rangle$ 到 $\langle \boldsymbol{v} \rangle$ 上的保度量变换, 于是由定理 3.1, 存在 $\sigma \in Sp(2m, F)$ 使得 $\sigma|_{\langle \boldsymbol{u} \rangle} = \tau$, 故 $\boldsymbol{u}^\sigma = \boldsymbol{v}$). 再据定理 3.9, 就有

$$Sp(2m, F) = \langle T(\boldsymbol{w})^\sigma \mid \sigma \in Sp(2m, F) \rangle,$$

于是也有

$$PSp(2m, F) = \langle \overline{T(\boldsymbol{w})}^{\overline{\sigma}} \mid \overline{\sigma} \in PSp(2m, F) \rangle.$$

又 $\overline{T(\boldsymbol{w})}$ 在点 $\langle \boldsymbol{w} \rangle$ 的稳定子群中是正规的, 故由引理 1.13, 得 $PSp(2m, F)$ 是单群. □

上面定理中有三个例外的群. 由定理 3.4 和定理 1.15, 得 $PSp(2, 2) \cong PSL(2, 2) \cong S_3, PSp(2, 3) \cong PSL(2, 3) \cong A_4$. 下面的定理决定了第三个例外的群 $PSp(4, 2) \cong S_6$. (因为 $PSp(4, 2) \cong Sp(4, 2)$.)

定理 3.13　$Sp(4, 2) \cong S_6$.

证明　设 V 是 $GF(2)$ 上 4 维非退化辛空间, 则可设

$$V = \langle \boldsymbol{v}_1, \boldsymbol{v}_2 \rangle \perp \langle \boldsymbol{x}_3, \boldsymbol{x}_4 \rangle, \quad (\boldsymbol{v}_1, \boldsymbol{v}_2) = (\boldsymbol{x}_3, \boldsymbol{x}_4) = 1.$$

对于双曲元偶 $\{\boldsymbol{v}_1, \boldsymbol{v}_2\}$, 设 $\boldsymbol{v} = a\boldsymbol{v}_1 + b\boldsymbol{v}_2 + c\boldsymbol{x}_3 + d\boldsymbol{x}_4$, 且 $(\boldsymbol{v}_1, \boldsymbol{v}) = 1$, $(\boldsymbol{v}_2, \boldsymbol{v}) = 1$, 则由实际计算知必有 $a = b = 1$. 因此只有

$$\boldsymbol{v}_3 = \boldsymbol{v}_1 + \boldsymbol{v}_2 + \boldsymbol{x}_3, \quad \boldsymbol{v}_4 = \boldsymbol{v}_1 + \boldsymbol{v}_2 + \boldsymbol{x}_4, \quad \boldsymbol{v}_5 = \boldsymbol{v}_1 + \boldsymbol{v}_2 + \boldsymbol{x}_3 + \boldsymbol{x}_4$$

满足上述性质. 又对这样的 $\boldsymbol{v}_3, \boldsymbol{v}_4, \boldsymbol{v}_5$, 它们中任意两个的内积也为 1. 这使集合 $S = \{\boldsymbol{v}_1, \cdots, \boldsymbol{v}_5\}$ 中任两个元素的内积 $(\boldsymbol{v}_i, \boldsymbol{v}_j) = 1, i \neq j$. 上述计算过程也告诉我们, 满足上述性质的向量集合 $\{\boldsymbol{v}_3, \boldsymbol{v}_4, \boldsymbol{v}_5\}$ 是唯一确定的. 换句话说, 从任一双曲元偶 $\{\boldsymbol{u}, \boldsymbol{v}\}$ 出发, 都存在唯一的由三个向量组成的集合 $\{\boldsymbol{x}, \boldsymbol{y}, \boldsymbol{z}\}$, 使得五元集合 $\{\boldsymbol{u}, \boldsymbol{v}, \boldsymbol{x}, \boldsymbol{y}, \boldsymbol{z}\}$ 中的任两个不同向量组成双曲元偶. 因为这样的五元集合包含 20 个 (有序) 双曲元偶, 不同的五元集合又不能包含同一双曲元偶, 而 V 中包含 $(2^4 - 1)2^3 = 120$ 个双曲元偶, 故 V 中存在六个满足上述条件的五元

集合 (S 是其中之一). 由定理 3.1, $Sp(4,2)$ 在所有双曲元偶的集合上是传递的, 因而在这六个五元集合上作用也是传递的, 因此 $Sp(4,2)$ 可同态地映到 S_6 的一个子群上. 令这个作用的核是 K, 则 K 中元素必保持上面的集 S 和下述集 S' 不动:

$$S' = \{\boldsymbol{x}_3, \boldsymbol{x}_4, \boldsymbol{v}_1 + \boldsymbol{x}_3 + \boldsymbol{x}_4, \boldsymbol{v}_2 + \boldsymbol{x}_3 + \boldsymbol{x}_4, \boldsymbol{v}_1 + \boldsymbol{v}_2 + \boldsymbol{x}_3 + \boldsymbol{x}_4\},$$

其中 S' 也是有上述性质的子集. 因此 K 也保持 $S \cap S' = \{\boldsymbol{v}_1 + \boldsymbol{v}_2 + \boldsymbol{x}_3 + \boldsymbol{x}_4\}$ 不动. 再据定理 3.1, $Sp(4,2)$ 在 V 的全体非零向量上是传递的, 故 K 保持 V 中所有元素不动, 即 $K = 1$. 于是 $Sp(4,2)$ 同构于 S_6 的子群. 比较阶即得 $Sp(4,2) \cong S_6$. □

习　题

1. 设 V 是 F 上非退化辛空间, f 是 V 上非零线性型, 则存在 $\boldsymbol{0} \neq \boldsymbol{w} \in V$ 使 $f(\boldsymbol{v}) = (\boldsymbol{w}, \boldsymbol{v})$, $\forall \boldsymbol{v} \in V$.

2. 设 G 在 Ω 上传递但非本原, $i \in \Omega$, 则 G 的包含 i 的非本原集 Δ 必为 G_i 的若干轨道的并.

3. 证明 $SL(2,3)$ 的 Sylow 2 子群同构于四元数群.

4. 证明定理 1.15(3).

5. 证明 $PGL(2,9) \ncong S_6$.

6. 设 V 是 $GF(q)$ 上 $2m$ 维非退化辛空间, 问 V 有多少个 m 维的迷向子空间?

7. 设 V 是 $2m$ 维非退化辛空间, 有双曲平面的正交分解:

$$V = \langle \boldsymbol{v}_1, \boldsymbol{w}_1 \rangle \perp \cdots \perp \langle \boldsymbol{v}_m, \boldsymbol{w}_m \rangle, \ \ (\boldsymbol{v}_i, \boldsymbol{w}_i) = 1, \ i = 1, \cdots, m.$$

设 τ 是 V 的保度量变换, 满足 $\boldsymbol{v}_i^\tau = \boldsymbol{v}_i, i = 1, \cdots, m$. 则必有

$$\boldsymbol{w}_i^\tau = \sum_{j=1}^{m} a_{ij} \boldsymbol{v}_j + \boldsymbol{w}_i, \ \ 其中\ a_{ij} = a_{ji}.$$

8. 设 τ 是 $Sp(2m, F)$ 的 2 阶元素.

(1) 若 $\operatorname{char} F \neq 2$, 则存在 V 的正交分解 $V = V_1 \perp V_2$ 使 $\boldsymbol{v}_1^\tau = \boldsymbol{v}_1, \boldsymbol{v}_2^\tau = -\boldsymbol{v}_2, \forall\ \boldsymbol{v}_1 \in V_1, \boldsymbol{v}_2 \in V_2$;

(2) 若 $\operatorname{char} F = 2$, 则存在 V 的 m 维迷向子空间 W 使 $\boldsymbol{w}^7 = \boldsymbol{w}$, $\forall \boldsymbol{w} \in W$.

9. 设 $F = GF(2)$, $V = V(2, F)$ 为 F 上二次线性空间, $\{\boldsymbol{u}, \boldsymbol{v}\}$ 为一组基. 定义 V 上的对称双线性型 f, 使得 f 的度量矩阵为 $\mathbf{M}(f) = \begin{pmatrix} 0 & 1 \\ 1 & 0 \end{pmatrix}$. 则下面的 Q_1, Q_2 和 Q_3 都是与 f 相伴的二次型:

$$Q_1(\boldsymbol{u}) = 1, \quad Q_1(\boldsymbol{v}) = 0, \quad Q_1(\boldsymbol{u} + \boldsymbol{v}) = 0;$$

$$Q_2(\boldsymbol{u}) = 0, \quad Q_2(\boldsymbol{v}) = 1, \quad Q_2(\boldsymbol{u} + \boldsymbol{v}) = 0;$$

$$Q_3(\boldsymbol{u}) = 0, \quad Q_3(\boldsymbol{v}) = 0, \quad Q_3(\boldsymbol{u} + \boldsymbol{v}) = 1.$$

10. 设 V 是有限域 F 上 $2m + 1$ 维正交空间, 则 $\operatorname{char} F \neq 2$.

11. 若 V 为正交空间且 $\operatorname{char} F \neq 2$, 则 V 或有标准正交基, 或有正交基 $\{\boldsymbol{v}_1, \boldsymbol{v}_2, \cdots, \boldsymbol{v}_n\}$, 其中 $(\boldsymbol{v}_i, \boldsymbol{v}_i) = 1$, $1 \leqslant i \leqslant n - 1$, 且 $(\boldsymbol{v}_n, \boldsymbol{v}_n) = k$, k 为 F 中非平方元.

12. 若 V 为有限域 F 上的正交空间且 $\dim V \geqslant 3$ 或 V 为西空间且 $\dim V \geqslant 2$, 则 V 中有奇异向量.

习题解答与提示

第 1 章习题

1. 提示: 根据模的定义验证.

2. 提示: 根据模的定义验证.

3. 提示: 验证 SI 对于减法和 R 的作用封闭.

4. 提示: 首先证明商环 $R/\mathrm{Ann}_R M$ 在 M 上的作用 $x\bar{r} = xr$ 良定义 (即此作用与 $\bar{r}$ 的代表选取无关). 再验证 M 作为 $R/\mathrm{Ann}_R M$ 模的零化子

$$\mathrm{Ann}_{(R/\mathrm{Ann}_R M)} M$$

只含一个元素 $\{\bar{0}\}$.

5. 提示: 有理数域 $\mathbb{Q}$ 作为加法群不是有限生成的, 但是它作为自身上的模由 $\{1\}$ 生成.

6. 提示: (1) 若 φ 不单, 取 $T = \ker\varphi$, ξ 为 M 上的恒同映射在 T 上的限制, $\eta: T \to M$ 为零同态, 则 $\xi\varphi = \eta\varphi$(为零同态), 但 $\xi \neq \eta$. 反之, 若 φ 单, ξ, η: $T \to M$ 为两个 R 模同态, 满足 $\xi\varphi = \eta\varphi$, 则对于任一 $t \in T$, 有 $(t^{\xi})^{\varphi} = t^{\xi\varphi} = t^{\eta\varphi} = (t^{\eta})^{\varphi}$ 。而 φ 单, 所以 $t^{\xi} = t^{\eta}$. 故 $\xi = \eta$.

(2) 若 φ 不满, 取 $S = \mathrm{coker}\,\varphi = N/\mathrm{im}\,\varphi$, ρ: $N \to S$ 为典范同态, $\theta: N \to S$ 为零同态, 则 $\varphi\rho = \varphi\theta$ 但 $\rho \neq \theta$. 反之, 若 φ 满, ρ, θ: $N \to S$ 为两个 R 模同态, 满足 $\varphi\rho = \varphi\theta$, 则对于任一 $y \in N$, 存在 $x \in M$, 使得 $x^{\varphi} = y$. 于是 $y^{\rho} = x^{\varphi\rho} = x^{\varphi\theta} = y^{\theta}$, 故 $\rho = \theta$.

7. 提示: 类似于群的同态基本定理和两个同构定理的证明.

8. 提示: (1) 设 $x_1, \cdots, x_n$ 为 M 的生成元. 由于 $M^{\varphi} \subseteq MI$, 故 $(x_1^{\varphi}, \cdots, x_n^{\varphi}) = (x_1, \cdots, x_n)\mathbf{A}$, 其中 $\mathbf{A} = (a_{ij})_{n\times n}$ 为 n 阶方阵, $a_{ij} \in I$. 于是 $(x_1, \cdots, x_n)(\varphi\mathbf{I} - \mathbf{A}) = (0, \cdots, 0)$ ($\mathbf{I}$ 为 n 阶单位矩阵). 两端右乘 $\varphi\mathbf{I} - \mathbf{A}$ 的伴随矩阵, 得 $(x_1, \cdots, x_n)(\det(\varphi\mathbf{I} - \mathbf{A})\mathbf{I}) = (0, \cdots, 0)$. $\det(x\mathbf{I} - \mathbf{A})$ 即是所求的 $f(x)$.

(2) 应用 (1) 的结果 (取 $\varphi = 1$ 为 M 上的恒同映射, $I = \mathrm{J}(R)$), 知存在

$a \in \mathrm{J}(R)$, 使得 $M(1+a)=\{0\}$. 而 $1+a$ 为 R 中的可逆元 (否则, $1+a$ 属于某个极大理想 J. 而 $a \in \mathrm{J}(R) \subseteq J$, 故 $1 \in J$, 矛盾). 所以 $M=\{0\}$.

9. 提示: 必要性: 将 M_i 在同构 $M \cong \bigoplus\limits_{i=1}^{n} M_i$ 下的反像与 M_i 等同起来, 无妨设 $M=\bigoplus\limits_{i=1}^{n} M_i$ 为内直和. 令 φ_i 为 M 到 M_i 的投射, 则 φ_i $(1 \leqslant i \leqslant n)$ 即符合要求. 充分性: 由 $\varphi_1+\cdots\varphi_n=\mathrm{id}_M$ 知 $M=\sum\limits_{i=1}^{n}\operatorname{im}\varphi_i$, 再由 $\varphi_i\varphi_j=0(i \neq j)$ 知 $\left(\sum\limits_{j \neq i}\operatorname{im}\varphi_j\right) \cap (\operatorname{im}\varphi_i)=\{0\}$ $(\forall\, i=1,\cdots,n)$. 于是 $M=\bigoplus\limits_{i=1}^{n}\operatorname{im}\varphi_i \cong \bigoplus\limits_{i=1}^{n} M_i$.

10. 提示: 由 $\varphi\varphi=\varphi$ 易知 $\operatorname{im}(1-\varphi)=\ker\varphi$, 再用第 9 题的结果.

11. 提示: 将 R 模 M 的每个元素 x 都视为一个文字 (记为 f_x). 定义自由模 F 为由 $\{f_x | x \in M\}$ 生成的自由 R 模. 定义映射

$$\varphi: F \rightarrow M,$$

$$f_{x_1}a_1+\cdots+f_{x_n}a_n \mapsto x_1a_1+\cdots+x_na_n \quad (a_i \in R).$$

则 $M=\operatorname{im}\varphi$.

12. 提示: 任意两个有理数都是 $\mathbb{Z}$-线性相关的.

13. 提示: 对于 $i=1,\cdots,m$, 令 $\varepsilon_i \in R^m$ 为第 i 个分量为 1 其他分量为 0 的元素, 则 $\varepsilon_1,\cdots,\varepsilon_m$ 为 R^m 的一组基. 设 $\varepsilon_i^{\varphi}=\varepsilon_1a_{1i}+\cdots+\varepsilon_ma_{mi}$ $(a_{ij} \in R)$. 如果 φ 是满的, 设 ε_i $(1 \leqslant i \leqslant m)$ 在 φ 下的一反像为 $\eta_i=\varepsilon_1b_{1i}+\cdots+\varepsilon_mb_{mi}$ $(b_{ij} \in R)$. 则 $(\varepsilon_1,\cdots,\varepsilon_m)=(\eta_1^{\varphi},\cdots,\eta_m^{\varphi})=(\varepsilon_1^{\varphi},\cdots,\varepsilon_m^{\varphi})(b_{ij})_{m\times m}=(\varepsilon_1,\cdots,\varepsilon_m)(a_{ij})_{m\times m}(b_{ij})_{m\times m}$. 于是 $(a_{ij})_{m\times m}(b_{ij})_{m\times m}=\mathbf{I}$ ($\mathbf{I}$ 为 m 阶单位矩阵). 所以 φ 可逆, 故 φ 是单的.

如果 φ 是单的, 则 φ 不一定是满的 (例如 $\mathbb{Z}$ 作为自身上的模, 每个数乘以 2.)

14. 提示: 必要性见定理 5.1. 充分性: 设交换幺环 R 上的任一有限生成自由 R 模的子模都是自由模. 首先易见 R 是整环 (如果 r 是 R 的零因子, $r \neq 0$, 则理想 rR 是自由模 R 的子模, 但 rR 中任一非零元素都 R-线性相关, 因此不是自由模). 设 I 为 R 的理想, 则 I 是自由模 R 的子模, 故为自由 R 模. 只要证明 I 的基元素个数等于 1. 假若不然, 设 a,b 为 I 的两个基元素, 则由 $ab+b(-a)=0$(将左端的 ab 视为环 R 中的元素 b 作用在基元素 a 上, $b(-a)$ 视为环 R 中的元素 $-a$ 作用在基元素 b 上) 知 $b(=-a)=0$. 矛盾.

15. **提示**: (1) 用扭元素和模同态的定义直接验证.

(2) 用正合性的定义 (见 §1.7 的开头) 直接验证. 例如, $\ker\psi_{\rm tor}\subseteq {\rm im}\,\varphi_{\rm tor}$ 的证明如下: 设 $y\in\ker\psi_{\rm tor}$, 则 $y^{\psi_{\rm tor}}=0$, 故 $y^{\psi}=0$, 即 $y\in\ker\psi$. 而

$$0\longrightarrow M\stackrel{\varphi}{\longrightarrow}N\stackrel{\psi}{\longrightarrow}T \qquad (*)$$

在 N 处正合, 所以 $\ker\psi={\rm im}\,\varphi$. 故存在 $x\in M$, 使得 $x^{\varphi}=y$. 由于 $y\in N_{\rm tor}$, 所以存在 $a\in R$, $a\neq 0$, 使得 $ya=0$. 于是 $(xa)^{\varphi}=x^{\varphi}a=0$. 再应用序列 $(*)$ 在 M 处的正合性, 即知 $xa=0$, 这意味着 $x\in M_{\rm tor}$. 这就证明了 $y\in{\rm im}\,\varphi_{\rm tor}$, 即有 $\ker\psi_{\rm tor}\subseteq{\rm im}\,\varphi_{\rm tor}$.

(3) 不一定. 例如 $\mathbb{Z}$ 模的典范同态 $\mathbb{Z}\to\mathbb{Z}/2\mathbb{Z}$ 就是反例.

16. **提示**: 对 n 作归纳法. 当 $n=1$ 时结论显然成立. 若 $n=2$, 由于 $(a_1,a_2)=1$, 故存在 $u,v\in R$ 使得 $ua_1+va_2=1$. 取 $y_2=-x_1v+x_2u$, 则 $x_1=yu-y_2a_2$, $x_2=yv+y_2a_1$, 故 y,y_2 生成 M. 设 $n-1$ 时结论为真 $(n\geqslant 3)$. 设 $(a_2,\cdots,a_n)=d$. 令 $a_i=a_i'd$ $(2\leqslant i\leqslant n)$, 则 $(a_2',\cdots,a_n')=1$. 令 $z=x_2a_2'+\cdots+x_na_n'$, 由归纳假设, 存在 $z_3,\cdots,z_n\in M$, 使得 $zR+z_3R+\cdots+z_nR=x_2R+\cdots+x_nR$. 注意 $(a_1,d)=(a_1,(a_2\cdots,a_n))=1$, 而 $y=x_1a_1+zd$, 所以存在 $y'\in M$, 使得 $yR+y'R=x_1R+zR$. 于是 $yR+y'R+z_3R+\cdots+z_nR=x_1R+zR+z_3R+\cdots+z_nR=x_1R+x_2R+\cdots+x_nR=M$. 取 $y_2=z$, $y_i=z_i$ $(3\leqslant i\leqslant n)$ 即可.

17. **提示**: 域上的非零模都是自由的, 所以这里的主理想整环 R 都不是域. 必要性: 无限生成的扭 R 模 M 显然是可约的. 故 M 不可约蕴含 M 有限生成. 由主理想整环上有限生成模的结构定理即知不可约扭模是阶理想为非零素理想的循环模. 充分性: 显然.

18. **提示**: $392=2^3\times 7^2$. 交换群就是 $\mathbb{Z}$ 模. 根据定理 5.22, 互不同构的 392 阶交换群有以下六种:

$$\begin{aligned}&\mathbb{Z}/392\mathbb{Z},\quad \mathbb{Z}/7\mathbb{Z}\oplus\mathbb{Z}/56\mathbb{Z},\quad \mathbb{Z}/2\mathbb{Z}\oplus\mathbb{Z}/196\mathbb{Z},\quad \mathbb{Z}/14\mathbb{Z}\oplus\mathbb{Z}/28\mathbb{Z},\\ &\mathbb{Z}/2\mathbb{Z}\oplus\mathbb{Z}/2\mathbb{Z}\oplus\mathbb{Z}/98\mathbb{Z},\qquad \mathbb{Z}/2\mathbb{Z}\oplus\mathbb{Z}/14\mathbb{Z}\oplus\mathbb{Z}/14\mathbb{Z}.\end{aligned}$$

19. **提示**: 记

$$\mathbf{J}_2=\begin{pmatrix}1&1\\0&1\end{pmatrix},\quad \mathbf{J}_3=\begin{pmatrix}1&1&0\\0&1&1\\0&0&1\end{pmatrix},$$

则以 $(x-1)^3$ 为极小多项式的 7 阶 Jordan 标准形矩阵有以下四种准对角阵:

$$\begin{pmatrix} 1 & & \\ & \mathbf{J}_3 & \\ & & \mathbf{J}_3 \end{pmatrix}, \quad \begin{pmatrix} \mathbf{J}_2 & & \\ & \mathbf{J}_2 & \\ & & \mathbf{J}_3 \end{pmatrix},$$

$$\begin{pmatrix} 1 & & & \\ & 1 & & \\ & & \mathbf{J}_2 & \\ & & & \mathbf{J}_3 \end{pmatrix}, \quad \begin{pmatrix} 1 & & & & \\ & 1 & & & \\ & & 1 & & \\ & & & 1 & \\ & & & & \mathbf{J}_3 \end{pmatrix}.$$

20. **提示**: 所需要的范畴 $\mathfrak{C}$ 的对象是图表 $M\times N\stackrel{\varphi}{\longrightarrow}T$, 其中 T 为 R 模, φ 为 R-双线性映射; 由对象 $M\times N\stackrel{\varphi}{\longrightarrow}T$ 到对象 $M\times N\stackrel{\psi}{\longrightarrow}S$ 的态射集合是满足 $\varphi\rho=\psi$ 的 R 模同态 $\rho: T\to S$ 的全体.

21. **提示**: (1) 易见

$$\begin{aligned} \varphi:\ \mathbb{Z}/m\mathbb{Z}\times\mathbb{Z}/n\mathbb{Z} &\to \mathbb{Z}/(m,n)\mathbb{Z}, \\ (\bar{a},\bar{b}) &\mapsto \overline{ab} \end{aligned}$$

是 $\mathbb{Z}$-双线性映射, 故

$$\begin{aligned} \sigma:\ \mathbb{Z}/m\mathbb{Z}\otimes_{\mathbb{Z}}\mathbb{Z}/n\mathbb{Z} &\to \mathbb{Z}/(m,n)\mathbb{Z}, \\ \bar{a}\otimes\bar{b} &\mapsto \overline{ab} \end{aligned}$$

是 $\mathbb{Z}$ 模同态. 定义

$$\begin{aligned} \tau:\ \mathbb{Z}/(m,n)\mathbb{Z} &\to \mathbb{Z}/m\mathbb{Z}\otimes_{\mathbb{Z}}\mathbb{Z}/n\mathbb{Z}, \\ \bar{a} &\mapsto \bar{1}\otimes\bar{a}. \end{aligned}$$

容易看出 τ 是良定义的 (事实上, 存在整数 u, v, 使得 $um+vn=(m,n)$, 于是在 $\mathbb{Z}/m\mathbb{Z}\otimes_{\mathbb{Z}}\mathbb{Z}/n\mathbb{Z}$ 中有

$$\bar{1}\otimes\overline{(m,n)}=\bar{1}\otimes\overline{um+vn}=\bar{1}\otimes m\bar{u}=m\bar{1}\otimes\bar{u}=\bar{m}\otimes\bar{u}=\bar{0}\otimes\bar{u}=0).$$

又易见 τ 是 $\mathbb{Z}$ 模同态, 且与 σ 互逆, 故 σ 是 $\mathbb{Z}$ 模同构.

(2) 类似于第 (1) 小题, $\sigma: A\otimes_{\mathbb{Z}}\mathbb{Z}/n\mathbb{Z}\to A/nA$ ($(a\otimes m)^\sigma=\overline{ma}$) 是 $\mathbb{Z}$ 模同态, $\tau: A/nA\to A\otimes_{\mathbb{Z}}\mathbb{Z}/n\mathbb{Z}$ ($\bar{a}^\tau=a\otimes\bar{1}$) 是良定义的 $\mathbb{Z}$ 模同态, 且与 σ 互逆.

(3) 应用有限生成交换群的结构定理 (定理 5.22) 、张量积对于直和的分配律以及第 (1), (2) 小题的结果 (在第 (2) 小题中取 $A=\mathbb{Z}$).

22. 提示: $\bar{1}^\varphi=\bar{2}\in\mathbb{Z}/4\mathbb{Z}$. $\bar{1}\otimes\bar{1}$ 是 $\mathbb{Z}/2\mathbb{Z}\otimes_{\mathbb{Z}}\mathbb{Z}/2\mathbb{Z}$ 的 $\mathbb{Z}$ 模生成元, 而 $(\bar{1}\otimes\bar{1})^{\mathrm{id}\otimes\varphi}=\bar{1}\otimes\bar{2}=\bar{1}\otimes 2\bar{1}=2\bar{1}\otimes\bar{1}=\bar{2}\otimes\bar{1}=0\otimes\bar{1}=0$.

23. 提示: 由于

$$V_1\otimes_F V_2=\left(\bigoplus_{i=1}^n\varepsilon_iF\right)\otimes\left(\bigoplus_{j=1}^m\eta_jF\right)=\bigoplus_{i=1}^n\bigoplus_{j=1}^m(\varepsilon_i\otimes\eta_j)F,$$

故 $\{\varepsilon_i\otimes\eta_j|1\leqslant i\leqslant n,1\leqslant j\leqslant m\}$ 是 $V_1\otimes_F V_2$ 的一组 F-生成元. 而由 $V_1\times V_2$ 到 F 的双线性函数构成的 F-线性空间的维数等于 nm, 所以 $\dim_F V_1\otimes_F V_2=nm$. 于是 $\{\varepsilon_i\otimes\eta_j|1\leqslant i\leqslant n,1\leqslant j\leqslant m\}$ 是 $V_1\otimes_F V_2$ 的一组 F-基. $(\varepsilon_i\otimes\eta_j)^{A\otimes B}=\varepsilon_i^A\otimes\eta_j^B=\left(\sum\limits_{k=1}^n\varepsilon_ka_{ki}\right)\otimes\left(\sum\limits_{l=1}^m\eta_lb_{lj}\right)=\sum\limits_{k=1}^n\sum\limits_{l=1}^m(\varepsilon_k\otimes\eta_l)a_{ki}b_{lj}$. 由线性变换在一组基下的矩阵的定义知 $A\otimes B$ 在基 $\varepsilon_1\otimes\eta_1,\varepsilon_1\otimes\eta_2,\cdots,\varepsilon_1\otimes\eta_m,\varepsilon_2\otimes\eta_1,\cdots,\varepsilon_n\otimes\eta_m$ 下的矩阵为

$$\begin{pmatrix} a_{11}\mathbf{B} & a_{12}\mathbf{B} & \cdots & a_{1n}\mathbf{B}\\ a_{21}\mathbf{B} & a_{22}\mathbf{B} & \cdots & a_{2n}\mathbf{B}\\ \vdots & \vdots & & \vdots\\ a_{n1}\mathbf{B} & a_{n2}\mathbf{B} & \cdots & a_{nn}\mathbf{B}\end{pmatrix}.$$

24. 提示: 记 R 的极大理想 (即 Jacobson 根 (见第 8 题第 (2) 小题)) 为 J, 则 M/MJ 和 N/NJ 是 $F=R/J$ 模. 而 F 是域, 所以 M/MJ 和 N/NJ 是 F 上的线性空间. 由 $M\otimes N=\{0\}$ 知 $M/MJ\otimes_F N/NJ=\{0\}$. 所以 $M/MJ=\{0\}$ 或 $N/NJ=\{0\}$. 由 Nakayama 引理即知 $M=\{0\}$ 或 $N=\{0\}$.

25. 提示: (1) 定义映射 $\Phi:\mathrm{Hom}_R\left(\bigoplus\limits_{i\in I}M_i,N\right)\to\prod\limits_{i\in I}\mathrm{Hom}_R(M_i,N)$ 如下: 对于 $i\in I$, 以 p_i 记 M_i 到 $\bigoplus\limits_{i\in I}M_i$ 的嵌入. 对于任一由 $\bigoplus\limits_{i\in I}M_i$ 到 N 的同态 φ, 令 $\varphi^\Phi\left(\in\prod\limits_{i\in I}\mathrm{Hom}_R(M_i,N)\right)$ 的 i 分量为 $p_i\varphi$. 易验证 Φ 是交换群同

态. 再定义映射

$$\Psi : \prod_{i\in I} \mathrm{Hom}_R(M_i, N) \to \mathrm{Hom}_R\Big(\bigoplus_{i\in I} M_i, N\Big)$$

如下: 对于 $\{\psi_i\}_{i\in I} \in \prod_{i\in I} \mathrm{Hom}_R(M_i, N)$, $\{x_i\}_{i\in I} \in \bigoplus_{i\in I} M_i$, 令

$$(\{x_i\}_{i\in I})^{((\{\psi_i\}_{i\in I})^{\Psi})} = \sum_{i\in I} x_i^{\psi_i}.$$

(由于只有有限多个 i 使得 $x_i \neq 0$, 故此式右端的求和有意义). 易验证 Ψ 是交换群同态, 且与 Φ 互逆.

(2) 定义映射 $\Theta : \mathrm{Hom}_R\Big(M, \prod_{j\in J} N_j\Big) \to \prod_{j\in J} \mathrm{Hom}_R(M, N_j)$ 如下: 以 q_j 表示 $\prod_{j\in J} N_j$ 到 N_j 的投射. 对于 $\theta : M \to \prod_{j\in J} N_j$, 令 $\theta^{\Theta}\Big(\in \prod_{j\in J} \mathrm{Hom}_R(M, N_j)\Big)$ 的 j 分量为 θq_j. 易验证 Θ 是交换群同态. 再定义映射 $\Xi : \prod_{j\in J} \mathrm{Hom}_R(M, N_j) \to \mathrm{Hom}_R\Big(M, \prod_{j\in J} N_j\Big)$ 如下: 对于 $\xi = \{\xi_j\}_{j\in J} \in \prod_{j\in J} \mathrm{Hom}_R(M, N_j)$, $x \in M$, 令 $x^{(\xi^{\Xi})}\Big(\in \prod_{j\in J} N_j\Big)$ 的 j 分量为 x^{ξ_j}. 易验证 Ξ 是交换群同态, 且与 Θ 互逆.

26. 提示: (1) 设 $x_3 \in M_3$, $x_3^{\varphi_3} = 0$, 则 $x_3^{\varphi_3\beta_3} = 0$. 由于图交换, 故 $x_3^{\alpha_3\varphi_4} = 0$. 而 φ_4 单, 故 $x_3^{\alpha_3} = 0$, 即 $x_3 \in \ker\alpha_3 = \mathrm{im}\,\alpha_2$, 故存在 $x_2 \in M_2$, 使得 $x_2^{\alpha_2} = x_3$. 于是 $x_2^{\varphi_2\beta_2} = x_2^{\alpha_2\varphi_3} = x_3^{\varphi_3} = 0$. 即 $x_2^{\varphi_2} \in \ker\beta_2 = \mathrm{im}\,\beta_1$. 故存在 $y_1 \in N_1$, 使得 $y_1^{\beta_1} = x_2^{\varphi_2}$. 而 φ_1 满, 所以存在 $x_1 \in M_1$, 使得 $x_1^{\varphi_1} = y_1$. 于是 $x_2^{\varphi_2} = y_1^{\beta_1} = x_1^{\varphi_1\beta_1} = x_1^{\alpha_1\varphi_2}$. 而 φ_2 单, 所以 $x_2 = x_1^{\alpha_1}$. 于是 $x_3 = x_2^{\alpha_2} = x_1^{\alpha_1\alpha_2} = 0$. 这就证明了 φ_3 单.

(2) 对于任一 $y_3 \in N_3$, 令 $y_4 = y_3^{\beta_3}$. 由于 φ_4 满, 故存在 $x_4 \in M_4$, 使得 $x_4^{\varphi_4} = y_4$. 于是 $x_4^{\alpha_4\varphi_5} = x_4^{\varphi_4\beta_4} = y_4^{\beta_4} = y_3^{\beta_3\beta_4} = 0$. 而 φ_5 单, 故 $x_4^{\alpha_4} = 0$, 即 $x_4 \in \ker\alpha_4 = \mathrm{im}\,\alpha_3$. 故存在 $x_3 \in M_3$, 使得 $x_3^{\alpha_3} = x_4$. 于是 $x_3^{\varphi_3\beta_3} = x_3^{\alpha_3\varphi_4} = x_4^{\varphi_4} = y_4 = y_3^{\beta_3}$, 即 $(x_3^{\varphi_3} - y_3)^{\beta_3} = 0$, 即有 $x_3^{\varphi_3} - y_3 \in \ker\beta_3 = \mathrm{im}\,\beta_2$, 即存在 $y_2 \in N_2$, 使得 $x_3^{\varphi_3} - y_3 = y_2^{\beta_2}$. 由于 φ_2 满, 所以存在 $x_2 \in M_2$, 使得 $x_2^{\varphi_2} = y_2$. 于是 $x_3^{\varphi_3} - y_3 = y_2^{\beta_2} = x_2^{\varphi_2\beta_2} = x_2^{\alpha_2\varphi_3}$, 故 $y_3 = x_3^{\varphi_3} - x_2^{\alpha_2\varphi_3} = (x_3 - x_2^{\alpha_2})^{\varphi_3} \in \mathrm{im}\,\varphi_3$. 这就证明了 φ_3 满.

27. 提示: 首先证明 α' 的定义合理, 即证明

$$(\ker\varphi')^{\alpha} \subseteq \ker\varphi. \tag{1}$$

设 $x' \in \ker\varphi'$, 即 $(x')^{\varphi'} = 0$. 于是 $(x')^{\alpha\varphi} = (x')^{\varphi'\mu} = 0$. 所以 $(x')^{\alpha} \in \ker\varphi$. 这就证明了 (1) 式. 同样 β' 定义合理. 再证明 μ' 良定义, 即证明

$$(\operatorname{im}\varphi')^{\mu} \subseteq \operatorname{im}\varphi. \tag{2}$$

设 $y' \in \operatorname{im}\varphi'$, 即存在 $x' \in M'$, 使得 $(x')^{\varphi'} = y'$. 于是 $(y')^{\mu} = (x')^{\varphi'\mu} = (x')^{\alpha\varphi} \in \operatorname{im}\varphi$. 这就证明了 (2) 式. 同样 ν' 良定义.

定义映射 δ 如下: 对于 $x'' \in \ker\varphi''$, 取 $x \in M$, 使得 $x^{\beta} = x''$. 则 $x^{\varphi\nu} = x^{\beta\varphi''} = x''^{\varphi''} = 0$, 故 $x^{\varphi} \in \ker\nu = \operatorname{im}\mu$. 于是存在 (唯一的) $y' \in N'$, 使得 $(y')^{\mu} = x^{\varphi}$. 定义 $(x'')^{\delta} = \overline{y'} = y' + \operatorname{im}\varphi'$. 验证 δ 良定义. 注意此定义中仅有 x 的选取是不确定的. 设又有 $x_1 \in M$, 使得 $x_1^{\beta} = x''$, 设 $y_1' \in N'$, 使得 $(y_1')^{\mu} = x_1^{\varphi}$. 只要说明 $\overline{y_1'} = \overline{y'}$. 事实上, 由于 $x_1^{\beta} = x'' = x^{\beta}$, 所以 $x_1 - x \in \ker\beta = \operatorname{im}\alpha$, 故存在 $u \in M'$, 使得 $u^{\alpha} = x_1 - x$. 于是 $(y_1')^{\mu} - (y')^{\mu} = x_1^{\varphi} - x^{\varphi} = u^{\alpha\varphi} = u^{\varphi'\mu}$. 而 μ 是单射, 所以 $y_1' - y' = u^{\varphi'} \in \operatorname{im}\varphi'$, 即 $\overline{y_1'} = \overline{y'}$.

现在证明序列 (*) 正合. 序列 (*) 在 $\ker\varphi'$ 处的正合性来自于 α 是单射.

在 $\ker\varphi$ 处, 由 $\alpha\beta = 0$ 知 $\alpha'\beta' = 0$, 即 $\operatorname{im}\alpha' \subseteq \ker\beta'$. 反之, 设 $x \in \ker\beta'$, 则 $x \in \ker\beta = \operatorname{im}\alpha$, 即存在 $x' \in M'$, 使得 $(x')^{\alpha} = x$. 由于 $x \in \ker\varphi$, 所以 $(x')^{\varphi'\mu} = (x')^{\alpha\varphi} = x^{\varphi} = 0$. 而 μ 是单射, 故 $(x')^{\varphi'} = 0$, 即 $x' \in \ker\varphi'$, 其中 $x'^{\alpha'} = x'^{\alpha} = x$. 这就证明了 $\ker\beta' \subseteq \operatorname{im}\alpha'$. 所以序列 (*) 在 $\ker\varphi$ 处正合.

在 $\ker\varphi''$ 处, 先证 $\operatorname{im}\beta' \subseteq \ker\delta$. 设 $x'' \in \operatorname{im}\beta'$, 即存在 $x \in \ker\varphi$, 使得 $x^{\beta'}(= x^{\beta}) = x''$. 由于 $x^{\varphi} = 0$, 依 δ 的定义, 可以取 $y' = 0 \in N'$(使得 $(y')^{\mu} = x^{\varphi}$), 即 $(x'')^{\delta} = \bar{0} \in \operatorname{coker}\varphi'$. 这就证明了 $\operatorname{im}\beta' \subseteq \ker\delta$. 反之, 设 $x'' \in \ker\delta$. 这就是说: 若 $x \in M$ 满足 $x^{\beta} = x''$, $y' \in N'$ 满足 $(y')^{\mu} = x^{\varphi}$, 则 $y' \in \operatorname{im}\varphi'$. 于是存在 $x' \in M'$, 使得 $(x')^{\varphi'} = y'$. 所以 $(x')^{\alpha\varphi} = (x')^{\varphi'\mu} = (y')^{\mu} = x^{\varphi}$, 即有 $x - (x')^{\alpha} \in \ker\varphi$. 于是 $x'' = x^{\beta} = (x - (x')^{\alpha})^{\beta} = (x - (x')^{\alpha})^{\beta'} \in \operatorname{im}\beta'$. 这就证明了 $\ker\delta \subseteq \operatorname{im}\beta'$. 故序列 (*) 在 $\ker\varphi''$ 处正合.

在 $\operatorname{coker}\varphi'$ 处, 先证 $\operatorname{im}\delta \subseteq \ker\mu'$. 设 $\overline{y'} \in \operatorname{im}\delta$, 即存在 $x'' \in \ker\varphi''$, 使得 $(x'')^{\delta} = \overline{y'}$. 这就是说, 如果 $x \in M$ 满足 $x^{\beta} = x''$, 则存在陪集 $\overline{y'}$ 的一个代表 $y' \in N'$ 满足 $(y')^{\mu} = x^{\varphi}$. 于是 $\overline{y'}^{\mu'} = \overline{(y')^{\mu}} = \bar{0} \in N'/\operatorname{im}\varphi = \operatorname{coker}\varphi$. 所以 $\operatorname{im}\delta \subseteq \ker\mu'$. 反之, 设 $\overline{y'} \in \ker\mu'$, 即 $(y')^{\mu} \in \operatorname{im}\varphi$($y'$ 为陪集 $\overline{y'}$ 的任一代表). 即存在 $x \in M$, 使得 $x^{\varphi} = (y')^{\mu}$. 只要证明 $x^{\beta} \in \ker\varphi''$(如此, 则 $\overline{y'} = (x^{\beta})^{\delta} \in \operatorname{im}\delta$). 事实上, $(x^{\beta})^{\varphi''} = (x^{\varphi})^{\nu} = ((y')^{\mu})^{\nu} = 0$, 故 $x^{\beta} \in \ker\varphi''$. 这就证明了 $\ker\mu' \subseteq \operatorname{im}\delta$. 故序列 (*) 在 $\operatorname{coker}\varphi'$ 处正合.

在 $\operatorname{coker}\varphi$ 处, 由 $\operatorname{im}\mu \subseteq \ker\nu$ 易知 $\operatorname{im}\mu' \subseteq \ker\nu'$. 反之, 设 $\bar{y} \in \ker\nu'$, 即 $y^\nu \in \operatorname{im}\varphi''$($y \in N$ 为陪集 $\bar{y}$ 的代表), 即存在 $x'' \in M''$, 使得 $(x'')^{\varphi''} = y^\nu$. 由于 β 满, 故存在 $x \in M$, 使得 $x^\beta = x''$. 于是 $y^\nu = (x'')^{\varphi''} = x^{\beta\varphi''} = x^{\varphi\nu}$. 所以 $y - x^\varphi \in \ker\nu = \operatorname{im}\mu$, 即存在 $y' \in N'$ 使得 $y - x^\varphi = (y')^\mu$. 所以 $\bar{y} = \overline{y - x^\varphi} = \overline{(y')^\mu} = \overline{y'}^{\mu'} \in \operatorname{im}\mu'$. 这就证明了 $\ker\nu' \subseteq \operatorname{im}\mu'$. 故序列 (*) 在 $\operatorname{coker}\varphi$ 处正合.

最后, 由 ν 是满射知序列 (*) 在 $\operatorname{coker}\varphi$ 处正合.

28. **提示**: (1)⇒(2). 由 (1) 知 $\operatorname{Hom}(P, \bullet)$ 是右正合函子, 而 $\varphi: M \xrightarrow{\varphi} P \to 0$ 正合, 故 $\operatorname{Hom}(P, M) \xrightarrow{\varphi_*} \operatorname{Hom}(P, P) \to 0$ 正合. 于是, 对于 $\mathrm{id}_P \in \operatorname{Hom}(P, P)$, 存在 $\psi \in \operatorname{Hom}(P, M)$, 使得 $\psi^{\varphi_*} = \mathrm{id}_P$, 即 $\psi\varphi = \mathrm{id}_P$.

(2)⇒(3). 由 11 题知 P 是某个自由 R 模 F 的同态像, 即存在满同态 $\varphi: F \to P$. 于是存在模同态 $\psi: P \to F$, 使得 $\psi\varphi = \mathrm{id}_P$. 记 $K = \ker\varphi$, 易见 $F = K \oplus P$(外直和). 事实上, 对于任一 $x \in F$, 令 $p = x^\varphi$, 则 $(x - p^\psi)^\varphi = x^\varphi - p^{\psi\varphi} = p - p = 0$. 故 $x - p^\psi \in K$. 这说明 $F = K + P^\psi$. 此外, 设 $x \in K \cap P^\psi$, 则 $x^\varphi = 0$ 且 $x = p^\psi$(p 为 P 的某个元素). 于是 $p = p^{\psi\varphi} = x^\varphi = 0$, $x = p^\psi = 0$. 这说明 $K \cap P^\psi = \{0\}$. 故 $F = K \oplus P^\psi$. 注意 $\psi\varphi = \mathrm{id}_P$ 意味着 ψ 为单射, 所以 $P \cong P^\psi$. 于是有 $F = K \oplus P$.

(3)⇒(1). 首先证明自由模是投射模. 设 F 是自由 R 模, $\varphi: M \to N \to 0$ 是 R 模的正合序列, $\alpha: F \to N$ 为模同态. 只要证明存在模同态 $\beta: F \to M$ 使得 $\beta\varphi = \alpha$. 设 S 是 F 的一组 R-基. 由于 φ 是满射, 故对于任一 $s \in S$ ($s^\alpha \in N$), 存在 $x \in M$, 使得 $x^\varphi = s^\alpha$. 令 $\beta: F \to M$, 满足 $s^\beta = x$(由于 S 是 F 的基, 故 F 的任一元素可以唯一地表为 S 中有限多个元素的 R-线性组合, 故 β 在 S 上的定义可以唯一地扩充到 F 上). 由于 S 的元素是 R-线性无关的, 所以 β 是良定义的 R 模同态. 显然有 $\beta\varphi = \alpha$. 这就证明了 F 是投射模. 现在设 P 是自由模 F 的直和因子, $F = P \oplus Q$. 令 π 为 F 到 P 的投射, ι 为 P 到 F 的典范嵌入. 则 $\iota\pi = \mathrm{id}_P$. 设 $\varphi: M \to N \to 0$ 是 R 模的正合序列, $\gamma: P \to N$ 为模同态. 则 $\pi\gamma$ 是 F 到 N 的模同态. 故存在模同态 $\beta: F \to M$, 使得 $\beta\varphi = \pi\gamma$. 于是 $\gamma = (\iota\pi)\gamma = \iota(\pi\gamma) = \iota(\beta\varphi) = (\iota\beta)\varphi$. 这就证明了 P 是投射模.

***29**. **提示**: 此即 N. Jacobson, Basic Algebra II, W.H. Freeman and Company, 1974, 160 页 THEOREM 3.18.

30. **提示**: (1)⇒(2). (将 28 题证明中的 (1)⇒(2) 对偶化) 由 (1) 知

$\mathrm{Hom}(\bullet, J)$ 是右正合函子, 而 $0 \to J \xrightarrow{\varphi} M$ 正合, 故 $\mathrm{Hom}(M, J) \xrightarrow{\varphi^*} \mathrm{Hom}(J, J) \to 0$ 正合. 于是, 对于 $\mathrm{id}_P \in \mathrm{Hom}(J, J)$, 存在 $\psi \in \mathrm{Hom}(M, J)$, 使得 $\psi^{\varphi^*} = \mathrm{id}_J$, 即 $\varphi\psi = \mathrm{id}_J$.

(2)⇒(3). 包含映射 $\iota : J \hookrightarrow M$ 是单同态, 故存在 $\psi : M \to J$, 使得 $\iota\psi = \mathrm{id}_J$. 于是 ψ 为满同态. 同于 29 题中 (2)⇒(3) 的证明, 有 $M = \ker\psi \oplus J$.

(3)⇒(1). (将 28 题证明中的 (3)⇒(1) 对偶化) 由 29 题, J 是某个内射模 Q 的子模, 故 J 是 Q 的直和因子, $Q = J \oplus N$. 令 π 为 Q 到 J 的投射, ι 为 J 到 Q 的典范嵌入. 则 $\iota\pi = \mathrm{id}_J$. 设 φ: $0 \to N \to M$ 是 R 模的正合序列, $\gamma : N \to J$ 为模同态. 则 $\gamma\iota$ 是 N 到 Q 的模同态. 故存在模同态 $\beta : M \to Q$, 使得 $\varphi\beta = \gamma\iota$. 于是

$$\gamma = \gamma(\iota\pi) = \gamma(\iota\pi) = (\varphi\beta)\pi = \varphi(\beta\pi).$$

这就证明了 J 是内射模.

*__31__. **提示**: 我们假定 R 是交换幺环 (以下的证明路线适用于一般幺环上的模). 首先证明: 对于任意 R 模 N, 有 R 模同构

$$\begin{aligned} \varphi_N: \ \Big(\bigoplus_{i\in I} M_i\Big) \otimes_R N \ &\to \ \sum_{i\in I}(M_i \otimes_R N), \\ (x_i) \otimes y \ &\mapsto \ (x_i \otimes y), \end{aligned}$$

其中 $x_i \in M_i$, $(x_i) \in \bigoplus\limits_{i\in I} M_i$, $y \in N$. 事实上, $((x_i), y) \mapsto (x_i \otimes y)$ 定义了由 $\bigoplus\limits_{i\in I} M_i \times N$ 到 $\bigoplus\limits_{i\in I}(M_i \otimes_R N)$ 的双线性映射, 由张量积的定义知 φ_N 是一个良定义的 R 模同态. 反之, 令 ι_i 为 M_i 到 $\bigoplus\limits_{i\in I} M_i$ 的典范嵌入, 则 $\iota_i \otimes \mathrm{id}_N$ 给出由 $M_i \otimes_R N$ 到 $\Big(\bigoplus\limits_{i\in I} M_i\Big) \otimes_R N$ 的模同态. 故存在模同态

$$\begin{aligned} \psi_N: \ \bigoplus_{i\in I}(M_i \otimes_R N) \ &\to \ \Big(\bigoplus_{i\in I} M_i\Big) \otimes_R N, \\ (x_i \otimes y) \ &\mapsto (x_i) \otimes y. \end{aligned}$$

易见 φ_N 和 ψ_N 互逆, 故 φ_N 是模同构.

其次, 容易验证上面的同构 φ 是自然的, 即对于任意的 R 模同态 $\alpha : N \to T$, 下面的图表交换:

$$\begin{array}{ccc} \left(\bigoplus_{i\in I} M_i\right)\otimes_R N & \xrightarrow{\varphi_N} & \bigoplus_{i\in I}(M_i\otimes_R N) \\ \downarrow{\scriptstyle \mathrm{id}\otimes\alpha} & & \downarrow{\scriptstyle \alpha^*} \\ \left(\bigoplus_{i\in I} M_i\right)\otimes_R T & \xrightarrow{\varphi_T} & \bigoplus_{i\in I}(M_i\otimes_R T) \end{array}$$

(其中 α^* 的定义为 $(x_i\otimes y)^{\alpha^*}=(x_i\otimes y^{\alpha})\ \ (x_i\in M_i,\ y\in N)$.)

对于任意的 R 模的单同态 $\alpha: N\to T$, 显然 $\mathrm{id}_{M_i}\otimes\alpha: M_i\otimes_R N\to M_i\otimes_R T$ 都是单射 $(\forall\ i\in I)$ 当且仅当

$$\alpha^*: \bigoplus_{i\in I}(M_i\otimes_R N)\to\bigoplus_{i\in I}(M_i\otimes_R T)$$

是单射. 由同构 φ 的自然性知 α^* 是单射当且仅当

$$\mathrm{id}\otimes\alpha: \left(\bigoplus_{i\in I} M_i\right)\otimes_R N\to\left(\bigoplus_{i\in I} M_i\right)\otimes_R T$$

是单射. 所以 $\bigoplus_{i\in I} M_i$ 是平 R 模当且仅当所有 $M_i(i\in I)$ 都是平 R 模.

32. **提示**: 设 R 是交换幺环, M 为 R 模. 由自然的同构

$$\begin{array}{ccc} R\otimes_R M & \xrightarrow{\approx} & M, \\ a\otimes x & \mapsto & xa \end{array}$$

知 R 作为自身上的模是平模. 而自由 R 模同构于 R 的直和, 由 31 题知自由模是平模. 由 28 题知投射模是自由模的直和因子, 由 31 题知投射模是平模.

第 2 章习题

1. **提示**: 因为群 G 的子集 HK 是由形如 $Hk(k\in K)$ 的 H 的右陪集的并组成, 每个右陪集含有 $|H|$ 个元素, 故为证明定理 0.9 只需证 HK 中含有 $|K:H\cap K|$ 个 H 的右陪集. 由

$$Hk_1=Hk_2\Longleftrightarrow k_1k_2^{-1}\in H,$$

注意到 $k_1k_2^{-1} \in K$, 故

$$
\begin{aligned}
Hk_1 = Hk_2 &\iff k_1k_2^{-1} \in H \cap K \\
&\iff (H \cap K)k_1 = (H \cap K)k_2.
\end{aligned}
$$

因此 HK 中包含 H 的右陪集个数等于 $H \cap K$ 在 K 中的指数 $|K : H \cap K|$, 得证.

2. **提示**: 设 $hak = h'bk' \in HaK \cap HbK$, $h, h' \in H$, $k, k' \in K$. 则 $a = (h^{-1}h')b(k'k^{-1})$, 其中 $h^{-1}h' \in H$, $k'k^{-1} \in K$. 于是有

$$HaK = H(h^{-1}h')b(k'k^{-1})K = HbK.$$

3. **提示**: 因交换群的每个子群是正规的, 故交换单群为没有非平凡子群的群, 即素数阶循环群.

4. **提示**: 诸直因子的生成元的乘积是直积的生成元.

5. **提示**: 反例可在 S_3 中找到.

6. **提示**: 对任意的 $g \in G$, 有 $g^{-1}ag$ 仍为 2 阶元素, 于是有 $g^{-1}ag = a$.

7. **提示**: 由 $Ha = Kb$ 有 $H = Kba^{-1}$. 于是 Kba^{-1} 是子群. 这样存在 $k \in K$ 满足 $1 = kba^{-1}$, 于是 $ba^{-1} \in K$, 即 $H = K$.

8. **提示**: 显然, 只需证 $AB \cap C \subseteq A(B \cap C)$. 设 $x \in AB \cap C$. 可令 $x = ab$, 其中 $a \in A$, $b \in B$. 因为 $x, a \in C$, 故 $b = a^{-1}x \in C$, 于是 $b \in B \cap C$. 得证.

9. **提示**: 利用上题有

$$A = A(A \cap C) = A(B \cap C) = B \cap AC = B \cap BC = B.$$

10. **提示**: 在 G 到 G/N 上的自然同态下, g 的像是 1.

11. **提示**: 证明阶为 $|H|$ 的子群是唯一的.

12. **提示**: 由定义验证.

13. **提示**: 由 $\mathrm{Aut}(G)=1$ 得 $\mathrm{Inn}(G)=1$. 由命题 1.1, $G = Z(G)$, 即 G 是交换群. 于是映射 $g \mapsto g^{-1}, \forall g \in G$ 是 G 的自同构. 由 $\mathrm{Aut}(G)=1$ 推知 $g = g^{-1}, \forall g \in G$, 即 $\exp G \leqslant 2$. 把 G 看成 $GF(2)$ 上的向量空间的加法群 (运算看做加法), 证明若该空间的维数 $\geqslant 2$, 则 G 有非恒等的自同构.

14. **提示**: 设 $|G : H| = n$. 考虑 G 在 H 的右陪集的集合上的传递置换表示 $P : g \mapsto P(g), \forall g \in G$, 而 $(Hx)^{P(g)} = Hxg$. 这时 G 在 P 下的像 $P(G)$ 是 S_n 的子群, 它是有限群. 于是表示的核是 G 的有限指数的正规子群.

15. 提示: 设 $N = N_G(H)$, 则 $H \trianglelefteq N$ 且 $|N:H|$ 是 $|G:H| = n$ 的因子. 做商群 N/H, 有 $|N/H|\big|n$. 因为 $z \in Z(G)$, 自然有 $z \in N$, 于是 $z^n \in H$.

16. 提示: 把划分 $n_1 + n_2 + \cdots + n_s = n$ 对应于 S_n 中所有其轮换分解式具有形状 $(i_1 \cdots i_{n_1})(i_{n_1+1} \cdots i_{n_1+n_2}) \cdots (i_{n-n_s+1} \cdots i_n)$ 的置换全体组成的集合. 则由命题 0.25(2) 易见它们组成 S_n 的一个共轭类. 反之, 任二轮换分解式具有上述形状的元素均在 S_n 中共轭.

17. 提示: S_5 的共轭类由 5 的划分来决定. 5 有以下划分: $5, 4+1, 3+2, 3+1+1, 2+2+1, 2+1+1+1, 1+1+1+1+1$. 它们对应的共轭类代表元为 (12345), (1234), (123)(45), (123), (12)(34), (12), 和单位元 1. 为计算诸共轭类的长度, 先要算出诸共轭类代表元的中心化子, 其指数即为该共轭类的长度. 经计算得诸共轭类的长度为 24, 30, 20, 20, 15, 10, 1. 因为 A_5 是正规子群, 它由 S_5 中的偶置换的共轭类组成, 即代表元为 (12345), (123), (12)(34), 和单位元 1 的共轭类. 计算这些代表元在 A_5 中的中心化子, 发现除 (12345) 所代表的 S_5 的共轭类分裂为两个长度为 12 的共轭类外, 其余代表元所代表的 S_5 的共轭类也是 A_5 的共轭类. 即 A_5 的诸共轭类的长度为 12, 12, 20, 15, 1. 为证明 A_5 是单群, 设 H 是 A_5 的非平凡正规子群. 则 H 由 A_5 的若干共轭类组成 (包含共轭类 $\{1\}$), 且 $|H|$ 是 60 的因子. 证明这是不可能的.

18. 提示: 穷举 Q_8 的所有子群.

19. 提示: 设 $D_{2^{n+1}} \cong G = \langle a, b \,|\, a^{2^n} = b^2 = 1, bab = a^{-1} \rangle$, N 是 G 的非循环真正规子群. 于是可设 $ba^i \in N$, $1 \leqslant i \leqslant 2^n$. 由 N 的正规性, $a^{-1}ba^ia = ba^{i+2} \in N$. 这推出 $a^2 \in N$, $N = \langle a^2, ba^i \rangle$, 遂得结论.

20. 提示: 易见二面体群可由两个 2 阶元素生成. 现设 G 由两个 2 阶元素 b, c 生成. 令 $a = bc$. 证明 $\langle a \rangle$ 是 G 的循环正规子群, 而 $G = \langle a, b \rangle$ 是二面体群.

21. 提示: 应用定理 7.4.

22. 提示: G 有 $p^4 - p^2$ 个 p^2 阶元素, 而每个 p^2 阶循环子群有 $p^2 - p$ 个 p^2 阶元素, 故有 $(p^4 - p^2)/(p^2 - p) = p^2 + p$ 个 p^2 阶循环子群. 又, G 只有一个 p^2 阶初等交换子群. 故共有 $p^2 + p + 1$ 个 p^2 阶子群.

23. 提示: 利用交换群分解定理, 任一非循环之交换群必含有 p^2 阶初等交换 p 群 (对某个素数 p). 再根据域中方程 $x^p = 1$ 至多有 p 个解推出所需之结论.

24. **提示**: 可令 $D_8 = \langle a, b\rangle$, 有定义关系:

$$a^4 = b^2 = 1,\quad b^{-1}ab = a^{-1}.$$

若 $\alpha \in \mathrm{Aut}(D_8)$, 则 a^α, b^α 亦为 D_8 之生成元并满足同样的定义关系. 由此分析 a^α, b^α 的各种可能性.

25. **提示**: 设 a 是 N 的生成元, g, h 是 G 的任意元素. 则 g 和 h 在 N 上的共轭作用相当于 N 的自同构. 因为循环群的自同构群是交换的, 故对任意的 $n \in N$ 有 $n^{gh} = n^{hg}$, 于是 n 与换位子 $[g, h]$ 可交换.

26. **提示**: 直接验证.

27. **提示**: 考虑 G 在 N 的所有 Sylow 子群的集合 $\mathrm{Syl}_p(N)$ 上的共轭作用, 显然它是传递作用, 而且其子群 N 在其上的作用也是传递的. 对于 $P \in \mathrm{Syl}_p(N)$, P 的点稳定子群是 $N_G(P)$, 由定理 2.4 即得结论.

28. **提示**: 因为 $H \trianglelefteq N = N_G(H)$, 并且 P 也是 H 的 Sylow p 子群, 由 27 题, $N = H \cdot N_N(P) \leqslant H \cdot N_G(P) \leqslant H$, 于是有 $N = H$.

29~33 题是关于无限 Ω 群的有限性条件的.

29. **提示**: 由定义直接验证.

30. **提示**: 假定群 G 满足关于子群的极大条件, 而 G 的子群 H 不是有限生成的. 可设

$$H = \langle x_1, x_2, \cdots, x_n, \cdots\rangle, \text{ 且 } H_i = \langle x_1, x_2, \cdots, x_i\rangle, 1 \leqslant i,$$

并且 $H_1 < H_2 < \cdots < H_n < \cdots$ 是一个真升链. 与 G 满足关于子群的极大条件矛盾.

反之, 设 G 的每个子群都是有限生成的, 并设 $H_1 < H_2 < \cdots < H_n < \cdots$ 是一个真升链. 令 $H = \bigcup_{i=1}^{\infty} H_i$. 由条件, H 是有限生成的. 设 $H = \langle x_1, x_2, \cdots, x_n\rangle$. 则存在一个 i 使得

$$H_i \supseteq \{x_1, x_2, \cdots, x_n\},$$

于是 $H_i = H_{i+1} = \cdots$, 即升链条件成立, 从而极大条件成立.

31. **提示**: 由定义直接验证.

32. **提示**: 由定义直接验证.

33. **提示**: 假定 $N > 1$. 因为 $G/N \cong G$, 存在 $N_1 > N$ 使得 $N_1/N \cong N$, 于是 $G/N_1 \cong G/N \cong G$. 同样, 存在 $N_2 > N_1$ 使得 $N_2/N_1 \cong N$, 于是

$G/N_2 \cong G/N_1 \cong G$. 这样我们找到一个 G 的正规子群的升链

$$N < N_1 < N_2 < \cdots < N_k < \cdots$$

使得对任意的 k 有 $G \cong G/N_k$. 由正规子群的极大条件, 存在最大的 k, 使得 G/N_k 是单群, 同时有 $G/N_k \cong G$, 与 $N > 1$ 矛盾.

34. **提示**: 取 $G = D_8 = \langle a, b \mid a^4 = b^2 = 1, bab = a^{-1}\rangle$. 令 $G_0 = G$, $G_1 = \langle a^2, b\rangle$, $G_2 = \langle b\rangle$. 则 $G = G_0 > G_1 > G_2 > 1$ 是 G 的合成群列, 证明它不是由主群列加细而得来的.

35. **提示**: 设 $N \trianglelefteq G$, $N \cong A_5$, 并且 $G/N \cong A_5$. 则 $G/C_G(N) \lesssim \mathrm{Aut}(N) \cong S_5$. 于是只能有 $C_G(N) \cong A_5$. 因 $C_G(N) \cap N = 1$, 有 $G \cong A_5 \times A_5$.

36. **提示**: 由 Fitting 定理存在正整数 k 使得 $V = V^{\mu^k} \oplus \ker \mu^k$. 如果 μ 是满秩的, 则分解是平凡的; 而如果 μ 不是满秩的, 则 V^{μ^k} 和 $\ker \mu^k$ 都不为 0, 分解是非平凡的. 这时, 0 是 μ 的特征根且 $\ker \mu^k$ 是对应于特征根 0 的根子空间. 而它与 μ^k 的像集合 V^{β^k} 的交为零空间.

37. **提示**: 因为 β 不是满秩的, V^{β^k} 和 $\ker \beta^k$ 都不为 0, 分解是非平凡的. 由定义, $\ker \beta^k$ 是 V 中对应于 μ 的特征根 λ 的全体根向量组成的子空间. 若 μ 没有其他的特征根, 则 $\ker \beta^k = V$; 若有, 则 $\mu_1 = \mu|_{V_1}$ 在 $V_1 = V^{\beta^k}$ 上有特征根 $\lambda_1 \neq \lambda$. 令 $\beta_1 = \lambda_1 \cdot 1|_{V_1} - \mu_1$. 则又有分解 $V_1 = \ker \beta_1^{k_1} \oplus V_1^{\beta_1^{k_1}}$, 对某个正整数 k_1 成立, 而 $\ker \beta_1^{k_1}$ 是 V_1 中对应于 μ_1 的特征根 λ_1 的全体根向量组成的子空间. 陆续做下去, 我们即得到 V 可分解为属于 μ 的不同特征值的根子空间的直和.

38. **提示**: 为简单起见由 37 题不妨设 μ 只有一个特征根 0, 而 V 本身是 V 中对应于 μ 的特征根 0 的根子空间. 把 V 看成 Ω 群, 其中 $\Omega = \mathbb{C} \cup \{\mu\}$. 由 Krull-Schmidt 定理可唯一分解 V 为不可分解的 Ω 子群的直和:

$$V = V_1 \oplus V_2 \oplus \cdots \oplus V_s.$$

证明对每个 i, 存在 V_i 的一组基, 使 $\mu|_{V_i}$ 的矩阵为 Jordan 块. 为此, 只需证 V_i 存在一组形如 $\{v, v^{\mu}, v^{\mu^2}, \cdots\}$ 的基.

39. **提示**: 如果 G 可分解, 设 $G = H \times K$, $H \neq 1 \neq K$. 则 $Z(H) \neq 1 \neq Z(K)$. 于是 $Z(G) = Z(H) \times Z(K)$ 非循环.

40. **提示**: 因例 7.2 已定出 12 阶群, 故可设 $p \geqslant 5$. 于是 Sylow p 子群 P 为正规子群. 用 N/C 定理决定 $C_G(P)$, 可得到 G 是 $C_G(P)$ 的 2 次或 4 次循环扩张. 于是非交换的 $4p$ 阶群有

(i) $G=\langle a,b \mid a^{2p}=b^2=1, b^{-1}ab=a^{-1}\rangle$; (二面体群)

(ii) $G=\langle a,b \mid a^{2p}=1, b^2=a^p, b^{-1}ab=a^{-1}\rangle$; (广义四元数群)

(iii) $G=\langle a,b \mid a^p=b^4=1, b^{-1}ab=a^{\alpha}\rangle$, $\alpha^2\equiv -1 (\mathrm{mod}\ p)$. (亚循环群)

41. **提示**: 本题是很好的练习题, 由于证明冗长, 无法在这里给出.

42. **提示**: 本题是很好的练习题, 由于证明冗长, 无法在这里给出.

43. **提示**: 因 G 的 Sylow 3 子群不正规, 有 $n_3(G)=4$. 设 N 是 G 的一个 Sylow 3 子群 P 的正规化子, 则 $|N|=6$. 考虑 G 在 N 的陪集上的置换表示 φ. 则像集合 $\varphi(G)$ 是 S_4 的传递子群, 于是 $|\varphi(G)|=4$, 8, 12, 或者 24. 若 $|\varphi(G)|=4$ 或 8, 则 N 的核 K 是 G 的 6 或 3 阶正规子群. 这推出 G 的 Sylow 3 子群正规, 矛盾. 若 $|\varphi(G)|=12$, 则 N 的核 K 是 G 的 2 阶正规子群, 且 $\varphi(G)\cong A_4$. 因 A_4 的 Sylow 2 子群正规, 故 G 的 Sylow 2 子群正规, 矛盾. 于是 $|\varphi(G)|=24$, $G\cong S_4$.

44. **提示**: 令 $ab=c$. 则 $b=a^{-1}c$. 以 a^{-1} 对应例 8.4 中的 a, 以 c 对应例 8.4 中的 b, 则 $\{a^{-1},c\}$ 满足与例 8.4 中的 $\{a,b\}$ 相同的关系. 因此本题中的群与例 8.4 中的群同构.

45. **提示**: 令 $H=\langle b\rangle$. 首先我们断言以下是 H 的所有右陪集:

$$H, Ha, Ha^2, Ha^2b, Ha^2b^2, Ha^2b^2a.$$

这只需证明用 a,b 去乘上述陪集, 仍得到这些陪集. 因为

$$abab=1,\quad ba=a^2b^3,\quad ab=b^3a^2,$$

于是

$$\begin{aligned}
&(Ha)b=Hb^3a^2=Ha^2,\\
&(Ha^2b^2)b=Ha^2b^3=Hba=Ha,\\
&(Ha^2b)a=Ha^2a^2b^3=Hab^3=Habb^2=Ha^2b^2,\\
&(Ha^2b^2a)b=Ha^2b^2b^3a^2=Ha^2ba^2=(Ha^2ba)a=Ha^2b^2a,\\
&(Ha^2b^2a)a=(Ha^2b^2)b(b^3a^2)=(Ha)ab=Ha^2b.
\end{aligned}$$

这样 H 至多有六个陪集, 于是 $|G|\leqslant 24$. 又, 在 S_4 中令 $a=(123)$, $b=(1324)$. 则 $ab=(14)$ 是二阶元. $\{a,b\}$ 满足上述关系. 于是 S_4 应为 G 之同态像. 但因 $|S_4|=24$, $|G|\leqslant 24$, 这就迫使 $|G|=24$ 且 $G\cong S_4$.

46. **提示**: 设

$$Q_8 = \langle a, b | a^4 = 1, b^2 = a^2, b^{-1}ab = a^{-1} \rangle.$$

容易看出, Q_8 的任一自同构都把 a, b 变为 $\{a, a^{-1}, b, b^{-1}, ab, (ab)^{-1}\}$ 中两个不互逆的有序元素. 因此共有 24 种选择. 反之, 任一这样的选择都对应于 Q_8 的一个自同构. 这样 Q_8 有 24 个自同构. 考虑下面的自同构

$$\alpha : a \mapsto b,\ b \mapsto ab; \quad \beta : a \mapsto a^{-1}b,\ b \mapsto b.$$

它们满足关系: $\alpha^3 = \beta^4 = (\alpha\beta)^2 = 1$. 故由上题, $\mathrm{Aut}(Q_8)$ 的子群 $H = \langle \alpha, \beta \rangle$ 是 S_4 的商群. 因为 H 中有 3 阶元和 4 阶元, 故 $12 \mid |H|$, 于是 H 只能是 A_4 或 S_4. 但因 A_4 中无 4 阶元, 故 $H = \mathrm{Aut}(Q_8) \cong S_4$.

又解: 由上提示已知 Q_8 有 24 个自同构, 即 $|\mathrm{Aut}(Q_8)| = 24$. 给出 Q_8 的下述自同构:

$$\alpha : a \mapsto b, \quad b \mapsto a^{-1},$$
$$\beta : a \mapsto b, \quad b \mapsto a,$$
$$\gamma : a \mapsto b, \quad b \mapsto ab.$$

则 $\langle \alpha, \beta \rangle \cong D_8$ 是 $\mathrm{Aut}(Q_8)$ 的 Sylow 2 子群, 而 $\langle \gamma \rangle \cong Z_3$ 是 $\mathrm{Aut}(Q_8)$ 的 Sylow 3 子群. 设法证明上述两个子群都不是 $\mathrm{Aut}(Q_8)$ 的正规子群. 由习题 43 即得结论.

第 3 章习题

1. **提示**: 由于 $\mathbb{Q}[x]$ 的任一首 1 元素 (即首项系数为 1 的有理系数多项式) 只有有限多个系数, 故首 1 有理系数多项式的全体是可列集. 而每个多项式的零点的个数有限, 所以首 1 有理系数多项式的全体 (即全体代数数) 是可列集.

2. **提示**: 设 σ 是 $\mathbb{R}$ 的自同构. 对于任一正实数 α, $\sqrt{\alpha} \in \mathbb{R}$, 于是 $\alpha^\sigma = ((\sqrt{\alpha})^2)^\sigma = ((\sqrt{\alpha})^\sigma)^2 > 0$, 即 σ 将正实数映为正实数. 如果实数 $\beta > \gamma$, 则 $\beta - \gamma > 0$, 所以 $(\beta - \gamma)^\sigma > 0$, 即有 $\beta^\sigma > \gamma^\sigma$. 这就是说 σ 保持实数的序. 现在设 δ 为任一实数, $S = \{a \in \mathbb{Q} \,|\, a < \delta\}$, $S' = \{b \in \mathbb{Q} \,|\, b \geqslant \delta\}$, 则 δ 是满足

$a < \delta \leqslant b$ $(\forall\ a \in S, b \in S')$ 的唯一的实数. 注意: 有理数在 σ 下保持不动, 于是 δ^{σ} 也满足 $a < \delta \leqslant b$ $(\forall\ a \in S, b \in S')$ 的实数, 故 $\delta^{\sigma} = \delta$.

3. 提示: 设 $\mathrm{Irr}(\alpha, F) = x^m + a_1 x^{m-1} + \cdots + a_m$. 由命题 0.18, 有 $\mathrm{tr}_{F(\alpha)/F}(\alpha) = \sum\limits_{i=1}^{m} \alpha_i$, 其中 $\alpha_1 (= \alpha), \alpha_2, \cdots, \alpha_m \in \bar{F}$ 为 $\mathrm{Irr}(\alpha, F)$ 的 m 个零点. 以 τ_j $(j = 1, \cdots, m)$ 记由 $\alpha \mapsto \alpha_j$ 决定的 $F(\alpha)$ 到 $\bar{F}$ 的 F- 嵌入. 则 $\mathrm{tr}_{F(\alpha)/F}(\alpha) = \sum\limits_{j=1}^{m} \alpha^{\tau_j}$. 令 $n = mt$, 则 $t = [K : F(\alpha)]$. 对于任一 $1 \leqslant j \leqslant m$, 令 $S_j = \{\sigma_i \mid \sigma_i|_{F(\alpha)} = \tau_j\}$, 易见 $\# S_j = t$ $(\forall\ j = 1, \cdots, m)$ (否则, 必有某个 j_0 使得 $\# S_{j_0} > t$, 取定某个 $\sigma \in S_{j_0}$, 则 $\sigma^{-1} S_{j_0} = \{\sigma^{-1}\sigma_i | \sigma_i \in S_{j_0}\}$ 的每个元素都是 K 到 $\bar{F}$ 的 $F(\alpha)$- 嵌入, 且两两不同, 这矛盾于 $t = [K : F(\alpha)]$). 注意: S_j 的任一元素将 α 映为 α^{τ_j}, 于是 $\sum\limits_{i=1}^{n} \alpha^{\sigma_i} = \sum\limits_{j=1}^{m} \sum\limits_{\sigma_i \in S_j} \alpha^{\sigma_i} = \sum\limits_{j=1}^{m} t\alpha^{\tau_j} = [K : F(\alpha)]\mathrm{tr}_{F(\alpha)/F}(\alpha) = \mathrm{tr}_{K/F}(\alpha)$. (这里最后一步用到了命题 0.19 的结论 (5) 和 (1)). 关于范数的公式 $\mathrm{N}_{K/F}(\alpha) = \prod\limits_{i=1}^{n} \alpha^{\sigma_i}$ 的证明完全类似.

4. 提示: 记题中的映射为 φ. 只要证明 φ 良定义 (如此, 则显然 φ 是 F- 同态. 而域只有两个平凡理想, 且显然 $\ker\varphi \neq K$, 故 $\ker\varphi = 0$, 所以 K 是 F- 嵌入). 只要证明 φ 对于除法良定义. 设 $g(\alpha) = \frac{u(\alpha)}{v(\alpha)}$, $(u(\alpha), v(\alpha) \in F[\alpha], v(\alpha) \neq 0)$, 只要证明 $v(\beta) \neq 0$. 假若 $v(\beta) = 0$, 设 $\beta = \frac{s(\alpha)}{t(\alpha)}$, $(s(x), t(x)) = 1$. 代入 $v(\beta) = 0$, 通分化简后有 $\frac{f(\alpha)}{h(\alpha)} = 0$, $(f(\alpha), h(\alpha) \in F[\alpha])$. 于是 $f(\alpha) = 0$. 易见 f 是系数在 F 中的非零多项式, 这矛盾于 α 是 F 上的超越元.

5. 提示: 设 $x = \beta$ 是多项式 $x^{p^n} - \alpha$ 在 K 的代数闭包中的一个零点, 则 $\alpha = \beta^{p^n}$, 故 $x^{p^n} - \alpha = (x - \beta)^{p^n}$, 即 $x^{p^n} - \alpha = 0$ 只有一个根. 所以 $E_n = K(\beta)$. 由于 $\mathrm{Aut}(E_n/K)$ 的元素将 β 映为 $x^{p^n} - \alpha = 0$ 的根, 故 $\mathrm{Aut}(E_n/K)$ 中只有恒同映射.

6. 提示: 如果 $\mathrm{char}F = 0$, 则 $L = E$, 结论成立. 设 $\mathrm{char}F = p$. 假若 E/L 不是纯不可分扩张, 则由 E 到 $\bar{F}$ 有 L- 嵌入 $\sigma \neq \mathrm{id}$. 于是存在 $\alpha \in E \setminus L$ 使得 $\alpha^{\sigma} \neq \alpha$. 设 $\mathrm{Irr}(\alpha, L) = f(x)$. 由 5 题知 $f(x) \neq x^{p^n} - a$ $(\forall\ n \in \mathbb{Z}_{>0},\ a \in L)$. 于是 $f(x) = g(x^{p^m})$, 其中 $g(y) \in L[y]$, $\deg g(y) > 1$, $m \in \mathbb{Z}_{>0}$ 满足 $g(y) \neq h(y^p)$ $(\forall\ h(z) \in L[z])$. 由 m 满足的条件知 $g(y)$ 至少含有一项 $a_i y^i$ $(a_i \neq 0,\ p \nmid i)$, 故 $g(y)$ 是 L 上的可分多项式 (参见 7 题). 于是 α^{p^m} 是 L 上的可分元, 且 $\alpha^{p^m} \notin L$, 矛盾于 L 是 F 在 E 中的可分闭包.

7. 提示: 假若结论不真, 则 $f(x) = \mathrm{Irr}(\alpha, F)$ 中至少含有一项 $a_i x^i$, 使得

$a_i \neq 0$, $p \nmid i$, 于是 $f'(x) \neq 0$. 而 $f(x)$ 在 $F[x]$ 中不可约, 故 $(f(x), f'(x)) = 1$, 所以 $f(x)$ 无重根, 即 α 是域 F 上的可分元, 矛盾.

8. 提示: 由定义 0.17 容易看出 $\mathrm{tr}_{K/F}: K \to F$ 是 F-线性映射, 即对于 $a \in F$, $\alpha \in K$, 有 $\mathrm{tr}_{K/F}(a\alpha) = a\mathrm{tr}_{K/F}(\alpha)$. 所以 $\mathrm{tr}_{K/F}: K \to F$ 是 (加法群的) 零同态或满同态. 如果 K/F 是可分扩张, 由定理 1.10, $K = F(\alpha)$. 设 $[K:F] = n$, σ_i $(i = 1, \cdots, n)$ 为 K 到 $\bar{F}$ 的 F-嵌入, 则 $\sum_{i=1}^{n} (\alpha^j)^{\sigma_i}$ $(1 \leqslant j \leqslant n)$ 不全为零 (否则范德蒙德行列式 $\det((\alpha^j)^{\sigma_i}) = 0$, 与 α^{σ_i} $(i = 1, \cdots, n)$ 两两不等矛盾), 即某个 $\mathrm{tr}_{K/F}(\alpha^j) \neq 0$, 所以 $\mathrm{tr}_{K/F}$ 是满射. 若 K/F 是非平凡的不可分扩张 (即 $K \neq F$), 设 L 是 F 在 K 中的可分闭包, 则 $p \mid [K:L]$ $(p = \mathrm{char} F)$. 于是, 对于任一 $\alpha \in L$, 有 $\mathrm{tr}_{K/F}(\alpha) = [K:L]\mathrm{tr}_{L/F}(\alpha) = 0$. 对于任一 $\beta \in K \setminus L$, 由 7 题知 $\mathrm{Irr}(\beta, F)$ 的次高次项的系数 =0, 故 $\mathrm{tr}_{F(\beta)/F}(\beta) = 0$, 更有 $\mathrm{tr}_{K/F}(\beta) = [K:F(\beta)]\mathrm{tr}_{F(\beta)/F}(\beta) = 0$.

9. 提示: 假若 $K \cap E \neq F$, 设 $L = K \cap E$, $n = [L:F]$, 则 $n > 1$. 由于 K/F 可分, 故 L/F 可分. 于是 L 到 $\bar{F}$ 的 F-嵌入的个数 $=n$. 由于 E/F 纯不可分, 故 L/F 纯不可分. 于是 L 到 $\bar{F}$ 的 F-嵌入的个数 =1. 矛盾.

10. 提示: 设 K/F 是二次扩张, $\mathrm{char} F \neq 2$. 任取 $\alpha \in K \setminus F$, 则 $K = F(\alpha)$. 设 $\mathrm{Irr}(\alpha, F) = x^2 + ax + b$ $(a, b \in F)$, 配方得 $(x + a/2)^2 + b - a^2/4$. 令 $\beta = \alpha + a/2$, 则 $\beta \in K \setminus F$, 于是 $K = F(\beta)$. $\mathrm{Irr}(\beta, F) = x^2 + c$ $(c = b - a^2/4 \in K)$. 显然 $x^2 + c$ 的两个零点 $\pm\beta \in K (\beta \neq -\beta)$, 故 K 是可分多项式 $x^2 + c$ 的分裂域, 故 K/F 是 Galois 扩张.

11. 提示: $\mathbb{Q}(\zeta_n)/\mathbb{Q}$ 是 Abel 扩张 (见命题 3.3). 设 τ 为由 $\zeta_n \to \zeta_n^{-1}$ 决定的 $\mathbb{Q}(\zeta_n)$ 的 $\mathbb{Q}$-自同构, 则 $\langle\tau\rangle$ 是 $\mathrm{Gal}(\mathbb{Q}(\zeta_n)/\mathbb{Q})$ 的二阶子群, 于是 $[\mathbb{Q}(\zeta_n) : \mathbb{Q}(\zeta_n)^{\langle\tau\rangle}] = 2$. 显然 $\mathbb{Q}(\zeta_n + \zeta_n^{-1}) \subseteq \mathbb{Q}(\zeta_n)^{\langle\tau\rangle}$. 而 $\mathrm{Irr}(\zeta_n, \mathbb{Q}(\zeta_n + \zeta_n^{-1})) = x^2 - (\zeta_n + \zeta_n^{-1})x + 1$, 所以 $[\mathbb{Q}(\zeta_n) : \mathbb{Q}(\zeta_n + \zeta_n^{-1})] = 2$, 故 $\mathbb{Q}(\zeta_n + \zeta_n^{-1}) = \mathbb{Q}(\zeta_n)^{\langle\tau\rangle}$. 又显然有 $\mathbb{Q}(\zeta_n + \zeta_n^{-1}) \subseteq \mathbb{Q}(\zeta_n) \cap \mathbb{R}$, 且 $\mathbb{Q}(\zeta_n) \cap \mathbb{R} \subseteq \mathbb{Q}(\zeta_n)^{\langle\tau\rangle}$(因为 τ 是域 $\mathbb{Q}(\zeta_n)$ 上的复共轭), 故有 $\mathbb{Q}(\zeta_n + \zeta_n^{-1}) = \mathbb{Q}(\zeta_n) \cap \mathbb{R}$.

12. 提示: (1) 取 $\alpha = \sqrt{2} + \sqrt{3}$, 则 $\alpha^3 = 11\sqrt{2} + 9\sqrt{3}$, 所以 $\sqrt{2}, \sqrt{3} \in \mathbb{Q}(\alpha)$. 于是 $K = \mathbb{Q}(\alpha)$.

(2) 令

$$\sigma_1 : \sqrt{2} \mapsto \sqrt{2},\ \ \sqrt{3} \mapsto -\sqrt{3};\ \ \sigma_2 : \sqrt{2} \mapsto -\sqrt{2},\ \ \sqrt{3} \mapsto \sqrt{3}.$$

则 $\mathrm{Gal}(K/\mathbb{Q})$ 的全部子群为 $\mathrm{Gal}(K/\mathbb{Q})$, $\langle\sigma_1\rangle$, $\langle\sigma_2\rangle$, $\langle\sigma_1\sigma_2\rangle$ 和 $\{\mathrm{id}\}$, 相应的不动

域为 $\mathbb{Q}$, $\mathbb{Q}(\sqrt{2})$, $\mathbb{Q}(\sqrt{3})$, $\mathbb{Q}(\sqrt{6})$ 和 K.

13. 提示: (1) $E=\mathbb{Q}(\sqrt[4]{2},\mathrm{i})$, 其中 i 为四次本原单位根.

(2) 令

$$\sigma:\ \sqrt[4]{2}\mapsto\sqrt[4]{2},\quad \mathrm{i}\mapsto -\mathrm{i};$$
$$\tau:\ \sqrt[4]{2}\mapsto \mathrm{i}\sqrt[4]{2},\quad \mathrm{i}\mapsto \mathrm{i}.$$

则 $\mathrm{Gal}(E/\mathbb{Q})=\langle\sigma,\tau\rangle=\{\mathrm{id},\tau,\tau^2,\tau^3,\sigma,\sigma\tau,\sigma\tau^2,\sigma\tau^3\}$. $\mathrm{Gal}(E/\mathbb{Q})$ 的全部子群为 $\mathrm{Gal}(E/\mathbb{Q})$, $\langle\sigma,\tau^2\rangle$, $\langle\tau\rangle$, $\langle\sigma\tau,\tau^2\rangle$, $\langle\sigma\rangle$, $\langle\tau^2\rangle$, $\langle\sigma\tau\rangle$, $\langle\sigma\tau^2\rangle$, $\langle\sigma\tau^3\rangle$ 和 $\{\mathrm{id}\}$, 相应的不动域为 $\mathbb{Q}$, $\mathbb{Q}(\sqrt{2})$, $\mathbb{Q}(\mathrm{i})$, $\mathbb{Q}(\sqrt{2}\mathrm{i})$, $\mathbb{Q}(\sqrt[4]{2})$, $\mathbb{Q}(\sqrt{2},\mathrm{i})$, $\mathbb{Q}(\sqrt[4]{2}(1+\mathrm{i}))$, $\mathbb{Q}(\sqrt[4]{2}\,\mathrm{i})$, $\mathbb{Q}(\sqrt[4]{2}(1-\mathrm{i}))$ 和 $E=\mathbb{Q}(\sqrt[4]{2},\mathrm{i})$.

14. 提示: 记 $f(x)=x^3-3x+1$. 由于 $f(x)=0$ 的有理根只可能是 ±1, 而 $f(1),f(-1)\neq0$, 故 $f(x)=0$ 没有有理根, 所以 $f(x)$ 在 $\mathbb{Q}[x]$ 中不可约 (因为 $\deg f(x)=3$). 设 $f(x)=0$ 的三个根为 α_i $(i=1,2,3)$. 令 K 为 $f(x)$ 在 $\mathbb{Q}$ 上的分裂域, 则 $\mathrm{Gal}(K/\mathbb{Q})\cong S_3$或$A_3$. 设 $\delta=(\alpha_1-\alpha_2)(\alpha_2-\alpha_3)(\alpha_3-\alpha_1)$. 如果 $\mathrm{Gal}(K/\mathbb{Q})$ 中有 2 阶元 σ(即三个根的奇置换), 则 $\delta^\sigma=-\delta$. 由对称多项式理论知: $f(x)$ 的判别式 $\Delta(f)=\delta^2=-4(-3)^3-27=81$ (x^3+px+q 的判别式为 $-4p^3-27q^2$), 故 $\delta\in\mathbb{Q}$, 因此 $\delta^\tau=\delta$ ($\forall\,\tau\in\mathrm{Gal}(K/\mathbb{Q})$), 所以 $\mathrm{Gal}(K/\mathbb{Q})$ 中没有 2 阶元, 故 $\mathrm{Gal}(K/\mathbb{Q})\cong A_3$. 于是 $\mathrm{Gal}(K/\mathbb{Q})$ 只有两个平凡子群 $\mathrm{Gal}(K/\mathbb{Q})$ 和 $\{\mathrm{id}\}$, 相应的不动域为 $\mathbb{Q}$ 和 K.

15. 提示: 设 $f(x)$ 在 $\mathbb{Q}$ 上的分裂域为 K. 首先证明 $f(x)$ 在 $\mathbb{Q}[x]$ 中不可约. 令 $f_2(x)=f(x)(\mathrm{mod}\ 2)=x^6+x+1\in GF(2)[x]$. 由于 $f_2(0),f_2(1)\neq0$, 故 $f_2(x)$ 在 $GF(2)[x]$ 中没有一次因式, 进一步, $GF(2)[x]$ 中二次不可约多项式只有 x^2+x+1, 三次不可约多项式只有 x^3+x+1 和 x^3+x^2+1, 它们都不是 $f_2(x)$ 的因式, 故 $f_2(x)$ 在 $GF(2)[x]$ 中不可约, 所以 $f(x)$ 在 $\mathbb{Q}[x]$ 中不可约.

令 $f_3(x)=f(x)(\mathrm{mod}\ 3)=x^6+2x^2+x=x(x^5+2x+1)\in GF(3)[x]$. 又令 $g_3(x)=x^5+2x+1$, 则 $g_3(x)$ 在 $GF(3)[x]$ 中没有一次因式 . $GF(3)[x]$ 中二次不可约多项式只有 x^2+1, x^2+x-1 和 x^2-x-1, 它们都不是 $g_3(x)$ 的因式, 故 $g_3(x)$ 在 $GF(3)[x]$ 中不可约, 所以 $f_3(x)$ 在 $GF(3)$ 上的分裂域为 $GF(3^5)$, $\mathrm{Gal}(GF(3^5)/GF(3))$ 是 5 阶循环群. 由定理 4.3 知 $\mathrm{Gal}(K/\mathbb{Q})$ 含有五轮换. 再考虑 $f_5(x)=f(x)(\mathrm{mod}\ 5)=x(x^2+2)(x^3+x+1)\in GF(5)[x]$. 其中 (x^2+2) 和 x^3+x+1 在 $GF(5)[x]$ 中都不可约, 由定理 4.3 知 $\mathrm{Gal}(K/\mathbb{Q})$ 含有对换. 而对于任一 n, 如果 S_n 的一个子群 G 是传递的, 且 G 包含一个对换和一个 $n-1$ 轮换, 则 $G=S_n$ (无妨设 $\tau=(1,2,\cdots,n-1)\in G$. 断言某个对

换 $(k,n)\in G$ $(k\in\{1,2,\cdots,n-1\})$. 事实上, 设对换 $(i,j)\in G$. 如果 $i,j\neq n$, 由于 G 是传递的, 故存在 $\sigma\in G$ 使得 $j^\sigma=n$. 于是 $\sigma^{-1}(i,j)\sigma=(k,n)\in G$. 这就证明了断言. 从而 G 含有 $n-1$ 个对换 $\tau^{-t}(k,n)\tau^t$ $(\forall\ t=1,\cdots,n-1)$, 即 G 含有对换 $(1,n),(2,n),\cdots,(n-1,n)$, 于是 $G=S_n$). $\mathrm{Gal}(K/\mathbb{Q})$(在 $f(x)$ 的六个零点上) 显然是传递的, 且 (上面已证)$\mathrm{Gal}(K/\mathbb{Q})$ 含有 5 轮换和对换, 故 $\mathrm{Gal}(K/\mathbb{Q})\cong S_6$.

16. **提示**: x^5-2 在 $\mathbb{Q}$ 上的分裂域为 $\mathbb{Q}(\sqrt[5]{2},\zeta_5)$, 其中 ζ_5 为 5 次本原单位根. 由于 $x^5-1=(x-1)(x^4+x^3+x^2+x+1)=(x-1)\prod\limits_{i=1}^{4}(x-\zeta_5^i)$, 故 $x^4+x^3+x^2+x+1=\prod\limits_{i=1}^{4}(x-\zeta_5^i)$. 令 $x=1$, 得 $\prod\limits_{i=1}^{4}(1-\zeta_5^i)=5$. 又有 $(1-\zeta_5)(1-\zeta_5^4)+(1-\zeta_5^2)(1-\zeta_5^3)=4-\zeta_5-\zeta_5^2-\zeta_5^3-\zeta_5^4=5$, 故 $(1-\zeta_5)(1-\zeta_5^4)$ 是 $x^2-5x+5=0$ 的根, 于是 $(1-\zeta_5)(1-\zeta_5^4)=\frac{1}{2}(5\pm\sqrt{5})$. 这说明 $\mathbb{Q}(\sqrt{5})\subset\mathbb{Q}(\zeta_5)$. 所以 $K=\mathbb{Q}(\sqrt[5]{2},\zeta_5)$. 注意 $[K:\mathbb{Q}]=[\mathbb{Q}(\sqrt[5]{2}):\mathbb{Q}][\mathbb{Q}(\zeta_5):\mathbb{Q}]=5\times 4=20$, 故 $[K:\mathbb{Q}(\sqrt{5})]=10$. 不难看出 $\mathrm{Gal}(K/\mathbb{Q}(\sqrt{5}))$ 不是交换群, 故 $\mathrm{Gal}(K/\mathbb{Q}(\sqrt{5}))$ 同构于 10 阶二面体群 D_5.

17. **提示**: 设 $f(x)=x^3+x+1\in\mathbb{Q}[x]$. 由于 ±1 都不是 $f(x)$ 的零点, 故 $f(x)$ 在 $\mathbb{Q}[x]$ 中不可约. 因为 $f'(x)=3x^2+1>0$, 故 $f(x)$ 只有一个实零点, 记之为 α. 则 $\mathbb{Q}(\alpha)/\mathbb{Q}$ 是三次实扩张. 以 E 记 $f(x)$ 在 $\mathbb{Q}$ 上的分裂域, 则 $E\nsubseteq\mathbb{R}$, 故 $[E:\mathbb{Q}]=6$. 显然 E 含于 $\mathbb{Q}$ 的某个根式扩张链中 (因为三次方程有根号解). 设 $f(x)$ 的另外两个零点为 β,γ. 令 $\delta=(\alpha-\beta)(\beta-\gamma)(\gamma-\alpha)\in E$, 则 δ^2 等于 $f(x)$ 的判别式 Δ. 而 $\Delta=-4-27=-31$, 所以 $\sqrt{-31}\in E$. 由此不难看出 $\mathbb{Q}$ 到 $\mathbb{Q}(\alpha)$ 无根式扩张链. 事实上, 假若不然, 则由于 E 中必含有三次单位根 ζ_3, 所以 $\sqrt{-3}\in E$. 令 $L=\mathbb{Q}(\sqrt{-3})\mathbb{Q}(\sqrt{-31})$, 则 $L/\mathbb{Q}$ 是四次 Galios 扩张, 而 $L\subseteq E$, 这矛盾于 $[E:\mathbb{Q}]=6$. 这就证明了由 $\mathbb{Q}$ 到 $\mathbb{Q}(\alpha)$ 无根式扩张链.

18. **提示**: 根据 (5.4) 式, d_2^* 的表达式如下: 对任意的 $\xi\in\mathrm{Hom}_{\mathbb{Z}[G]}(P_2,A)$,

$[\sigma_1,\sigma_2,\sigma_3]\in P_3$,

$$[\sigma_1,\sigma_2,\sigma_3]^{(\xi^{d_2^*})}=[\sigma_2,\sigma_3]^\xi-[\sigma_1\sigma_2,\sigma_3]^\xi+[\sigma_1,\sigma_2\sigma_3]^\xi-([\sigma_1,\sigma_2]^\xi)\sigma_3.$$

由此可知

$Z^2(G,A)=\ker\ d_2^*$

$$= \{\xi : G \times G \to A \,\big|\, [\sigma_2, \sigma_3]^{\xi} - [\sigma_1\sigma_2, \sigma_3]^{\xi} + [\sigma_1, \sigma_2\sigma_3]^{\xi} - ([\sigma_1, \sigma_2]^{\xi})\sigma_3 = 0,$$
$$\forall\ \sigma_1, \sigma_2, \sigma_3 \in G\}.$$

又有 d_1^* 的表达式

$$[\sigma_1, \sigma_2]^{(\varphi^{d_1^*})} = [\sigma_2]^{\varphi} - [\sigma_1\sigma_2]^{\varphi} + ([\sigma_1]^{\varphi})\sigma_2,$$

其中 $\varphi \in \mathrm{Hom}_{\mathbb{Z}[G]}(P_1, A)$, $[\sigma_1, \sigma_2] \in P_2$, 故

$$B^2(G, A) = \mathrm{im}\ d_1^* = \{\xi :\ G \times G \to A \,\big|\, \text{存在}\varphi \in \mathrm{Hom}_{\mathbb{Z}[G]}(P_1, A),$$
$$\text{使得}[\sigma_1, \sigma_2]^{\xi} = [\sigma_2]^{\varphi} - [\sigma_1\sigma_2]^{\varphi} + ([\sigma_1]^{\varphi})\sigma_2\ \ (\forall\ \ \sigma_1, \sigma_2 \in G)\}.$$

由二维上同调群的定义, 有 $H^2(G, A) = Z^2(G, A)/B^2(G, A)$.

19. **提示**: 记 $G = \mathrm{Gal}(K/F)$. 只要证明 $Z^1(G, K) \subseteq B^1(G, K)$. 设 $\xi \in Z^1(G, K)$, 即 $(\sigma\tau)^{\xi} = (\sigma^{\xi})^{\tau} + \tau^{\xi}$ $(\forall\ \sigma, \tau \in G)$. 为证明 $\xi \in B^1(G, K)$, 只要证存在 $a \in K$, 使得 $\tau^{\xi} = a - a^{\tau}$ $(\forall\ \tau \in G)$. 因为 K/F 是有限 Galois 扩张, 由第 8 题知, 存在 $x \in K^{\times}$, 使得 $\mathrm{tr}_{K/F}x = 1$. 取 $a = \sum\limits_{\sigma \in G} \sigma^{\xi} x^{\sigma}$, 则对于任一 $\tau \in G$, 有

$$\begin{aligned} a^{\tau} &= \sum_{\sigma\in G} (\sigma^{\xi})^{\tau} x^{\sigma\tau} = \sum_{\sigma\in G} ((\sigma\tau)^{\xi} - \tau^{\xi}) x^{\sigma\tau} \\ &= \sum_{\sigma\in G} (\sigma\tau)^{\xi} x^{\sigma\tau} - \sum_{\sigma\in G} \tau^{\xi} x^{\sigma\tau} = a - \tau^{\xi} \sum_{\sigma\in G} x^{\sigma\tau} \\ &= a - \tau^{\xi}\mathrm{tr}_{K/F}x = a - \tau^{\xi}, \end{aligned}$$

故 $\tau^{\xi} = a - a^{\tau}$.

20. **提示**: 充分性显然. 现在证明必要性. 设 $\mathrm{tr}_{K/F}(\alpha) = 0$. 记 $G = \mathrm{Gal}(K/F) = \langle\sigma\rangle$. 定义映射

$$\begin{aligned} \xi :\ G &\ \to\ K, \\ \sigma^i &\ \mapsto\ \alpha + \alpha^{\sigma} + \cdots + \alpha^{(\sigma^{i-1})}\ \ (i = 1, 2, \cdots), \end{aligned}$$

由 $\mathrm{tr}_{K/F}(\alpha) = 0$ 易验证 ξ 良定义. 又对于任意的 $i, j = 1, 2, \cdots$, 有

$$((\sigma^i)^{\xi})^{\sigma^j} + (\sigma^j)^{\xi}$$
$$= (\alpha + \alpha^{\sigma} + \cdots + \alpha^{(\sigma^{i-1})})^{\sigma^j} + (\alpha + \alpha^{\sigma} + \cdots + \alpha^{(\sigma^{j-1})})$$

$$= \alpha + \alpha^{\sigma} + \cdots + \alpha^{(\sigma^{i+j-1})} = (\sigma^{i+j})^{\xi} = (\sigma^{i}\sigma^{j})^{\xi},$$

故 $\xi \in Z^1(G,K)$. 由 19 题知 $Z^1(G,K) = B^1(G,K)$, 故存在 $\theta \in K$, 使得 $\sigma^{\xi} = \theta - \theta^{\sigma}$, 即 $\alpha = \theta - \theta^{\sigma}$.

第 4 章习题

1. 提示: 由定义验证.

2. 提示: 由定义验证.

3. 提示: 由定义验证.

4. 提示: 设 U 是 W 的一个子模, 我们要证明存在 W 的一个子模 Y 使得 $W = U \oplus Y$. 因为 V 是完全可约的, 存在 V 的子模 Y_1 使得 $V = U \oplus Y_1$. 则 $W = V \cap W = (U \oplus Y_1) \cap W = U \oplus (Y_1 \cap W)$. 令 $Y = Y_1 \cap W$, 则 Y 即为所求.

5. 提示: 必要性. 因 V 是完全可约的, $V = W_1 \oplus W_2 \oplus \cdots \oplus W_k$, 其中 W_i 是不可约模. 令 $V_j = \bigoplus\limits_{i \neq j} W_i$, $j = 1, 2, \ldots, k$. 则诸 V_j 是极大子模, 且 $\bigcap\limits_{j=1}^{k} V_j = \{0\}$.

充分性. 由 V 是有限维的, 存在 V 的 k 个极大子模 $V_1, \ldots, V_k$ 使得 $\bigcap\limits_{i=1}^{k} V_i = \{0\}$. 令 $N_i = \bigcap\limits_{j \neq i} V_j$, $i = 1, \ldots, k$. 这时 N_i 一定是不可约的. 若否, N_i 有一非平凡真子模 M_i, 则 $V_i \oplus M_i \neq V$, 与 V 的极大性矛盾. 因为 $N_i \cap V_i = \{0\}$, 有 $N_i \cap \left(\sum\limits_{j \neq i} N_j\right) = \{0\}$ (因每个 $N_j \subseteq V_i$). 于是 $\sum\limits_{i=1}^{k} N_i$ 是直和. 为证明 $\sum\limits_{i=1}^{k} N_i = V$, 我们只需证明 $\dim\left(\sum\limits_{i=1}^{k} N_i\right) = \dim V$. 因为 $\dim\left(\sum\limits_{i=1}^{k} N_i\right) = \sum\limits_{i=1}^{k} \dim N_i = \sum\limits_{i=1}^{k} \dim V/V_i$, 令 $\overline{V} = V/V_1 \oplus \cdots \oplus V/V_k$. 考虑 V 到 $\overline{V}$ 的映射

$$\varphi : v \mapsto (vV_1, \cdots, vV_k).$$

显然, φ 是同态, 其核为 $V_1 \cap V_2 \cap \cdots \cap V_k = \{0\}$. 于是 $\dim V \leqslant \dim \overline{V}$. 因为 $\sum\limits_{i=1}^{k} \dim N_i = \dim \overline{V}$, 这样必有 $\sum\limits_{i=1}^{k} \dim N_i = \dim V$, 即 $V = \bigoplus\limits_{i=1}^{k} N_i$.

注: 这个问题对偶于定理 2.4(2). 但定理 2.4(2) 对任意环上的模都成立, 此题则用到模的有限维性. 反例: $\mathbb{Z}$ 上的正则模的所有极大子模之交为 $\{0\}$, 但它不是完全可约的.

6. 提示: 因为同构的 A 模有相同的零化子, 故 $J(A)$ 是有意义的.

(1) 验证每个 $\mathrm{Ann}(M_i)$ 都是 A 的双边理想.

(2) 到 V 的每个极大子摸 M, V/M 是不可约模, 于是 $(V/M)J(A)=\{0\}$, 即 $VJ(A)\subseteq M$. 但 $M\subsetneqq V$, 于是 $VJ(A)\subsetneqq V$.

(3) 考虑正则 A 模 A°. 因为 $A^\circ J(A)\subsetneqq A^\circ$, 故存在 n 使得 $A^\circ J(A)^n=\{0\}$. 因为 $1\in A$, 有 $J(A)^n=\{0\}$.

(4) 只需证明对任一不可约 A 模 V, 有 $VI=\{0\}$. 若否, 则由 V 之不可约性, 有 $VI=V$. 于是 $VI^2=V,\cdots,VI^m=V$, 矛盾.

7. 提示: (1)$\Rightarrow$ (2): 由习题 6(4).

(2)$\Rightarrow$ (3): 显然.

(3)$\Rightarrow$ (1): 由习题 6(3).

这样, (1)~(3) 已经等价. 下面证 (1) 和 (4) 等价. 因为 A 半单等价于 A° 完全可约, 由习题 3 又等价于 A 的所有极大右理想之交为 $\{0\}$, 故只需证明 $J(A)$ 为 A 的所有极大右理想之交 D. 假定 $x\in J(A)$, M 是 A 之任一极大右理想. 则 A/M 是不可约 A 模. 这推出 $(A/M)x=0$, 即 $Ax\subseteq M$. 因为 $1\in A$, 得 $x\in M$. 由 M 的任意性, 得 $x\in D$. 反过来, 设 $x\in D$. 则对任意的 $a\in A$, 我们断言必有 $(1-xa)A=A$. 若否, 则有 $(1-xa)A\subseteq M$, 对某个极大右理想 M 成立. 于是 $1-xa\in M$. 因 $x\in M$, 有 $xa\in M$, $1\in M$, 矛盾.

8. 提示: 只需证明 $J(A/J(A))=\{\bar{0}\}$.

9. 提示: 因为 $VJ(A)=\{0\}$, V 可看成 $J(A/J(A))$ 模. 由第 8 题, $J(A/J(A))$ 是半单代数, 于是 V 是完全可约的. 反过来, 若 V 是完全可约的, 则由习题 6(2), $VJ(A)\subsetneqq V$. 再由 V 的完全可约性, 得到 $VJ(A)=\{0\}$.

10. 提示: 由矩阵乘积的行列式等于诸因子的行列式的乘积得到.

11. 提示: 直接验证.

12. 提示: 设 V 是对应置换表示 $\mathbf{P}$ 的 $F[G]$ 模, 并设 $v_1,\cdots,v_n$ 是 V 的一组基. 证明 $\langle v_1+\cdots+v_n\rangle$ 是 V 的一维 $F[G]$ 子模.

13. 提示: 令 $\mathbf{S}=\sum\limits_{a\in G}\mathbf{X}(a)$, 验证 $\mathbf{S}\,\mathbf{X}(t)=\mathbf{X}(t)\mathbf{S},\forall t\in G$. 由 Schur 引理, $\mathbf{S}=\lambda\mathbf{I},\lambda\in\mathbb{C}$. 应用第一正交关系, $\mathbf{X}$ 对应的特征标 χ 和主特征标 1_G 的

内积为 0, 即 $\langle\chi, 1_G\rangle=0$. 但

$$\langle\chi, 1_G\rangle=\frac{1}{g}\sum_{a\in G}\chi(a)=\frac{1}{g}\operatorname{tr}\mathbf{S},$$

故推得 $\lambda=0$.

14. 提示: 设 $V=\langle x_1,x_2,x_3\rangle$ 是表示空间. 则显然 $V_1=\langle x_1+x_2+x_3\rangle$ 是 V 的不变子空间，易验证 $V_2=\langle x_1-x_2,x_2-x_3\rangle$ 也是 V 的不变子空间. 写出 V_2 对应的表示，证明它是不可约的.

15. 提示: 正则表示.

16. 提示: 将每个群代数的元素 $\sum\limits_{a\in G}f_a a$ 都对应到其系数和 $\sum\limits_{a\in G}f_a$ 得到的线性表示.

17. 提示: (1) 由定理 4.13 可设

$$G=\langle a_1\rangle\times\cdots\times\langle a_s\rangle,$$

其中 $o(a_i)=n_i$, $i=1,\cdots,s$. 于是 $|G|=n=\prod\limits_{i=1}^{s}n_i$, 且 G 恰有 n 个不可约表示

$$X_{i_1\cdots i_s},\quad i_1=1,\cdots,n_1;\cdots;i_s=1,\cdots,n_s.$$

它们都是 1 级表示，且可由下式确定:

$$X_{i_1\cdots i_s}(a_j)=\zeta_j^{i_j},\quad j=1,\cdots,s,$$

其中 ζ_j 是任一 n_j 次本原单位根. 则映射 $\sigma: a_1\mapsto X_{1n_2\cdots n_s}$, $a_2\mapsto X_{n_1 1 n_3\cdots n_s}$, $\cdots, a_s\mapsto X_{n_1\cdots n_{s-1}1}$ 是 G 到 G^* 上的同构.

18. 提示: 设 $\mathbf{X}$ 是对应于特征标 χ 的 G 的矩阵表示. 对于任意复矩阵 $\mathbf{A}=(a_{ij})$, 规定 $\mathbf{A}^\sigma=(a_{ij}{}^\sigma)$. 考虑映射

$$\mathbf{X}^\sigma: a\mapsto\mathbf{X}(a)^\sigma,\quad a\in G.$$

证明 $\mathbf{X}^\sigma$ 是 G 的表示，且它对应的特征标为 χ^σ.

19. 提示: 令 $g=|G|$. 因 $(X(z))^g=1$, $X(z)$ 在 $\mathbb{C}$ 中存在特征根. 设其中的一个为 λ, 且 W 是 $X(z)$ 属于 λ 的特征子空间. 我们要证明 W 必为 V (作为 G 空间) 的一个 G 子空间. 这只需证对任意的 $a\in G$, $w\in W$, 有 $w^{X(a)}\in W$. 因为

$$(w^{X(a)})^{X(z)}=w^{X(az)}=w^{X(za)}=(w^{X(z)})^{X(a)}=\lambda w^{X(a)},$$

知 $w^{X(a)}$ 仍为 $X(z)$ 的属于 λ 的特征向量, 于是 $w^{X(a)} \in W$, 由 V 的不可约性以及 $W \neq \{0\}$ 推知 $W = V$, 即 $X(z)$ 是 V 的数乘变换.

上面已证明, 对任一 $z \in Z(G)$, 有 $X(z) = \lambda \cdot 1$, 其中 1 表 V 的恒等映射. 设 $|G| = g$, 必有 $z^g = 1$, 于是 $X(z)^g = \lambda^g \cdot 1 = 1$. 由此有 $\lambda^g = 1$, 特别地, $\lambda \neq 0$, 即 $\lambda \in F^\times$. 容易验证把 z 映到 λ 的映射是 $Z(G)$ 到群 $F^\times$ 内的同态. 因为 $F^\times$ 的有限子群为循环群, 由 X 的忠实性即得到 $Z(G)$ 循环.

20. **提示**: 若 H 交换, H 的每个不可约特征标是线性的, 故 $\chi|_H$ 可表成 H 的线性特征标之和. 反之, 若 $\chi|_H$ 可表成线性特征标的和, 可推出 $H' \leqslant \ker \chi|_H$. 但因 χ 是忠实的, 故 $H' = 1$, 即 H 是交换群.

21. **提示**: (1) 因 H 交换, χ 可分解为若干个线性特征标的和. 设

$$\chi = \sum_{i=1}^{m} n_i \lambda_i,$$

其中 n_i 为正整数, $\lambda_1, \cdots, \lambda_m$ 为两两不同的 H 的线性特征标. 则

$$\frac{1}{|A|} \sum_{a \in A} |\chi(a)|^2 = \langle \chi, \chi \rangle = \left\langle \sum_{i=1}^{m} n_i \lambda_i, \sum_{i=1}^{m} n_i \lambda_i \right\rangle = \sum_{i=1}^{m} {n_i}^2.$$

因 $\sum\limits_{i=1}^{m} {n_i}^2 \geqslant \sum\limits_{i=1}^{m} n_i = \chi(1)$, 故得所需之结论.

(2) 由

$$1 = \langle \chi, \chi \rangle_G = \frac{1}{|G|} \sum_{a \in G} |\chi(a)|^2 \geqslant \frac{1}{|G|} \sum_{a \in A} |\chi(a)|^2 \geqslant \frac{|A|}{|G|} \chi(1)$$

立得结论.

22. **提示**: 设 G 是非交换单群, 有 2 级不可约特征标 χ. 则因 $\chi(1) \mid |G|$, 知 $|G|$ 为偶数. 于是 G 中有 2 阶元. 若 G 只有一个 2 阶元, 则它必属于中心 $Z(G)$, 与 G 是单群矛盾. 故 G 至少有两个 2 阶元 a, b. 假定 $\mathbf{X}$ 是对应于 χ 的矩阵表示, 则由 G 是单群, $\mathbf{X}$ 必为忠实表示, 即 $\mathbf{X}(a) \neq \mathbf{X}(b)$. 再考虑第 10 题中给出的线性表示 $\det\mathbf{X}$. 由 G 是单群, $\det\mathbf{X} = 1_G$. 于是 $\det\mathbf{X}(a) = \det\mathbf{X}(b) = 1$. 最后, 因 $\mathbf{X}(a), \mathbf{X}(b)$ 必相似于 2 级对角阵, 且对角元素为 ± 1, 考虑到 $\det\mathbf{X}(a) = \det\mathbf{X}(b) = 1$ 及 $\mathbf{X}$ 的忠实性, 有 $\mathbf{X}(a), \mathbf{X}(b)$ 相似于

$$\begin{pmatrix} -1 & 0 \\ 0 & -1 \end{pmatrix} = -\mathbf{I},$$

因而必有 $\mathbf{X}(a)=-\mathbf{I},\mathbf{X}(b)=-\mathbf{I}$, 与 $\mathbf{X}(a)\neq\mathbf{X}(b)$ 矛盾.

23. 提示: 设 G 有 2 级不可约特征标 χ. 证明 $\chi|_{G'}$ 是 G' 的不可约特征标, 应用第 22 题导出矛盾.

24. 提示: 若 a 和 a^{-1} 共轭, 则 $\chi(a)=\chi(a^{-1})=\overline{\chi(a)}$, 于是 $\chi(a)$ 是实数. 反之, 若对 G 之任一特征标 χ, 恒有 $\chi(a)$ 为实数, 即 $\chi(a)=\overline{\chi(a)}=\chi(a^{-1})$. 则由第二正交关系及

$$\sum_{\chi\in\mathrm{Irr}(G)}\chi(a^{-1})\overline{\chi(a)}=\sum_{\chi\in\mathrm{Irr}(G)}(\chi(a))^2>0$$

推知 a 和 a^{-1} 必共轭.

25. 提示: 设 $a\neq 1$ 是 G 中的实元素, 且 $|G|$ 为奇数, 则 $a\neq a^{-1}$, 且存在 $b\in G$ 使 $b^{-1}ab=a^{-1}$. 由此推出 $b^{-2}ab^2=a$, 即 $b^2\in C_G(a)$. 但因 $|G|$ 是奇数, $o(b)$ 亦为奇数, 故得 $b\in C_G(a)$, 即 $b^{-1}ab=a$, 与 $a\neq a^{-1}$ 矛盾.

26. 提示: 设 $\mathbf{X}$ 是对应于 χ 的 G 的矩阵表示. 对于任意的 $t\in C_G(H)$, 有 $\mathbf{X}(t)\mathbf{X}(h)=\mathbf{X}(h)\mathbf{X}(t),\forall h\in H$. 因 $\chi|_H$ 是 H 的不可约特征标, 由 Schur 引理有 $\mathbf{X}(t)=\lambda\mathbf{I},\lambda\in\mathbb{C}$. 于是 $\mathbf{X}(t)\in Z(\mathbf{X}(G))$. 由 $\mathbf{X}$ 是 G 的忠实表示, 得 $t\in Z(G)$.

27. 提示: 由题设条件, 可令 $\chi=\lambda r_G,\lambda\in\mathbb{C}$. 因 χ 是 G 的特征标. 有 $\langle\chi,1_G\rangle=\langle\lambda r_G,1_G\rangle=\lambda$ 是非负整数. 但显然 $\lambda\neq 0$, 于是 λ 是正整数. 因此由 $\chi(1)=\lambda|G|$, 得 $|G|\,\big|\,\chi(1)$.

28. 提示: (1) 由第一正交关系得

$$\begin{aligned}|G|&=\sum_{a\in G}|\chi(a)|^2\geqslant\sum_{a\in A}|\chi(a)|^2=|A|\langle\chi,\chi\rangle_A\\&\geqslant|A|\chi(1)=|A||G:A|=|G|,\end{aligned}$$

于是上式中 “ $\geqslant$ ” 号全应为等号. 特别地, $\chi(a)=0,\forall a\in G-A$.

(2) 选 $1\neq a\in A$ 使 $\chi(a)\neq 0$. 则对于 a 的任一共轭元 a^x, 亦有 $\chi(a^x)\neq 0$, 于是由 (1) 有 $a^x\in A$. 令 $N=\langle a^x\,\big|\,x\in G\rangle$, 则 N 即为所求.

29. 提示: 由定义验证.

30. 提示: 由定义验证.

31. 提示: 设 $\psi\in\mathrm{Irr}(H)$, 且 $\psi(1)=b(H)$. 任取 ψ^G 的一个不可约成分 χ, 则有 $\langle\chi,\psi^G\rangle_G>0$, 于是又有 $\langle\chi|_H,\psi\rangle_H>0$, 即 ψ 是 $\chi|_H$ 的不可约成分, 故 $\chi(1)\geqslant\psi(1)=b(H)$, 因此 $b(G)\geqslant b(H)$.

设 $\chi \in \mathrm{Irr}(G)$, 且 $\chi(1) = b(G)$. 任取 $\chi|_H$ 的一个不可约成分 ψ, 则有 $\langle \chi|_H, \psi \rangle_H > 0$, 于是又有 $\langle \chi, \psi^H \rangle_G > 0$, 即 χ 是 χ^H 的不可约成分. 故 $\chi(1) \leqslant \psi^H(1) = |G:H|\psi(1) \leqslant |G:H|b(H)$, 因此 $b(G) \leqslant |G:H| \cdot b(H)$.

32. **提示**: 可设 $\chi(1) = a + b, \chi(t) = a, \forall t \in G$, 其中 a, b 是适当的复常数. 由此有

$$\chi = a1_G + br_G = a1_G + b \sum_{\varphi \in \mathrm{Irr}(G)} \varphi(1)\varphi.$$

因为 χ 是 G 的特征标, 易证 a, b 是整数且 $b \geqslant 0, a + b \geqslant 0$. 若 $b > 0$, 则

$$\chi(1) = br_G + a \geqslant br_G(1) - b = b(|G| - 1) \geqslant |G| - 1.$$

33. **提示**: 因 $|G|$ 是奇数, 对任意的 $1 \neq a \in G$, 有 $a \neq a^{-1}$. 令

$$G = \{1, a_1, {a_1}^{-1}, a_2, {a_2}^{-1}, \cdots, a_m, {a_m}^{-1}\}.$$

则因

$$\begin{aligned} 0 &= \langle \chi, 1_G \rangle_G \\ &= \frac{1}{|G|}\left(\chi(1) + \sum_{i=1}^{m}(\chi(a_i) + \chi({a_i}^{-1}))\right), \end{aligned}$$

若 $\chi = \overline{\chi}$, 有

$$\chi(1) = -\sum_{i=1}^{m}(\chi(a_i) + \overline{\chi}(a_i)) = -2\sum_{i=1}^{m}\chi(a_i).$$

于是 $2 \mid \chi(1)$. 但 $\chi(1) \mid |G|$, 矛盾.

34. **提示**: 据 24 题, a 和 a^{-1} 在 G 中共轭, 即 a 是实元素. 再用 25 题.

35. **提示**: 设 G 是使结论不真之最小阶反例. 于是 $A > 1$. 取 $1 \neq a \in A$, 则 a 所在的共轭类长度为素数方幂, 由定理 8.2 推知 G 有非平凡正规子群 N. 考虑 G/N 的交换子群 AN/N. 由 G 的极小性知

$$(G/N)' = G'N/N < G/N,$$

于是 $G' < G$, 矛盾.

36. **提示**: 因 $C_G(P) \nleqslant P$, 可取到 p' 子群 $H \leqslant C_G(P), H \neq 1$. 取 $1 \neq h \in H$, 令 $C(h)$ 为 G 中包含 h 的共轭类, 则易证 $(|C(h)|, \chi(1))$=1. 由定

理 8.1 推知 $\chi(h)=0$ 或 $|\chi(h)|=\chi(1)$. 若对所有的 $1\neq h\in H$, 都有 $\chi(h)=0$, 则 $\chi|_H$ 是 r_H 的整数倍, 于是 $\chi(1)$ 是 $|H|$ 的倍数, 矛盾. 故存在 $1\neq h\in H$ 使 $|\chi(h)|=\chi(1)$. 设 $\mathbf{X}$ 是 χ 对应的矩阵表示, 则 $\mathbf{X}(h)=\varepsilon\mathbf{I}$, ε 是 $|H|$ 次单位根. 因 χ 忠实, $h\neq 1$, 有 $\varepsilon\neq 1$. 考虑 G 的线性表示 $\det\mathbf{X}$, 有 $\det\mathbf{X}(h)=\varepsilon^{\chi(1)}\neq 1$, 即 $\det\mathbf{X}\neq 1_G$. 但若 $G=G'$, G 只有一个线性表示. 即主表示 1_G, 这将导出矛盾.

37. **提示**: 令 $G=\langle a,b\mid a^7=b^3=1, b^{-1}ab=a^2\rangle$. 则 $G'=\langle a\rangle$, 于是 G 有 $|G:G'|=3$ 个线性特征标. 又, G 有 5 个共轭类: $C_1=\{1\}$, $C_2=\{a,a^2,a^4\}$, $C_3=\{a^3,a^5,a^6\}$, $C_4=\{ba^i\mid 1\leqslant i\leqslant 7\}$, $C_5=\{b^2a^i\mid 1\leqslant i\leqslant 7\}$, 于是 G 有 5 个不可约特征标. 设 $\chi_1=1_G,\chi_2,\chi_3$ 为三个线性特征标, χ_4,χ_5 为非线性特征标. 则由推论 5.11 可得 $\chi_4(1)=\chi_5(1)=3$. 因为 $|G|=21$ 为奇数, G 中无实元素 (见 25 题), χ_4 的复共轭亦为不可约特征标, 于是有 $\chi_5=\overline{\chi_4}$. 至此可设 G 的特征标表为

	C_1	C_2	C_3	C_4	C_5
χ_1	1	1	1	1	1
χ_2	1	1	1	$\mathrm{e}^{\frac{2\pi\mathrm{i}}{3}}$	$\mathrm{e}^{\frac{4\pi\mathrm{i}}{3}}$
χ_3	1	1	1	$\mathrm{e}^{\frac{4\pi\mathrm{i}}{3}}$	$\mathrm{e}^{\frac{2\pi\mathrm{i}}{3}}$
χ_4	3	α	β	γ	δ
χ_5	3	$\bar{\alpha}$	$\bar{\beta}$	$\bar{\gamma}$	$\bar{\delta}$

为定出 α, β, γ, δ, 考虑子群 $H=G'$ 的线性特征标 $\rho: a\mapsto \mathrm{e}^{\frac{2\pi\mathrm{i}}{7}}$. 由计算得 ρ^G 在五个共轭类上取值为

$$\rho^G: 3,\quad \mathrm{e}^{\frac{2\pi\mathrm{i}}{7}}+\mathrm{e}^{\frac{4\pi\mathrm{i}}{7}}+\mathrm{e}^{\frac{8\pi\mathrm{i}}{7}},\quad \mathrm{e}^{\frac{6\pi\mathrm{i}}{7}}+\mathrm{e}^{\frac{10\pi\mathrm{i}}{7}}+\mathrm{e}^{\frac{12\pi\mathrm{i}}{7}},\quad 0,\quad 0.$$

由计算得 $\langle\rho^G,\rho^G\rangle=1$, 于是 r^G 是不可约的, 可令 $\rho^G=\chi_4$, 而 χ_5 即为 χ_4 的复共轭.

38. **提示**: 仿照 37 题的方法.

第 5 章习题

1. **提示**: 因 V 与其对偶空间 V^* 同构, 二者维数相同. 又对任意的 $\boldsymbol{w}\in V$,

$f(\boldsymbol{v})=(\boldsymbol{w},\boldsymbol{v})$ 确给出一个线性型, 即 V^* 的元素, 并且若 $\boldsymbol{w}_1\neq\boldsymbol{w}_2$, 则线性型 $f_1(\boldsymbol{v})=(\boldsymbol{w}_1,\boldsymbol{v})$ 和 $f_2(\boldsymbol{v})=(\boldsymbol{w}_2,\boldsymbol{v})$ 也不相等. 因此映射 $\boldsymbol{w}\to f$ 是单射, 因而也是满射, 故得证.

2. **提示**: 因 G_i 保持 Δ 不动.

3. **提示**: 先证明 $SL(2,3)$ 只有一个 2 阶元, 即 $-\mathbf{I}=\begin{pmatrix}-1&0\\0&-1\end{pmatrix}$. 然后证明 $PSL(2,3)=SL(2,3)/\langle-\mathbf{I}\rangle$ 是 12 阶群, 且 Sylow 3 子群不正规. 最后由定理 1.15 知 $PSL(2,3)\cong A_4$. 由此推出 $SL(2,3)$ 的 Sylow 2 子群不循环. 再证它不交换, 又只有一个 2 阶元, 由第 2 章例 7.6 给出的 8 阶群的分类知其同构于四元数群.

4. **提示**: 因为 $|PSL(2,4)|=|PSL(2,5)=60$, 以及 60 阶单群必同构于 A_5 (定理 3.9), 即得结论.

5. **提示**: 证明 S_6 的 3 阶元有两个共轭类, 而 $PGL\,(2,9)$ 只有一类 3 阶元. 而对后者只需证明 $PGL(2,9)$ 的 Sylow 3 子群中的非单位元素都共轭即可. 这又只需证明 $\left\{\begin{pmatrix}1&a\\0&1\end{pmatrix}\,\middle|\,a\in GF(9)\right\}$ 是 $PGL(2,9)$ 的 Sylow 3 子群, 而

$$\begin{pmatrix}1&0\\0&a^{-1}\end{pmatrix}\begin{pmatrix}1&1\\0&1\end{pmatrix}\begin{pmatrix}1&0\\0&a\end{pmatrix}=\begin{pmatrix}1&a\\0&1\end{pmatrix}.$$

6. **答案**: $(q^{2m}-1)(q^{2m-2}-1)(q^{2m-4}-1)\cdots(q^2-1)$.

7. **提示**: 设 $\boldsymbol{w}_i^\tau=\sum\limits_{j=1}^m a_{ij}\boldsymbol{v}_j+\sum\limits_{j=1}^m b_{ij}\boldsymbol{w}_j$. 由于对 $j\neq i$, $(\boldsymbol{v}_j,\boldsymbol{w}_i^\tau)=0$, 而 $(\boldsymbol{v}_i,\boldsymbol{w}_i^\tau)=1$, 推出 $b_{ij}=0$, $b_{ii}=1$, 即 $\boldsymbol{w}_i^\tau=\sum\limits_{j=1}^m a_{ij}\boldsymbol{v}_j+\boldsymbol{w}_i$. 由于 $(\boldsymbol{w}_j^\tau,\boldsymbol{w}_i^\tau)=0$, 推出 $a_{ij}=a_{ji}$.

8. **提示**: (1) 令 $V_1=\{\boldsymbol{v}+\boldsymbol{v}^\tau:\boldsymbol{v}\in V\}$, $V_2=\{\boldsymbol{v}-\boldsymbol{v}^\tau:\boldsymbol{v}\in V\}$. 证明满足要求. (2) 令 $W=\{\boldsymbol{v}+\boldsymbol{v}^\tau:\boldsymbol{v}\in V\}$, 证明它是全迷向的. 于是维数 $\leqslant m$. 再证明它的维数 $\geqslant m$.

9. **提示**: 验证定义中 f 和 Q 应该满足的条件.

10. **提示**: 如果 $\operatorname{char}F=2$, 则 V 也是辛空间. 又由非退化性, 即得维数必为偶数, 矛盾.

11. **提示**: 首先我们可以按照命题 2.7(2) 证明中的方法来证明 V 中存在正交基. 因此要完成证明, 仅需证 V 的任意 2 维非退化子空间 U 中可找到向量 $\boldsymbol{w}$, 使得 $(\boldsymbol{w},\boldsymbol{w})=1$. 令 $\{\boldsymbol{v},\boldsymbol{u}\}$ 为 U 的一组正交基. 若 $(\boldsymbol{v},\boldsymbol{v})=a$, 其

中 $a = b^2 \neq 0$ 是平方元, 则 $(b^{-1}\boldsymbol{v}, b^{-1}\boldsymbol{v}) = 1$, $b^{-1}\boldsymbol{v}$ 即为所找的向量 $\boldsymbol{w}$, 结论成立. 因此可以设 $(\boldsymbol{v},\boldsymbol{v}) = k_1$, $(\boldsymbol{u},\boldsymbol{u}) = k_2$, k_i 为 F 中的非平方元. 若 $k_1 \neq k_2$, 因为 $k_2k_1^{-1} = a = b^2 \neq 0$ 是平方元. 这时有 $(b\boldsymbol{v}, b\boldsymbol{v}) = k_2$. 由引理 2.6, 有 $x, y \in F$, 使 $k_2(x^2+y^2) = 1$. 令 $\boldsymbol{w} = xb\boldsymbol{v} + y\boldsymbol{u}$, 则 $\boldsymbol{w}$ 即为所求向量.

12. **提示**: 首先假定 V 为正交空间且 $\dim V \geqslant 3$, 我们分别对 $\operatorname{char} F \neq 2$ 和 $\operatorname{char} F = 2$ 两种情况加以讨论.

若 $\operatorname{char} F \neq 2$. 设 $\{\boldsymbol{v}_1, \boldsymbol{v}_2, \cdots, \boldsymbol{v}_n\}$ 为 V 的一组正交基, 则在必要时以 $\boldsymbol{v}_i$ 的适当倍数代替 $\boldsymbol{v}_i$, 可假定 $(\boldsymbol{v}_i, \boldsymbol{v}_i) = 1$ 或 k, 这里 k 为 $F^\times$ 中固定的非平方元. 由 $\dim V \geqslant 3$, 可设 $(\boldsymbol{v}_1, \boldsymbol{v}_1) = (\boldsymbol{v}_2, \boldsymbol{v}_2) = 1$. 则由命题 2.6, 可找到 $x, y \in F^\times$, 使 $x^2 + y^2 = -(\boldsymbol{v}_3, \boldsymbol{v}_3)$. 于是因 $(x\boldsymbol{v}_1 + y\boldsymbol{v}_2 + \boldsymbol{v}_3, x\boldsymbol{v}_1 + y\boldsymbol{v}_2 + \boldsymbol{v}_3) = x^2 + y^2 + (\boldsymbol{v}_3, \boldsymbol{v}_3) = 0$, $x\boldsymbol{v}_1 + y\boldsymbol{v}_2 + \boldsymbol{v}_3$ 为一奇异向量.

若 $\operatorname{char} F = 2$. 若 V 中没有奇异向量, 则和命题 2.7 一样可以证明 V 有正交基. 设 $\{\boldsymbol{v}_1, \cdots, \boldsymbol{v}_n\}$ 为一组正交基, 由于 $F = F^2$, 即 F 中每个元素都是平方数, 故若 $Q(\boldsymbol{v}_1) \neq 0 \neq Q(\boldsymbol{v}_2)$, 即可假定 $Q(\boldsymbol{v}_1) = Q(\boldsymbol{v}_2) = 1$, 从而 $Q(\boldsymbol{v}_1 + \boldsymbol{v}_2) = 0$, 即 $\boldsymbol{v}_1 + \boldsymbol{v}_2$ 为一奇异向量, 矛盾.

若 V 为酉空间. 由于 $n = \dim V \geqslant 2$, 故 V 中有标准正交基 $\{\boldsymbol{v}_1, \cdots, \boldsymbol{v}_n\}$. 设 $\operatorname{char} F = 2$, 则 $\boldsymbol{v}_1 + \boldsymbol{v}_2$ 为奇异元. 若 $\operatorname{char} F \neq 2$, 由于 F 在 F_0 上的范数 N 为满射, 故可找到 $a \in F$, 使得 $\mathrm{N}(a) = aa^\tau = -1$, 于是 $(\boldsymbol{v}_1 + a\boldsymbol{v}_2, \boldsymbol{v}_1 + a\boldsymbol{v}_2) = 1 + aa^\tau = 0$. 由此 $\boldsymbol{v}_1 + a\boldsymbol{v}_2$ 为奇异向量.

参 考 文 献

[1] 聂灵沼，丁石孙．代数学引论 (第二版)．北京：高等教育出版社， 2000.

[2] 徐明曜．有限群导引 (上册)．北京：科学出版社，第一版， 1987; 第二版， 1999.

[3] Jacobson N. Basic Algebra I, II. San Francisco: W.H. Freeman and Company, 1974.

[4] 范德瓦尔登 B L. 代数学 (I，II)．丁石孙，曾肯成，郝钢新译．北京：科学出版社， 1978.

[5] Hungerford T W. Algebra. New York: Springer-Verlag, 1974.

[6] Hilton P J, Stammbach U. A course in Homological Algebra, . New York, Heidelberg, Berlin: Springer-Verlag, 1971.

[7] Huppert B. Endliche Gruppen I. New York: Springer-Verlag, 1967.

[8] Aschbacher M. Finite Group Theory (Chapter 7). Cambridge: Cambridge University Press, 1986.

[9] Isaacs M. Character Theory of Finite Groups. New York: Academic Press, 1976.

名 词 索 引

D

E

F

G

H

J

K

L

M

N

T

Z